全国高等院校土木与建筑专业十二五创新规划教材

施工图识读与会审
(第 2 版)

朱莉宏　主　编

王立红　副主编

清华大学出版社

北 京

内 容 简 介

本书共分十一个项目,是在原《房屋建筑识图与构造》的基础上,综合考虑学生认知能力、专业人才培养模式和工学结合课程改革编写而成的。本书内容全部按照新规范编写,内容包括空间立体感的培养与训练、总平面图识读、建筑施工图识读、主体结构施工图识读、基础与地下室施工图识读、墙柱施工图识读、楼地层施工图识读、楼梯施工图识读、门窗施工图识读、屋顶施工图识读和施工图审核与会审。

本书既可作为高等职业教育土建类专业教材,也可供自学者或从事建筑施工的技术人员和管理人员学习参考。

图书在版编目(CIP)数据

施工图识读与会审/朱莉宏主编. --2 版. --北京:清华大学出版社,2016(2023.1重印)

全国高等院校土木与建筑专业十二五创新规划教材

ISBN 978-7-302-41562-6

Ⅰ. ①施… Ⅱ. ①朱… Ⅲ. ①建筑制图—识别—高等学校—教材 Ⅳ. ①TU204

中国版本图书馆 CIP 数据核字(2015)第 216753 号

责任编辑:桑任松
装帧设计:刘孝琼
责任校对:周剑云
责任印制:刘海龙

出版发行:清华大学出版社
   网   址:http://www.tup.com.cn, http://www.wqbook.com
   地   址:北京清华大学学研大厦 A 座   邮   编:100084
   社 总 机:010-83470000   邮   购:010-62786544
   投稿与读者服务:010-62776969,c-service@tup.tsinghua.edu.cn
   质量反馈:010-62772015,zhiliang@tup.tsinghua.edu.cn
   课件下载:http://www.tup.com.cn,010-62791865
印 装 者:三河市铭诚印务有限公司
经 销:全国新华书店
开 本:185mm×260mm   印 张:18.75   字 数:454 千字
版 次:2010 年 9 月第 1 版 2016 年 2 月第 2 版   印 次:2023 年 1 月第 9 次印刷
定 价:49.00 元

产品编号:062848-02

前　言

近年来，随着我国高等职业教育不断向纵深发展，在深化教育教学改革、创新人才培养模式、提高社会服务能力等方面取得较大进展。课程标准、学习目标、学习情境、工学结合、项目教学等课程改革模式日臻完善，我们编写了《施工图识读与会审》(第2版)一书。

"施工图识读与会审"是普通高等职业教育土建类专业的主要专业基础课程之一，本着"必需、够用、适度，以职业能力培养为导向"原则，优化整合知识结构，探讨学生认知规律，密切结合职业岗位需求，力求做到引领职业实践活动，也为后续课程学习做铺垫。本书将建筑识图与建筑构造两部分内容整合于施工图识读，以施工图贯穿始终，并结合工作岗位实际增加了施工图审核和会审的工作内容，是职业教育教学的一次重大变革。

本书可读性强，逻辑缜密，符合认知规律；实用性、实践性、可操作性进一步优化；采用现行新标准、新规范编写，有利于职业指导，培养职业素养。

本书由辽宁建筑职业学院朱莉宏任主编，王立红任副主编，丁春静任主审。朱莉宏编写了项目一至项目十及附录部分；王立红编写项目十一。

尽管编者有20多年从事土建工程教学和实践的经验，但由于水平有限，书中难免有错误和缺陷，敬请专家和读者不吝赐教。

编　者

目　　录

项目一　空间立体感的培养与训练

教学目标

知识目标：了解投影的分类，理解正投影的特性，掌握三视图的投影规律。

能力目标：正确识读与绘制常见建筑形体的三视图；充分认识到三视图在交流设计思想、表达设计意图中的重要性，并在实践中逐渐养成严谨、细致、规范的技术行为习惯；能够将空间立体形象与三视图(二维平面图形)间互换，养成空间三维思维方式，培养立体感，增进对施工图的理解；初步掌握常见形体正等轴测图的绘制。

教学重点：三面正投影的规律；常见建筑形体三视图的分析。

教学难点：能够规范绘制和识读常见建筑形体的三视图。

教学建议及其他说明：在高中阶段学习投影知识、具备一定空间想象力和形体表达能力的基础上，专业化、规范化的掌握施工图形成方式及方法。

任 务 一　认 知 投 影

一、投影的形成

在自然界中，光线(日光、灯光等)照射到物体上，便在地面或墙面上产生物体的黑影。这个影子能够部分反映物体的外轮廓形状，但不能反映物体的实际形状和大小，缺乏立体感。在建筑工程制图中常把物体假想为透明空间几何形体，这样形体投射的影子全部由其上各顶点、棱线、表面的影子集合而成，是一个能够表达立体形状的平面图形。

图 1-1 所示为投影的形成：光源 S 为投影中心，穿过形体表面的光线为投影线，承接影子的平面 P 为投影面，形体 $ABCD$ 投射在投影面 P 上的投影为 $abcd$，这种把空间立体转化为平面图形表达形体的方法，称为投影法。从几何角度来讲，形体上各顶点(如 A、B、C、D 点)、棱线(如 AB、AC、AD、BC、CD、BD)、表面(如 ABC、ACD、ABD、BCD)的投影分别是过该点的投影线(如 SA)、过该线段的投射面(如 SAB)与投影面的交点(如 a 点)、交线(如 ab)及由它们围和而成的平面(如 abc)。

由此可知，投影的形成必须具备 3 个条件：投影线、形体、投影面。它们构成了投影

的三要素。工程图样就是建筑物在图纸平面上的投影。

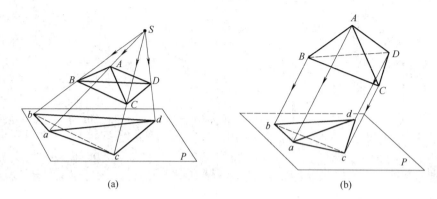

图 1-1　投影的形成

二、投影的分类

根据投影中心与投影面距离远近，可将投影分为中心投影和平行投影两类。

1. 中心投影

投影中心 S 与投影面在有限距离内作出的形体投影，称为中心投影，如图 1-1(a)所示。中心投影的特点是投影线呈辐射状，并相交于投影中心，投影图较形体放大。当形体在投影面和投影中心之间移动时，中心投影大小不同，近大远小。

2. 平行投影

当投影中心 S 距离投影面无限远时，可认为投影线互相平行，用这些互相平行的投影线作出的形体投影，称为平行投影，如图 1-1(b)所示。平行投影的特点是投影线互相平行，当形体沿投影方向移动时投影大小不变，即形体与投影面距离远近不会改变投影大小。

根据投影线与投影面是否垂直，平行投影又分为斜投影和正投影两种。

1)　斜投影

投影线倾斜于投影面得到的平行投影称为斜投影，如图 1-1(b)所示。

2)　正投影

投影线垂直于投影面得到的平行投影称为正投影，如图 1-2 所示。

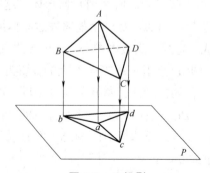

图 1-2　正投影

三、正投影的几何性质

建筑工程图样主要是采用正投影的方法绘制而成的，因此了解和掌握正投影的几何性质，有助于借助正投影图的分析，从而达到建立空间立体图形的目的。

1. 从属性

点在直线上，点的正投影在这条直线的正投影上。

2. 平行性

两直线平行，它们的投影也互相平行，且线段长度之比等于它们的正投影长度之比。

3. 定比性

点分线段所成比例等于点的正投影分线段的正投影之比。

4. 显实性

如果线段或平面图形平行于投影面，那么它们的投影反映实长或实形。

5. 积聚性

如果线段或平面图形垂直于投影面，那么它们的投影积聚为一点或一直线段。

如图 1-3 所示，是一个由 7 个平面、15 条棱线围成立体的正投影：4 个侧面与投影面垂直，1 个底面与投影面平行，2 个坡面与投影面倾斜。根据正投影的几何性质可知：4 个侧面的正投影积聚为 4 条线段；底面的正投影显实长和实形；由于 $AE /\!/ BD$，$AB /\!/ ED$，所以它们的投影互相平行，即 $ae /\!/ bd$，$ab /\!/ ed$；点 A 是线段 CA 与 BA 的交点，则投影点 a 是投影线 ca 与 ba 的交点。以上 7 个平面的投影集合就是该立体的正投影图。

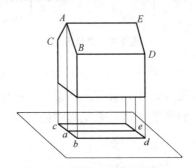

图 1-3　正投影的几何性质

四、常用投影图表示法

1. 多面正投影

多面正投影是用正投影的方法将形体分别投射到两个或两个以上相互垂直的投影面上，然后将各投影面按照一定规则展开在一个平面上得到的投影图。这种图能够准确反映形体的形状和大小、度量性好、作图简便，是房屋建筑施工的主要图样；但这种图缺乏立

体感，只有经过一定的投影训练才能看懂，如图1-4所示。

2．轴测投影

轴测投影是用斜投影的方法将形体投射到选定的一个投影面上得到的单面投影图。这种图立体感较强，但作图较复杂，不能准确反映形体的形状，视觉上变形，多用作工程的辅助图样，如图1-5所示。

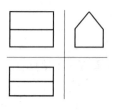

图1-4　多面正投影

图1-5　轴测投影

3．透视投影

透视投影是以人的眼睛为投影中心的中心投影，也称为透视图，简称"透视"。如图1-6所示，点S为人的眼睛，当其透过平面P观看形体时，视线与P面交点围成的图形称为透视图。

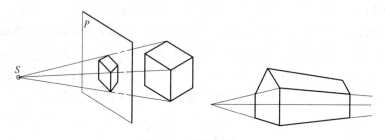

图1-6　透视投影

透视投影是用中心投影的方法将形体投射到选定的一个投影面上得到的单面投影图。这种图符合人的视觉印象，即近大远小、富有立体感、直观性强，但作图复杂，度量性差，常用作建筑方案设计和建筑效果图的表达，是工程中的辅助图样。

4．标高投影

标高投影是采用正投影的方法绘制、用以表达地势特征的单面投影图。这种投影是由一系列高程相等的封闭曲线组成的，是进行建筑规划、总平面布置的主要图样，如图1-7所示。

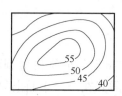

图1-7　标高投影

五、三面正投影

正投影法是房屋建筑施工图中常用的投影方法，但 1 个正投影图往往不能唯一地确定物体的形状；要准确、全面地表达物体的形状和大小，至少需要两个或两个以上的正投影图，一般是 3 个正投影图，这样就需要有 3 个投影面。

把 3 个互相垂直相交的平面作为投影面，它们组成的投影面体系称为三投影面体系。如图 1-8 所示，*H* 面水平放置，称为水平投影面；*V* 面立在正面，称为正立投影面；*W* 面立在侧面，称为侧立投影面。3 个投影面的交线称为投影轴，分别为 *OX* 轴、*OY* 轴、*OZ* 轴，交点 *O* 称为原点。相互垂直的 3 个投影面 *H*、*V* 和 *W* 将空间分 8 个分角，我国采用第一分角。

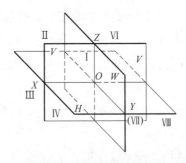

图 1-8 三投影面体系

1. 三面正投影图形成

如图 1-9(a)所示，将物体放置在三投影面体系中，同时尽可能地使物体表面平行或垂直于投影面，然后采用正投影方法分别作出物体的 *H* 面、*V* 面、*W* 面投影，得到 3 个投影图，分别称为水平投影图、正面投影图、侧面投影图。

3 个投影图分别位于 3 个投影面上，作图非常不便。实际上常将 3 个投影面展开到 1 个平面上，具体的展开规则如下。

保持 *V* 面不动，*H* 面绕 *OX* 轴向下旋转 90°，*W* 面绕 *OZ* 轴向后旋转 90°，这样就得到与 *V* 面同在一个平面上的 3 个正投影图，如图 1-9(b)所示。

显而易见，展开后的三面正投影图位置和尺寸关系为：正面投影图和水平投影图左右对正，长度相等；正面投影图和侧面投影图上下看齐，高度相等；水平投影图和侧面投影图前后对应，宽度相等。即长对正、高平齐、宽相等。

需要特别指出的是，在建筑工程制图中 3 个投影面 *H* 面、*V* 面、*W* 面的相对位置是固定不变的，投影面可以无限延伸，所以不必画出边框，*H*、*V*、*W* 字样也不必注写；随着对投影知识的积累和熟悉，投影轴 *OX*、*OY*、*OZ* 也可不画。也就是说，三投影面体系整体处于默认状态，主要是因为确定物体的投影需要肯定的是物体上两点之间的相对位置，如图 1-9(c)所示。

为简便起见，以后凡提到投影，如果不加特别说明，均指正投影。

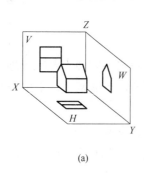 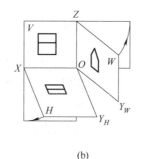 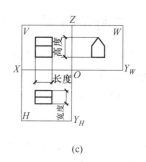

(a)　　　　　　　　　　　(b)　　　　　　　　　(c)

图 1-9　三面正投影图的形成

2. 三视图

视图是从不同位置观察同一个形体(如图 1-10 所示),分别在投影面上投影得到的投影图,如图 1-9(c)所示。形体在三面投影体系中得到的三面投影图也称三视图,其中 H 面投影为平面图,V 面投影为正立面图,W 面投影为侧立面图。

俯视图,即人站在形体的上部,投影线于形体正上方,将形体在水平投影面上投影得到的平面图。

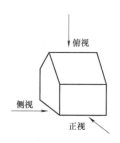

图 1-10　三视图

正视图,即人站在形体的前面,投影线于形体正前方,将形体在正立面上投影得到的平面图。

侧视图,即人站在形体的侧面,将形体在侧立面上投影得到的平面图。

剖视图,是人们假想用一个平面沿形体某部位剖切开,移走剖切平面与观察者之间的部分,将余下的部分在投影面上投影得到的平面图。剖切平面可以是水平面,也可以是铅垂面,与之相对应的投影图分别为水平剖视图和竖向剖视图,建筑图纸习惯称为平面图和剖面图。

视图的形成反映出任意空间几何形体都可以用投影图来表达,反之平面的投影图形又说明形体某部分的形状和大小,建筑施工图纸就是根据投影原理和视图方法绘制的一系列平面图形,如平面图、立面图、剖面图等。我们学习投影部分的目的是要达到将这些平面图形组合起来,想象出房屋建筑物立体形象,以便更好地指导施工实践,建造出质量优良的房屋。

归纳总结

1. 按投影线与投影面是否垂直,平行投影可分为两种:正投影和斜投影。

2. 正投影能够反映形体的实际形状和大小。

3. 多面正投影是建筑工程最常用的形体表达方法。

4. 三面投影图的规律是长对正、高平齐、宽相等。

5. 三面投影体系中，水平投影面，简称水平面，用"*H*"表示；正立投影面，简称正立面，用"*V*"表示；侧立投影面，简称侧立面，用"*W*"表示。

6. 三视图中，主视图即正立面图，俯视图即平面图，侧视图即侧立面图。

7. 三视图绘图步骤：形体分析，选择摆放位置确定主视方向，布置图面，画主视图、俯视图、侧视图，检查、修改并加深图线，标注。

实　训

一、填空题

1. 三面投影体系中的 3 个投影面分别为(　　)投影面、(　　)投影面、(　　)投影面。

2. 三面投影图间的关系可归纳为(　　)、(　　)、(　　)。

二、判断题

1. 长对正、高平齐、宽相等只适用于三面正投影图。　　　　　　　　　　　　　(　　)

2. 三面正投影图是单面投影图。　　　　　　　　　　　　　　　　　　　　　　(　　)

3. 轴测投影、透视投影都是采用平行投影法绘制的单面投影图。　　　　　　　(　　)

4. 投影线互相平行的投影称为正投影。　　　　　　　　　　　　　　　　　　　(　　)

三、选择题

1. 采用中心投影法得到的投影图称为(　　)。

    A. 轴测投影图　　　B. 三面投影图　　　C. 标高投影图　　　D. 透视投影图

2. (　　)能够反映形体的真实形状和大小，在工程中得到广泛应用。

    A. 轴测投影图　　　B. 三面投影图　　　C. 标高投影图　　　D. 透视投影图

3. 形体的三面投影图中，侧面投影能表达的尺寸是(　　)。

    A. 长和宽　　　　　B. 宽和高　　　　　C. 长和高　　　　　D. 长、宽、高

4. 在正投影中，当平面垂直于投影面时，其投影为(　　)。

    A. 积聚为直线　　　B. 积聚为点　　　　C. 反映实形　　　　D. 小于实形

5. 在三面投影体系中，*W* 面的展平方向是(　　)。

    A. 绕 *OZ* 轴右转　　　　　　　　　　B. 绕 *OX* 轴下转

    C. 绕 *OY* 轴上转　　　　　　　　　　D. 不动

四、绘图题

画出长方体的三面投影图，并标注尺寸。已知长方体的长、宽、高分别为 40mm、25mm、15mm。

五、根据轴测投影图，找出对应的三面投影图。

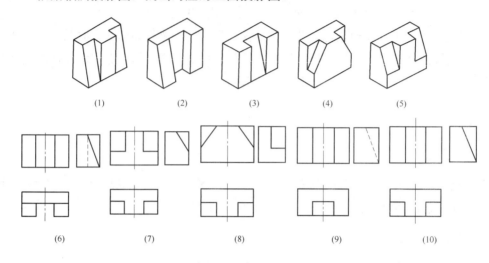

(1)　　　　　(2)　　　　　(3)　　　　　(4)　　　　　(5)

(6)　　　　　(7)　　　　　(8)　　　　　(9)　　　　　(10)

任务二　点、直线、平面的投影

　　建筑形体是由一系列特征点、线、面组合而成的，研究这些点、线、面的投影规律是绘制和识读建筑工程图样的基础。

一、点的投影

1. 点的三面投影

　　图 1-11(a)所示为点 A 在三投影面体系第一分角中的立体图，a、a' 和 a'' 分别为过 A 点向 H 面、V 面、W 面所做的投影线与投影面的交点，也就是点 A 的三面投影。展开后的 A 点三面投影图如图 1-11(b)和图 1-11(c)所示。

　　在投影方法中，空间点用大写字母表示，点的投影用小写字母表示，如空间点 A 三面投影中水平投影、正面投影、侧面投影分别为 a、a' 和 a''。

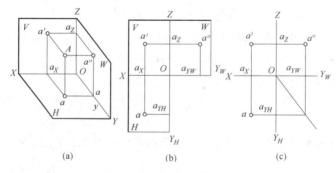

(a)　　　　　　　　(b)　　　　　　　　(c)

图 1-11　点的三面投影

　　经过对上述图形的分析，可得出点的三面投影的规律如下。

　　(1) 点的水平投影和正同投影的连线垂直于 OX 轴，即 $aa' \perp OX$ 轴。

(2) 点的正面投影和侧面投影的连线垂直于 OZ 轴,即 $a'a'' \perp OZ$ 轴。

(3) 点的侧面投影到 OZ 轴的距离与点的水平投影到 OX 轴的距离,都等于点到 V 面的距离,即 $a''a_z=aa_x=Aa'$。

点的三面投影规律,同样适用于点在投影面或投影轴上的特殊情况。

由点的三面投影规律可知,每两个投影之间都有确定的联系,如果已知点的两个投影,便可作出点的第三投影。

例 1-1 已知 A、B、C 三点的两面投影如图 1-12(a)所示,求作 A、B、C 三点的第三面投影。

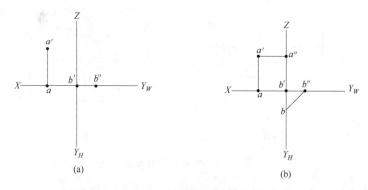

图 1-12 作点的投影

作图,如图 1-12(b)所示:

由 A 点的两面投影可知,A 点在 V 面上,则 A 点的 W 面投影在 OZ 轴上。过 a' 作 OZ 轴的垂线,垂足即为所求的 a''。

由 B 点的两面投影可知,B 点在 OY 轴上。在 OY_H 上截取 $ob=bb'=b'b''$,即得所求的 b。

作图时为使 $bb'=b'b''$,常用 45°辅助斜线,也可以用 1/4 圆弧方法。由于投影作图中投影面的边框线不起任何作用,可以不画;投影面符号 H、V、W 也可以不写。

从该例中可知,当空间点位于投影面上时,它的 1 个坐标等于零,它的 3 个投影中必有 2 个投影位于投影轴上;当空间点位于投影轴上时,它的 2 个坐标等于零,它的投影中有 1 个投影位于原点;当空间点在原点上时,它的坐标均为零,它的投影均位于原点上。点在投影面、投影轴、原点上,均为特殊位置点。

2. 两点的相对位置和重影点

两点的相对位置是指空间两点的上下、左右和前后的位置关系,可由两点的三面投影图反映出来。

V 面投影反映两点上下、左右位置关系。

H 面投影反映两点左右、前后位置关系。

W 面投影反映两点上下、前后位置关系。

这种位置关系也可根据坐标的大小来判别。

按 X 坐标判别两点的左右关系,X 坐标大的在左,小的在右。

按 Y 坐标判别两点的前后关系，Y 坐标大的在前，小的在后。

按 Z 坐标判别两点的上下关系，Z 坐标大的在上，小的在下。

例 1-2 已知点 $A(23、9、17)$ 和 $B(11、13、7)$ 的三面投影图如图 1-13(a)所示，比较两点的相对位置。

比较 V 面上的投影 a' 和 b'，可知 A 在 B 的左、上方；比较 H 面上的投影 a 和 b，可知 A 在 B 的后方，综合起来得出空间点 A 在点 B 的左、后、上方，如图 1-13(b)所示。

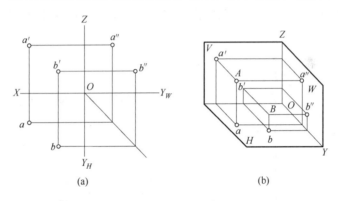

图 1-13　两点的相对位置

如果利用两点的坐标，判别相对位置，也可以看出如下情况。

$XA=23$，$XB=11$，$XA>XB$，A 在 B 的左方。

$YA=9$，$YB=13$，$YA<YB$，A 在 B 的后方。

$ZA=17$，$ZB=7$，$ZA>ZB$，A 在 B 的上方。

综合得出，点 A 在点 B 的左、后、上方。

当空间两点位于同一条投影线上时，它们在投影面上的投影重合为一点，称这样的两点为重影点。当两点在正上方或正下方时，它们的水平投影重合，上面一点可见，下面一点不可见；当两点在正前方或正后方时，它们的正面投影重合，前面一点可见，后面一点不可见；当两点在正左方或正右方时，它们的侧面投影重合，左面一点可见，右面一点不可见。如图 1-14(a)所示，A、B 两点的水平投影 a 和 b 重合，称点 A 和 B 为水平重影点，同理称点 C 和 D 为正面重影点。习惯上将不可见的投影加上括号，如(b)、(d')。

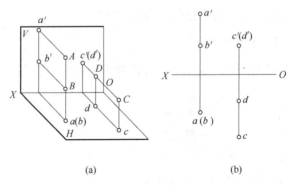

图 1-14　重影点

二、直线的投影

空间一条直线可由其上的任意两点确定。要作直线的投影，一般只需作出该直线上任意两点(通常取线段的 2 个端点)的投影，然后分别连接两点在同一投影面上的投影，即可得到直线的投影图。

1. 直线与投影面的相对位置

直线与投影面的相对位置可分为投影面垂直线、投影面平行线、一般位置直线 3 种。

1) 投影面垂直线

投影面垂直线是仅垂直于 1 个投影面，且与另外 2 个投影面平行的直线，投影面垂直线分 3 种。

(1) 铅垂线——垂直 H 面。

(2) 正垂线——垂直 V 面。

(3) 侧垂线——垂直 W 面。

铅垂线、正垂线和侧垂线的投影特性如表 1-1 所示。

表 1-1　投影面垂直线投影特性

投影面垂直线	立体图	投影图	投影特性
铅垂线			1.在垂直的投影面上的投影积聚为一点。 2.其他 2 个投影面上的投影分别垂直于 2 个投影轴且反映实长
正垂线			
侧垂线			

2) 投影面平行线

投影面平行线是仅平行于 1 个投影面且与另 2 个投影面倾斜的直线，投影面平行线分 3 种。

(1) 水平线——平行 H 面。

(2) 正平线——平行 V 面。

(3) 侧平线——平行 W 面。

投影面平行线的投影特性如表 1-2 所示。

表 1-2　投影面平行线投影特性

投影面平行线	立体图	投影图	投影特性
水平线			1.在平行的投影面上的投影反映实长，且反映与其他 2 个投影面真实的倾角 2.其他 2 个投影面上的投影分别平行于 2 个投影轴且比实长短
正平线			
侧平线			

投影面的垂直线和投影面的平行线统称为特殊位置直线。利用投影面垂直线、投影面平行线的投影特性可以判断直线与投影面的相对位置。

3)　一般位置直线

与 3 个投影面都倾斜的直线称为一般位置直线。一般位置直线在每个投影面上的投影都呈倾斜位置，如图 1-15 所示。

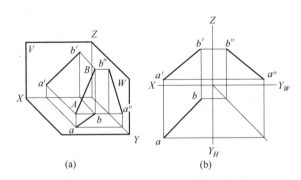

图 1-15　一般位置直线的投影

2. 两直线的相对位置

两直线的相对位置有平行、相交和交叉 3 种。

1)　两直线平行

由平行投影的平行性可知：若空间两直线相互平行，则该两直线的各同面投影必定相

互平行；反之，若两直线的各同面投影相互平行，则两直线在空间中也必定相互平行。

在投影图上，判别两直线是否平行，可以根据它们的正面投影和水平投影是否平行来判断；但对于侧平线则例外，因为两侧平线不论平行与否，它们的正面投影和水平投影总是平行的。

判断两侧平线是否平行，可以补出它们的侧面投影，根据侧面投影是否平行判断；或者当它们的方向趋势一致时(同是上行或下行)，根据正面投影的比例和水平投影的比例是否相等判断。

2)　两直线相交

两直线相交必有一个交点，交点分线段所成的比例等于交点的投影分线段投影所成的比例。若空间两直线相交，那么这两直线的各同面投影也必定相交，并且交点的投影符合点的投影规律。

判断两直线是否相交，可以根据它们的水平投影和正面投影是否相交且投影交点的连线是否垂直于 OX 轴判断；但对于两直线中有一条是侧平线例外。

判断直线和侧平线是否相交，可以作出它们的侧面投影。如果侧面投影也相交，且侧面投影交点和正面投影交点的连线垂直于 OZ 轴，则两直线是相交的；否则不相交。

3)　两直线交叉

空间既不平行又不相交的两直线称为交叉直线。交叉直线的同面投影一般都相交，但投影交点的连线不垂直于投影轴。

三、平面的投影

平面与投影面的相对位置可分为 3 种情况：投影面垂直面、投影面平行面和一般位置平面。

1. 投影面垂直面

垂直于 1 个投影面且与其他 2 个投影面倾斜的平面称为投影面垂直面，投影面垂直面有 3 种：铅垂面、正垂面和侧垂面。

铅垂面⊥H面；正垂面⊥V面；侧垂面⊥W面。投影面垂直面的投影特性如表 1-3 所示。

表 1-3　投影面垂直面的投影特性

投影面垂直面	投影图	投影特性
铅垂面		1.在垂直的投影面上的投影积聚为一直线，且对两投影轴的夹角反映平面对两投影面的倾角 2.其他 2 个投影面的投影是面积缩小了的类似形

续表

投影面垂直面	投影图	投影特性
正垂面	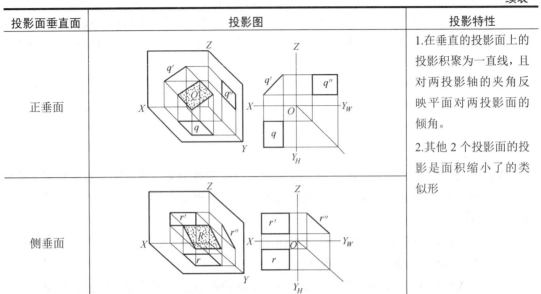	1.在垂直的投影面上的投影积聚为一直线,且对两投影轴的夹角反映平面对两投影面的倾角。 2.其他2个投影面的投影是面积缩小了的类似形
侧垂面		

2. 投影面平行面

投影面平行面是平行于1个投影面且与另外2个投影面垂直的平面,投影面平行面有3种:水平面、正平面和侧平面。

水平面∥H面;正平面∥V面;侧平面∥W面。投影面平行面的投影特性如见表1-4所示。

表1-4 投影面平行面的投影特性

投影面平行面	投影图	投影特性
水平面		1.在平行的投影面上的投影反映实形。 2.在其他2个投影面上的投影积聚为平行于投影轴的直线
正平面		

续表

投影面平行面	投影图	投影特性
侧平面	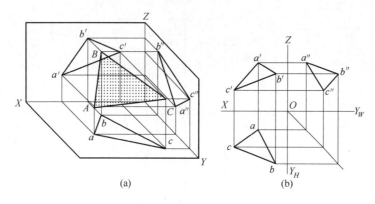	1.在平行的投影面上的投影反映实形。 2.在其他2个投影面上的投影积聚为平行于投影轴的直线

投影面垂直面和投影面平行面统称为特殊位置平面。

3．一般位置平面

一般位置平面与投影面既不垂直又不平行，3个投影面上的投影既没有积聚性，而且都反映与原实形缩小的类似形状。

如图 1-16(a)、图 1-16(b)所示为一般位置平面 *ABC* 的空间情况及它的投影图。从 1-16图中可以看出，三角形 *ABC* 的各个投影均是面积缩小了的类似形。

图 1-16 一般位置平面

归纳总结

1．形体上两点的位置关系有上下、前后、左右。

2．三面投影体系中，特殊位置的点分为点在投影面上、点在投影轴上、原点。

3．形体上 2 条直线的位置关系有平行、相交、交叉。

4．形体上直线与投影面的特殊位置关系分为投影面平行线、投影面垂直线。

5．投影面平行线的投影特性：在平行的投影面上的投影反映实长，且反映与其他 2 个投影面真实的倾角，另 2 个投影面上的投影分别平行于 2 个投影轴且长度缩短。

6．投影面垂直线的投影特性：在垂直的投影面上的投影积聚为一点，另 2 个投影面上的投影分别垂直于 2 个投影轴且反映实长。

7. 投影面平行线分为正平线、水平线、侧平线；投影面垂直线分为铅垂线、正垂线、侧垂线。

8. 形体上平面与投影面的特殊位置关系分为投影面平行面、投影面垂直面。

9. 投影面平行面分为水平面、正平面、侧平面；投影面垂直面分为铅垂面、正垂面、侧垂面。

10. 投影面平行面的投影特性：在平行的投影面上的投影反映实际形状和大小，在另2个投影面上的投影分别积聚为直线，且该直线分别与平行的投影面的投影轴平行，如水平面在水平投影面(X,Y)上的投影反映实际形状和大小，在正立投影面的投影积聚为平行于 X 轴的直线，侧立投影面的投影积聚为平行于 Y 轴的直线。

11. 投影面垂直面的投影特性：在垂直的投影面上的投影积聚为一直线，且对两投影轴的夹角反映平面对两投影面的倾角，其他2个投影面的投影是面积缩小了的类似形。

实 训

1. 已知点 B 在点 A 的正左方15mm；点 C 与点 A 是对 V 面的重影点，点 D 在点 A 的正下方20mm，补全各点的三面投影，并表明可见性。

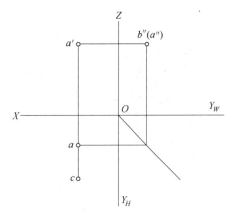

2. 判断下列各直线与投影面的位置关系。

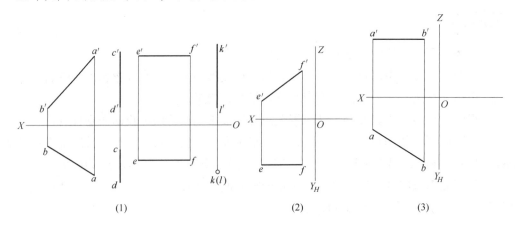

| (1) | (2) | (3) |

3. 判断两直线的相对位置关系。

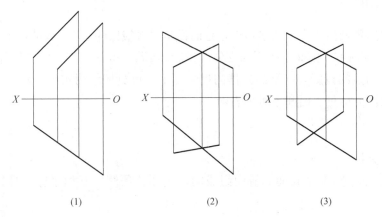

(1) (2) (3)

4. 判断下列各平面与投影面的位置关系。

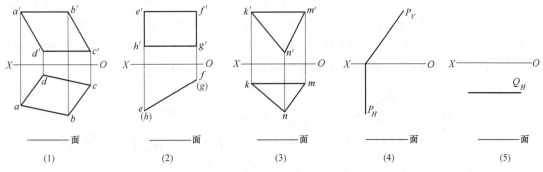

————面 ————面 ————面 ————面 ————面
(1) (2) (3) (4) (5)

5. 说明下列形体中各直线、平面与投影面的位置关系。

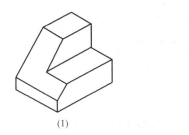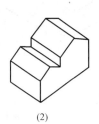

(1) (2)

任务三 形体的投影

如果对房屋建筑及其构配件(如基础、梁、柱等)进行形体分析,不难看出,它们都是由一些简单的基本几何形体(如棱柱、棱锥、圆柱、圆锥、球等)组合而成的。这些基本几何形体按照其表面的组成不同通常分为两大类:一类是表面为平面(如棱柱、棱锥)的平面立体;另一类是表面由曲面和平面组成(如圆柱、圆锥)的曲面立体。熟悉并掌握工程中常见几何形体的投影特性、表达方法和规律,是学习建筑图识读和绘制的基础。

一、基本几何体

平面立体的各表面均为平面多边形，它们都是由直线段(棱线)围成的，而每一棱线都是由两端点(顶点)确定的，因此绘制平面立体的投影，实质上就是绘制平面立体各多边形表面，即各棱线和各顶点的投影。在平面立体的投影图中，可见棱线用实线表示，不可见棱线用虚线表示，以区分可见表面和不可见表面。

1. 棱柱

1) 形体分析

棱柱是由上、下 2 个底面和棱面组成的，棱面各条侧棱互相平行，且每一棱面均为矩形。

2) 摆放位置

形体的摆放位置是指形体在三面投影体系中的位置，同一个形体由于摆放位置不同，也就有不同的投影图。但是我们要研究的是由物体抽象出的形体在正常工作状态下的位置，即物体的各面为投影面平行面或垂直面。如图 1-17 所示，长方体上下底面是水平面(矩形)，前后棱面是正平面(矩形)，左右棱面是侧平面(矩形)。

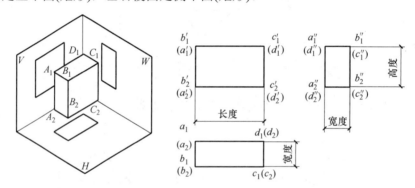

图 1-17　四棱柱的投影

3) 投影分析

H 面投影为一矩形，它既是两底面的实形投影重合在一起，又是各棱面(垂直于 H 面)的积聚投影；V 面投影为一矩形，它既是前后两棱面的实形投影重合在一起，又是上下底面、左右侧面(垂直于 V 面)的积聚投影；W 面投影为一矩形，它既是左右侧面的实形投影重合在一起，又是前后侧面、上下底面(垂直于 W 面)的积聚投影。

从长方体的三面投影图可以看出，水平投影反映长方体长度和宽度，正面投影反映长方体的长度和高度，侧面投影反映长方体的宽度和高度，完全符合前面介绍的三面投影图的投影特性。

2. 棱锥

1) 形体分析

棱锥体是由若干个三角形的棱锥面和底面所围成的，棱面上各条侧棱交于锥顶点。

2) 摆放位置

如图 1-18 所示，三棱锥底面是水平面，后棱面是侧垂面，左右 2 个棱面是一般位置平面。

3) 投影分析

H 面投影由 4 个三角形组成，分别是 3 个棱面的投影(不反映实形)和 1 个底面的投影(反映实形)；V 面投影由 3 个三角形组成，分别是 3 个棱面的投影(不反映实形)，底面的投影积聚成一条横线；W 面投影是一个三角形，它是左右 2 个棱面的投影(重影，不反映实形)，左边的一条线是后棱面的积聚投影，下边的一条线是底面的积聚投影。

构成三棱锥的各要素(点、线、面)应符合投影规律，三面投影图之间应符合"长对正、高平齐、宽相等"的三等关系。

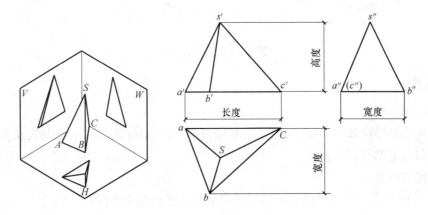

图 1-18 三棱锥的投影

3. 圆柱

1) 形体分析

圆柱是由圆柱面和上、下 2 个圆形底面围成的。圆柱面是由一条直线(母线)绕与其平行的轴线回转一周形成的曲面。

2) 摆放位置

如图 1-19 所示，直立的圆柱轴线是铅垂线，上、下底面是互相平行的水平面，圆柱面垂直于水平投影面。

3) 投影分析

H 面投影为一圆形，它既是两底面的重合投影(反映实形)，又是圆柱面的积聚投影；V 面投影为一矩形，该矩形的上下两边线上下两底面的积聚投影，而左右两边线则是圆柱面的左右两条轮廓素线，也可看作圆柱体中前半圆柱面与后半圆柱面的重合投影；W 面投影为一矩形，大小与 V 面投影相同，但含义不同。它是圆柱体中左半圆柱面与右半圆柱面的重合投影。

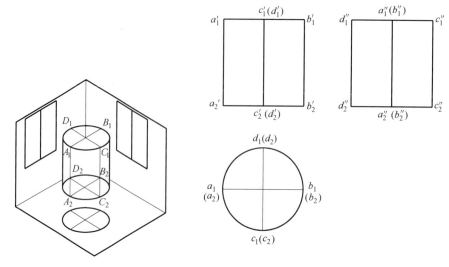

图 1-19　圆柱的投影

4．圆锥

1)　形体分析

圆锥是由圆锥面和底面圆围成的，圆锥面是由一条直线(母线)绕一条与其相交的轴线回转一周所形成的曲面。

2)　摆放位置

如图 1-20 所示，一直立的圆锥轴线是铅垂线，底面是水平面。

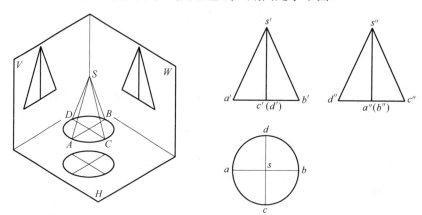

图 1-20　圆锥的投影

3)　投影分析

H 面投影是一个圆，它是圆锥面与底面的重合投影，反映底面的实形，圆心是圆锥轴线和锥顶的投影；V 面投影是一个三角形，是前半圆锥面和后半圆锥面的重合投影，三角形的底边是圆锥底面的积聚投影；W 面投影也是一个与 V 面投影全等的三角形，但它是左半圆锥面和右半圆锥面的重合投影，三角形的底边也是圆锥底面的积聚投影。

二、剖切体

通常情况下，三视图能够清楚地表达形体的外部形状和大小，内部结构中不可见部分用虚线表示；而对于内部结构比较复杂的建筑形体，较多的虚线难以分辨内外层次，不便于识图。为此，假想用一平面沿指定位置将形体剖切开，移去一部分，余下部分所作的投影称为剖面图。《房屋建筑制图统一标准》(GB 50001—2010)中，用剖面图表达形体内部结构，将投影图中不可见部分由虚线变成粗实线。如图 1-21 所示，用一水平面将建筑形体剖切分为上、下两部分，将上部移走，下部可见形体内部的结构构造并向水平投影面投影。

剖面图的剖切只是一种假想剖开的图示方法，并不是真正把形体切开。因此，画形体的一系列视图时，不论需要从几个方向做多少次剖切，相互间互不影响，每个视图都应按完整形体考虑；在剖面图中一般不画虚线，但如果少量的虚线能够减少视图的数量且不影响剖面图的清晰程度时，可以画出。

需特别注意的是，剖面图除应画出剖切平面切到部分的图形轮廓线(用粗实线表示)外，还应画出沿投射方向可见部分的轮廓线(用中实线表示)，切不可遗漏。其中剖切平面与形体相交的轮廓线围合而成的平面图形称为断面图，通常要画出相应材料图例。如图 1-22 所示形体的正面投影图，是用正平面沿着前后对称位置切开后的剖面图，其中断面图轮廓线画成粗实线，并注明钢筋混凝土材料图例。

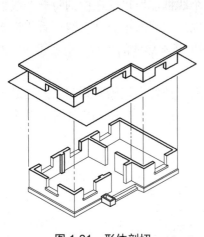

图 1-21　形体剖切

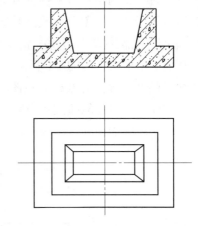

图 1-22　剖面图

剖面图与断面图虽然都是为表达形体内部结构或构造而将形体剖切得到的，但它们表达的对象不同：断面图只是形体被剖切面切到部分的截断面投影，而剖面图不仅包含剖切面切到部分，还包含沿投射方向可见部分的轮廓线，也就是说断面图是一个断面的投影，而剖面图是余下部分形体的投影。剖面图中包含断面图。

无论剖面图还是断面图，都需要能够确定剖切位置和剖视方向的剖切符号。如

$\underset{1}{\llcorner}\quad\underset{2}{\llcorner\!\!\!\!\lrcorner}$　中，1-1 为断面图的剖切符号(只有剖切位置线)，2-2 为剖面图的剖切符号(长的

剖切位置线和短的剖视方向线),数字写在剖切位置线的这一侧,就是剖视的方向,1、2分别在剖切位置线的上方,剖视方向自下向上。

三、组合体

组合体形状、结构往往较复杂,但都是由基本形体通过叠加、切割方式组合而成的形状各异的形体。房屋建筑都可以看作组合体,研究组合体的组成、视图画法和读法是绘制、阅读建筑工程图样的基础。

将一个组合体分解成几个基本几何形体的方法称为形体分析法。形体分析法是读图时常用的基本方法,此外,还有线面分析法、切割分析法等。线面分析法是根据围成形体的表面及表面之间的交线投影,逐面、逐线进行分析,找出它们的空间位置及形状,从而想象、确定出被它们所围成的整个形体的空间形状;切割分析法是由基本形体经过几次切割而形成,读图时由所给视图进行分析,先看该形体切割前是哪种基本形体,然后再分析基本形体在哪几个部位进行了切割,切去的又是什么基本形体,从而达到认识该形体的空间形状。

当组合体由各个基本形体以叠加的方式组合而成时,采用形体分析法对视图进行分析;当组合体或某一局部构成比较复杂,将其分解成几个基本形体困难时,可采用线面分析法或切割分析法。在房屋建筑形体中常采用形体分析法。

读图时,常常通过视图把形体分解成几个组成部分,并找出它们相互对应的各个视图,这是形体分析的关键。由前面介绍可知,不论形体的形状如何,它的各个视图轮廓线总是封闭的线框,每一个组成部分对应的视图同样是一个线框,所以视图中的每一个线框一定是形体或组成该形体的某部分的投影轮廓线。一般地,在视图中有几个线框就相当于把形体分解成几个组成部分(基本形体)。根据组合体的各个基本形体的形状、相互间的位置及组合方式,从而确定出组合体的整体形状。

值得注意的是,读图时要根据视图间的对应关系,把各个视图联系起来,通过分析想象出物体的空间形状,不能孤立片面地由一两个视图来确定。如图1-23所示,2个不同形体的立面图与平面图均相同,但侧面图不同。

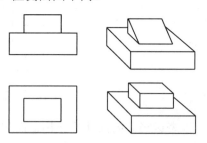

图1-23 视图相同的2个不同物体

例1-3 用形体分析法,分析图1-24(a)所示形体的空间形状。

通过对三视图的观察分析,在正立面图中把组合体划分为5个线框,即左边1个,右边1个,中间3个,如图1-24(b)所示。通过对这5部分的三视图对照分析可知,左右2个线框为2个对称的五棱柱,中间3个线框为3个四棱柱。3个四棱柱按大小由下而上的顺序叠放在一起，2 个五棱柱紧靠其左右两侧，构成一个台阶。

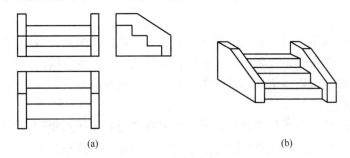

(a)　　　　　　　　　　　(b)

图 1-24　台阶的形体分析

图 1-25 列举了一些常见建筑形体的三面投影图。

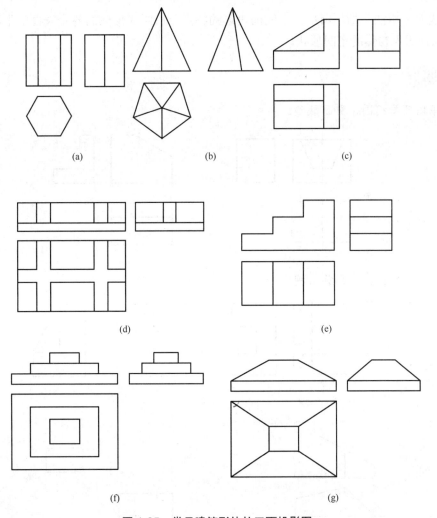

(a)　　　　　　(b)　　　　　　(c)

(d)　　　　　　　　　(e)

(f)　　　　　　　　　　(g)

图 1-25　常见建筑形体的三面投影图

　　2 个立体相交，也称相贯，它们的表面交线称为相贯线。相贯型组合体投影的关键是确定相贯线。

归纳总结

1. 形体的投影满足"长对正、高平齐、宽相等"的三等关系。

2. 建筑形体投影图的识读和绘制是以形体分析法为主，结合线面分析法进行。

3. 剖面图是将建筑形体剖切后的投影，剖面图中包含有断面图，识读时应注意剖切平面的位置和剖视方向。

4. 形体分析法的出发点是"体"，形体在视图中是以封闭线框形式出现的，因此要从视图中封闭线框着手，以主视图为核心，结合其他视图，分线框，把组合体分成几个独立部分，对照投影，识别形体，确定位置，综合想象整体形状。形体分析的难点是分线框，投影图中的线框应是独立形体的投影，但当两形体平齐、相切、截交相贯时会给分线框带来一定困难。

5. 线面分析法是指利用形体上线面投影的特点分析组成形体的各个表面的形状和相对位置，综合想象物体的空间形状。

实 训

1. 根据已知视图，补画缺线。

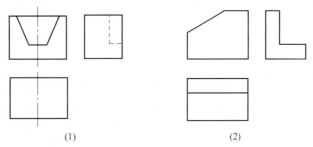

　　　　　(1)　　　　　　　　　　　　　　　　(2)

2. 根据两视图，补画第三视图。

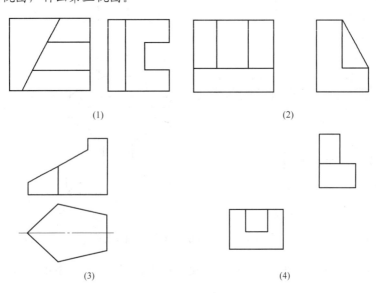

　　　　(1)　　　　　　　　　　　　　　　　(2)

　　　　(3)　　　　　　　　　　　　　　　　(4)

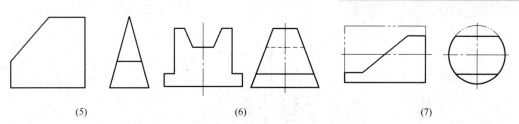

(5)　　　　　　　　　　(6)　　　　　　　　　　(7)

3. 根据一完整视图，完成另 2 个视图。

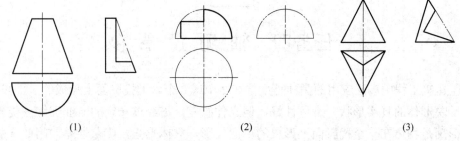

(1)　　　　　　　　　　(2)　　　　　　　　　　(3)

4. 按 1：1 比例完成组合体三视图。

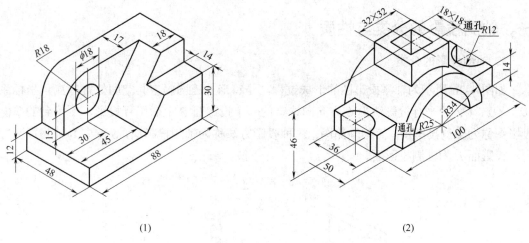

(1)　　　　　　　　　　　　　　　　　(2)

5. 作 1-1 剖面图。

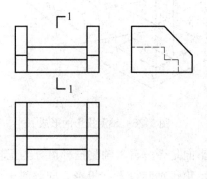

6. 作 1-1、2-2 断面图。

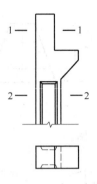

任务四　轴　测　投　影

房屋建筑工程中广泛应用的图样是物体在2个或2个以上投影面上形成的多面投影图，它能够反映形体的真实形状，度量性好，但立体感差，需经过一定的专业训练才能看懂。轴测投影图是物体在一个投影面上形成的单面投影，立体感强，度量性差，因此一般只做工程的辅助图样。

一、轴测投影的分类与性质

1. 轴测投影的分类

如图1-26所示为轴测投影图的形成过程，是将形体连同确定其空间位置的直角坐标系OX、OY、OZ用平行投影法沿S方向向选定的一个投影面P上做平行投影，所得到的单面投影图称为轴测投影图，简称轴测图。这种投影方法称为轴测投影法，S方向为轴测投影方向，投影面P为轴测投影面。

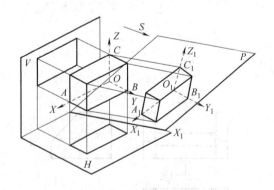

图1-26　轴测投影的形成

根据投影方向与轴测投影面是否垂直，轴测投影可分为正轴测投影和斜轴测投影两类。当投影方向垂直于投影面时，称正轴测投影；投影方向倾斜于投影面时，称斜轴测投影。

确定形体长、宽、高3个方向的直角坐标轴OX、OY和OZ在轴测投影面P上投影O_1X_1、O_1Y_1和O_1Z_1称为轴测投影轴，简称轴测轴。相邻两轴测轴之间的夹角称为轴间角。轴测轴和空间坐标轴之间对应尺寸的比值称为轴向变形系数，$O_1A_1/OA=p$ 为 X 轴向变形系数，$O_1B_1/OB=q$ 为 Y 轴向变形系数，$O_1C_1/OC=r$ 为 Z 轴向变形系数。根据轴向变形系数是否相等，轴测投影可分为正或斜等测投影、正或斜二测投影。轴测投影的分类如表 1-5 所示。

表 1-5　轴测投影的分类

名称	正轴测		斜轴测
性质	投影方向垂直于投影面		投影方向倾斜于投影面
类型	正等测	斜等测	斜二测
轴间角及轴向变形系数	$p=q=r=1$	$p=r=q=1$	$p=r=2q=1$

如果给出轴间角，便可作出轴测轴，即确定轴向；如果再给出轴向变形系数，就可确定轴向尺寸，这样就可以画轴测图了。所以，轴间角和轴向变形系数是轴测投影中的 2 组重要参数。

房屋建筑轴测图宜采用正等测投影。

2. 轴测投影的性质

轴测投影是在单一投影面上的平行投影，所以它具有平行投影的一切性质，如平行性、定比性等。也就是说 2 条直线平行，其轴测投影仍相互平行；形体上平行于某坐标轴的直线，其轴测投影平行于相应的轴测轴；2 条平行线段的长度之比，等于其轴测投影长度之比；形体上平行于坐标轴的线段，其轴测投影与其实长之比等于相应的轴向变形系数。

二、正轴测投影

正轴测投影的投影方向与投影面垂直，坐标面 XOY(即物体的水平面)、XOZ(即物体的正立面)、YOZ(即物体的侧立面)与投影面倾斜。如果 3 个坐标面与投影面呈相同的倾角，则 3 个轴间角相等，即 $\angle X_1O_1Y_1=\angle X_1O_1Z_1=\angle Y_1O_1Z_1=120°$；3 个轴向变形系数相等，即 $p=q=r=1$ 称为正等轴测投影，简称正等测，如图 1-27 所示。其中 $p=q=r=1$ 为简化系数，是为方便作图而规定的，即物体上所有的轴向尺寸都等于实际尺寸。

在正轴侧投影中，如果 2 个轴向变形系数相等，1 个不等，即 $p=q\neq r$ 称为正二等轴测投影，简称正二测，如图 1-28 所示。

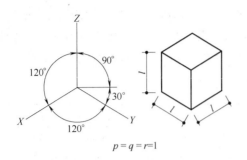

图 1-27 正等测的画法

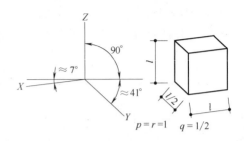

图 1-28 正二测的画法

绘制正等轴测投影的常用方法有坐标法、叠加法、切割法和综合法。坐标法是根据形体上各点的坐标，作出它们的轴测投影后连线；叠加法是根据形体各部分的相对位置，逐次作出它们的轴测投影；切割法是根据形体被切割的次序，逐次作出被切割后的轴测投影；综合法是运用叠加法和切割法进行综合作图。

例 1-4 如图 1-29(a)所示，用坐标法作长方体的正等测图。

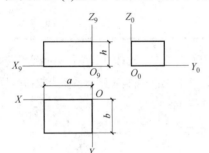

(a) 在正投影图上定出原点和坐标轴的位置

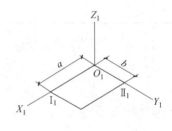

(b) 画轴测轴，在 O_1X_1 和 O_1Y_1 上分别量取 a 和 b，过 I_1、II_1 作 O_1X_1 和 O_1Y_1 的平行线，得长方体底面的轴测面

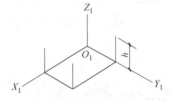

(c) 过底面各角点作 O_1Z_1 轴的平行线，量取高度 h，得长方体顶面各角点

(d) 连接各角点，擦去多余的线，并描深，即得长方体的正等测图，图中虚线可不必画出

图 1-29 长方体正等测图画法

例 1-5 如图 1-30 所示，台阶的三面投影图，作台阶的正等测图。

从台阶的三面投影图中可以看出，台阶由右侧栏板和三级踏步组成。采用叠加法画图，可先画栏板，再画踏步，具体作图步骤如下：

(1) 在台阶的三面投影图中确定直角坐标轴的位置，如图 1-30 所示。

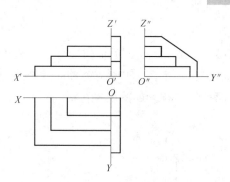

图 1-30　台阶的投影

(2)　画出轴测轴,并根据栏板的长度、宽度和高度画出一个长方体,如图 1-31(a)所示。

(3)　根据栏板前上方(侧立面)斜角的尺寸,画出长方体上的这个斜角,并在栏板左侧铅垂面上根据踏步的宽度和高度画出踏步的轮廓线,如图 1-31(b)所示。

(4)　过踏步轮廓线上的各转折点向 O_1X_1 轴方向引直线,并根据踏步的长度尺寸画出三级踏步,完成整个台阶的正等测图,如图 1-31(c)所示。

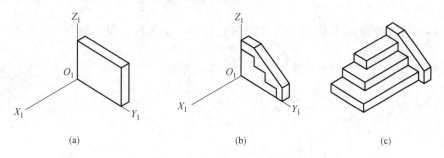

(a)　　　　　　　　　(b)　　　　　　　　　(c)

图 1-31　台阶的正等测图画法

三、斜轴测投影

当投影方向与投影面倾斜、坐标面 XOZ(即形体正立面)与投影面平行时,所得平行投影为正面斜轴测投影,如图 1-32 所示。如果 3 个轴向变形系数均相等,即 $p=q=r$ 称为正面斜等轴测投影,简称斜等测,如图 1-32(a)所示;如果 2 个轴向变形系数相等,1 个不等,即 $p=q\neq r$ 称为正面斜二测投影,简称斜二测,如图 1-32(b)所示。

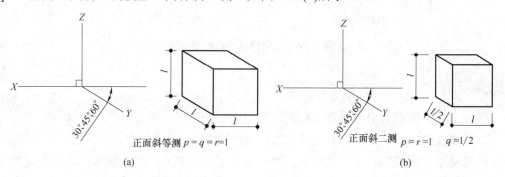

正面斜等测 $p = q = r = 1$

(a)

正面斜二测 $p = r = 1$　$q = 1/2$

(b)

图 1-32　正面斜轴测投影的画法

当投影方向与投影面倾斜、坐标面 XOY(即形体水平面)与投影面平行时，所得平行投影为水平斜轴测投影，如图 1-33 所示。如果 3 个轴向变形系数相等，即 $p=q=r=1$ 称水平斜等测投影，简称斜等测，如图 1-33(a)所示；如果两个轴向变形系数相等，一个不等，即 $p=q \neq r$ 称为水平斜二测投影，简称斜二测，如图 1-33(b)所示。

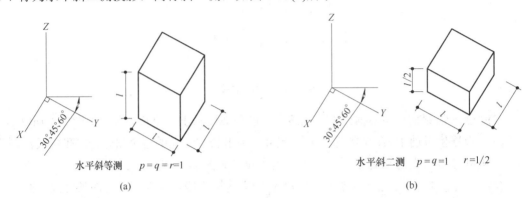

水平斜等测　　$p=q=r=1$

(a)

水平斜二测　　$p=q=1$　　$r=1/2$

(b)

图 1-33　水平斜轴测投影画法

例 1-6　利用轴测投影的特点，作如图 1-34(a)所示垫块的斜二测图。

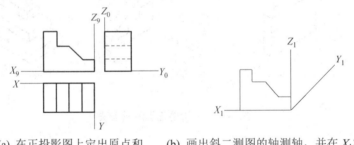

(a) 在正投影图上定出原点和　　(b) 画出斜二测图的轴测轴，并在 X_1Z_1 坐标
　　坐标轴的位置　　　　　　　　　面上画出正面图

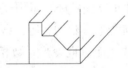

(c) 过各角点作 Y_1 轴平行线，长度　　(d) 将平行线各角点连起来加深
　　等于宽度的一半　　　　　　　　　即得其斜二测图

图 1-34　垫块的斜二测投影画法

归纳总结

1. 轴测投影常作为房屋建筑工程的辅助图样。

2. 轴测投影是平行投影，具有平行性、定比性。

3. 常见的轴测投影有正等测投影、水平斜等测投影和正面斜二测投影，房屋建筑宜采用正等测投影。

4. 轴间角、轴向变形系数是绘制轴测投影的重要参数。

5. 正等测投影的投影方向垂直于投影面；轴间角均为120°，轴向变形系数均相等。

6. 正等测投影的绘制方法有坐标法、叠加法、切割法和综合法。

实　训

1. 根据已给视图，画正等轴测图。

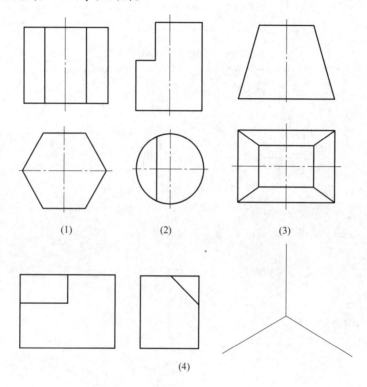

2. 根据已给视图，画斜二测轴测图。

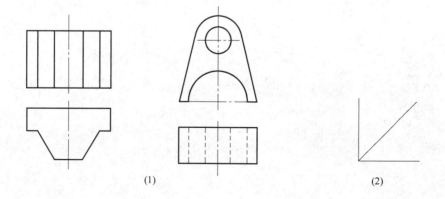

项目二　总平面图识读

教学目标

知识目标：了解总平面图的投影形成方法，掌握《总图制图标准》，掌握总平面图的阅读方法。

能力目标：通过现场踏勘，核查总平面图与现场环境条件是否一致，培养认真、严谨、仔细的良好工作作风和职业素养；能够正确识读总平面图，并检核新建房屋定位条件是否充分、现场的环境条件是否利于施工测量放线，以及土方施工工程量总体策划、施工总平面布置等。

教学重点：总平面图的识读方法。

教学难点：测量坐标系与建筑坐标系换算；新建房屋定位的方法。

教学建议及其他说明：查阅《房屋建筑制图统一标准》(GB 50001—2010)、《总图制图标准》(GB/T 50103—2010)；实际勘查现场，拍摄实景照片。

任务一　认知总平面图

总平面图是拟建工程所在地理位置及其周围建筑物、道路、绿化等环境布置的俯视水平投影图。

总平面图包括新建房屋的平面形状、位置、朝向、占地面积及与周围地形、地物的关系。其中可以有一幢或多幢新建房屋，这些房屋既可以布置在空旷的区域，也可以布置在建筑群中；既可以是平地，也可以是丘陵等地形。总平面图是城市规划部门根据城市总体规划和布局在一定用地范围内布置完成的。

总平面图是新建房屋定位、施工放线、土方施工的依据，也是室外水、暖、电等设备管线和施工总平面布置的依据。

在总平面图中，往往由城市规划部门确定各种用地的边界线，即红线。用地红线是指各类建筑工程项目用地的使用权属范围的边界线；沿街建筑物位置的边界线，称为建筑红线；建筑控制线是指有关法规或详细规划确定建筑物、构筑物基底位置不得超出的界线；道路红线是指道路用地的规划控制线。建筑红线与道路红线可以重合，也可以退后，但绝不允许超越。建筑红线以外不得建造任何建筑物。建筑红线一般由道路红线、建筑控制线组成,基底与道路临近一侧,一般以道路红线为建筑控制线。一般以城市道路中心线为基准,再由它向建设房屋的一侧确定出一条该建筑物或建筑群的"红线"。一幢房屋如果在城市交通干道附近,那么它一定受"红线"控制;如果是在建筑群中建造,那么它要受原有房屋的限制:两幢楼之间的前后距离应为前面房屋高度的 1.1～1.5 倍,侧向距离应不小于通道的宽度并满足防火安全距离 4～6m 的要求。

一、总平面图例

总平面图是用相应的图例(有其特定的表示方法)表示建筑基地内建筑物、道路、绿化等布置情况。表 2-1 列举了一些《总图制图标准》(GB/T 50103—2010)中常用图例(如果总平面图中有《总图制图标准》未罗列的内容,可自行编制图例,并在图中注明)。

表 2-1　常用总平面及道路图例

序 号	名 称	图 例	备 注
1	新建建筑物	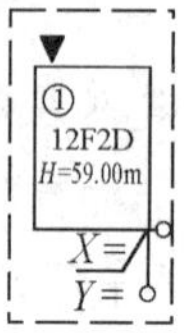 ① 12F2D H=59.00m X=□ Y=○	(1)新建建筑物以粗实线表示与室外地坪相接处±0.00 外墙定位轮廓线; (2)建筑物一般以±0.00 高度处的外墙定位轴线交叉点的坐标定位,轴线用细实线表示,并标明轴线号; (3)根据设计阶段不同标注建筑编号,地上、地下层数,建筑高度,建筑出入口位置(可用 ▲ 表示,也可在直线间断处表示); (4)地下建筑物以粗虚线表示其轮廓; (5)建筑上部(±0.00 以上)外挑建筑用细实线表示; (6)建筑物上部连廊用细虚线,并标注位置
2	原有建筑物	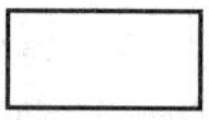	用细实线表示
3	计划扩建的预留地或建筑物		用中粗虚线表示
4	拆除的建筑物		用细实线表示
5	建筑物下面的通道	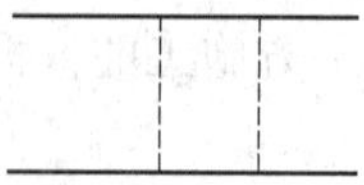	
6	散状材料露天堆场	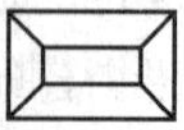	需要时可注明材料名称
7	其他材料露天堆场或露天作业场		

续表

序　号	名　称	图　例	备　注
8	铺砌场地	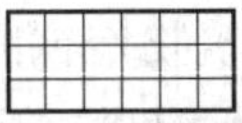	
9	敞棚或敞廊	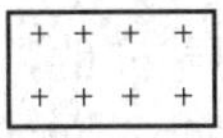	
10	围墙及大门	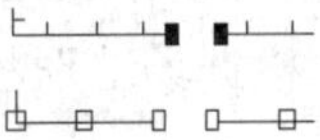	上图为实体性质的围墙，下图为通透性质的围墙，若仅表示围墙时不画大门
11	挡土墙	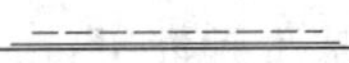	被挡土在"突出"的一侧
12	台阶及无障碍坡道		前者为台阶(级数仅为示意)，后者为无障碍坡道
13	坐标	$X=104.00$ $Y=425.00$ $A=104.00$ $B=425.00$	上图表示地形测量坐标系 下图表示自设建筑坐标系
14	方格网交叉点标高	-0.50 $\|$ 77.85 78.35	"78.35"为原地面标高 "77.85"为设计标高 "−0.50"为施工高度 "−"表示挖方("+"表示填方)
15	填方区、挖方区、未整平区及零点线	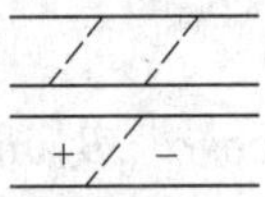	"+"表示填方区 "−"表示挖方区 中间为未整平区 点画线为零点线
16	室内地坪标高	$151.00(\pm 0.00)$	
17	室外地坪标高	▼143.00	室外标高也可采用等高线表示
18	原有道路	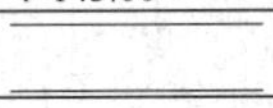	
19	计划扩建的道路		
20	拆除的道路	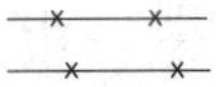	
21	人行道	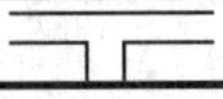	

二、比例

比例是指图形的线性尺寸与相应的实物之比，常用分子为1的分数形式表示，如1∶5、1∶50、1∶500等，分母为图形缩小的倍数。比例的大小是指分数的比值，如1∶5大于1∶1000。不论工程图样采用哪个比例绘制，图中尺寸标注必须是其实际尺寸，即图中标注的尺寸与绘图比例大小无关。

由于总平面图包含的区域范围较大，绘制时都用较小的比例，通常宜采用的比例有1∶500、1∶1000、1∶2000等。

三、坐标标注

坐标标注是确定新建房屋角点位置、进行建筑物定位的一种方法。总图上的坐标网有两种形式：地形测量坐标网和自拟建筑坐标网，如图2-1所示。

地形测量坐标网是国家或地区用于测绘地形而建立的，坐标代号用$(X，Y)$表示，X轴为南北方向(地球的经线)，Y轴为东西方向(地球的纬线)，以100m×100m或50m×50m为一方格，在方格交点处画交叉十字线表示坐标网。根据场地形状或布局，坐标轴可向左或右偏转，但不宜超过45°。

自拟建筑坐标网的轴线与主要建筑物的基本轴线平行，用细实线画成网格通线，坐标代号用$(A，B)$表示，坐标值为负数时，应注"–"，正数时可省略"+"。A轴与地形测量坐标网的X轴相当，B轴与Y轴相当。

拟建房屋可用2个对角点或3个角点(通常采用外墙定位轴线交叉点)的坐标标定其位置。

总平面图上同时有测量和建筑2种坐标系统时，应注明2种坐标系统的换算公式。已知$(X_0，Y_0)$为建筑坐标系坐标原点在测量坐标系中的坐标，建筑坐标系纵坐标轴与测量坐标系纵坐标轴间夹角为α。在图2-2中，设$(X_p、Y_p)$为p点在测量坐标系XOY中的坐标，$(A_p、B_p)$为p点在建筑坐标系$AO'B$中的坐标，若要将p点的建筑坐标换算成相应的测量坐标，其计算公式为

$$X_p = X_0 + A_p\cos\alpha - B_p\sin\alpha \tag{2-1}$$

$$Y_p = Y_0 + A_p\sin\alpha + B_p\cos\alpha \tag{2-2}$$

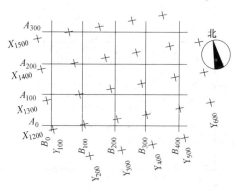

图2-1　坐标网格

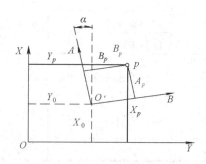

图2-2　坐标换算

总图中的坐标以米为单位，标注到小数点后3位，不足时以"0"补齐，如(100.210, 300.450)。

四、等高线与绝对标高

总平面图中时常用等高线(一组高程相等的封闭曲线)表示地形高低起伏，如山地、丘陵等。等高线是确定填方区、挖方区及计算填挖方量、确定场地雨水排除路线的依据。

标高即高程，按零点位置不同有绝对标高和相对标高两种。绝对标高是以我国青岛黄海平均海平面作为零点测量的大地点标高；相对标高是以拟建建筑物首层室内地坪作为零点确定的建筑物各部位标高。

总平面图上所注标高均为绝对标高，对不同高度的地坪分别标注：拟建建筑物标注室内地坪±0.00 处的绝对标高；室外散水标注建筑物四周转角或两对角的散水坡脚处的标高；场地平整标注其控制位置标高；铺砌场地标注其铺砌面标高。

标高符号以直角等腰三角形表示，室外地坪标高宜涂黑三角形，尖端指被注高度位置，可向下，也可向上，如表 2-1 所示。

总图中标高、距离均以米为单位，以小数点后两位数标注，不足时以"0"补齐，如地坪标高±0.00，建筑物长度 25.70。

五、风向频率玫瑰图或指北针

总平面图上常用指北针或风向频率玫瑰图表示建筑物的朝向。首层建筑平面图上一般绘有指北针，如图 2-1 所示，指针头部注有"北"或"N"。风向频率玫瑰图除了可以表示建筑物的朝向外，还可以直观地反映该地区的风向。

风向频率玫瑰图，简称风玫瑰图，是根据当地的气象统计资料将不同风向吹风频率按 16 个方位绘成的折线图形。如图 2-3 所示为哈尔滨地区风向频率玫瑰图，其中实折线上距中心点最远的顶点表示该方向吹风频率最高，称为常年主导风向，虚折线表示当地夏季 6、7、8 三个月的风向频率。它说明该地区常年主导风向为南向，夏季主导风向为南偏西。

图 2-3　风向频率玫瑰图

归纳总结

1. 总平面图上拟建房屋的位置是受一定限制的，如建筑红线、建筑控制线、原有房屋或道路等。

2. 总平面图是采用规定图例、比例按水平投影方法绘制的。

3. 新建建筑物需标注层数、建筑高度、出入口位置、室外地坪标高、室内地坪标高、外墙轴线交叉点坐标等。

4. 等高线是一组高程(即标高)相等的封闭曲线，表示地形的高低起伏。

5. 标高有绝对标高和相对标高两种，总图上的标高均为绝对标高。

6. 房屋朝向可用指北针或风向频率玫瑰图表示。

实 训

一、填空题

1. 总图上代表新建建筑物、原有建筑物、道路等的规定符号，称为(　　)。
2. 总图上新建建筑物外形是(　　)高度处外墙定位轮廓线。
3. 室外地坪标高用(　　)符号表示；室内地坪标高用(　　)符号表示。
4. 总图中的坐标、标高、距离均以(　　)为单位，并应至少取至小数点后(　　)位。
5. 总图中用(　　)符号表示建筑物朝向。

二、判断题

1. 总图中新建建筑物外形是屋顶部分的水平投影图。　　　　　　　　　　(　　)
2. 总图中室外地坪标高为绝对标高，室内地坪标高为相对标高。　　　　　(　　)
3. 总图常用比例 1∶100。　　　　　　　　　　　　　　　　　　　　　　(　　)
4. 总图中标注的坐标点是指外墙轮廓线交叉点。　　　　　　　　　　　　(　　)
5. 总图中拟建建筑物基底的边界线称为建筑红线。　　　　　　　　　　　(　　)
6. 识读一套施工图首先看到的应是总平面图。　　　　　　　　　　　　　(　　)

任务二　总平面图识读

总平面图表达建设区风向、方位、地形地貌、范围，新建房屋平面形状、大小、朝向、层数、建筑高度、位置、室内外地坪标高，及周围环境如道路、绿化等内容。

一、阅读步骤

1. 先看新建房屋的具体位置、外围尺寸

在总平面图中用粗实线框表示新建房屋，原有建筑用细实线框表示，用点数或数字反映建筑层数，有几个点就是几层。

从总平面图中可查看新建筑物周围的道路情况，为现场材料、人员进出、场地布置做准备；查看新建筑物周围的原有建筑是否有宿舍或老年公寓等，为夜间施工进度安排做统筹考虑；新建筑物周围是否有名贵古树、纪念性建筑等需要保存，现场施工方案布置时要尽量避开，必要的情况下要采取保护措施；新建房屋主入口位置是否与主干道毗邻；现场是否分批分期建造房屋等影响场地布置的因素要全局考虑，确定场地占地范围。

新建房屋的外围尺寸要与首层平面图结合，明确是否定位轴线或外墙面线及其交点。

2. 再看房屋±0.00室内地面的绝对标高

总图平面是指含有±0.00标高的平面，新建建筑物的轮廓线即建筑物±0.00高度的可

见轮廓线。

房屋±0.00 室内地面的绝对标高用空心的三角形表示，室外地坪标高用涂黑的三角形表示。有了室内与室外地面的标高，就可以确定室内外地面的高度差(即室内地面与室外地坪的绝对标高之差)，进而确定室外台阶的踏步数量。

3. 房屋朝向

指北针和风向频率玫瑰图是确定房屋朝向的依据，而风向频率玫瑰图又是自然通风设计的基本依据。在夏季有主导风向的地区，房屋纵轴尽可能垂直于主导风向，这样有利于自然通风、改善室内空气质量、调节室内温度。由于我国大部分地区夏季主导风向都是南或南偏东，因而多数建筑为南北向，坐北朝南或坐南朝北。现代建筑中也以南或南偏东为最佳朝向。随着现代城市的发展，建筑布局多沿道路分布，东西朝向(坐东朝西或坐西朝东)的建筑也司空见惯。

风向频率玫瑰图也给现场施工组织设计提供重要的参考。

4. 房屋定位尺寸

总平面图的主要任务是确定拟建建筑物的位置，即定位。定位的方式通常有两种：一是利用与原有建筑物或道路间关系定位，标注新建房屋与其相邻的原有建筑物或道路中心线间平行或垂直关系及相对位置尺寸，这种方法适用于新建房屋布置在建筑群中或距离城市道路较近且地势较平坦的情况；二是利用坐标定位，标注新建房屋角点坐标。当新建区域所在地形较复杂，为了保证施工放线的精度，常用坐标定位法。两相邻坐标点间的距离分别为建筑物的长度与宽度。

在地面上确定新建建筑物角点通常由城市规划部门来完成。

5. 与房屋建筑有关的其他事项

如建成后房屋周围的道路，现有市内水源干线、下水管道干线、电源引入的电杆位置等。

如果从施工安排角度出发，还应看旧建筑相距是否太近、施工时对居民的安全是否有保证、河岸土方坡是否牢固等。

如果能把上述 5 项看懂，可以说基本上会看总平面图。

二、阅读实例

某学校电教综合楼总平面图，如图 2-4 所示。

从总平面图中可以看出，拟建建筑物位于南郊街以南的校园内，地势平坦，水、电、道路通畅，交通便利，但是场地作业面不大，需合理进行施工总平面布置。

通过线型粗细可以看出，粗线轮廓为一幢新建电教综合楼，细线轮廓为附近原有宿舍楼、住宅、开水房和体育馆。该拟建综合楼平面形状为矩形，与原宿舍楼平齐，宽度相等，共 6 层，建筑高度为 20.550m。与南侧毗邻的原有宿舍楼，间距为 0.100m 的变形缝；东侧7m 是实体围墙，墙外是高层住宅；北侧、西侧与原有建筑物相邻，距离分别为 6.200m 和

5.600m。房屋总长度为25.750m，总宽度为17.900m(与原有宿舍楼等宽)，均为外墙面线，由此可以得出占地范围长与宽分别为32.050m和30.500m。

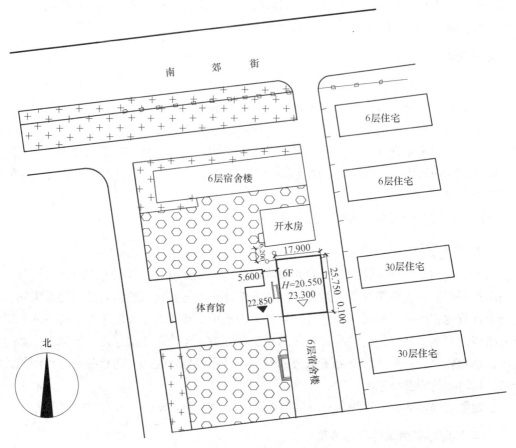

总平面图 1:500

图 2-4　某学校电教综合楼总平面图

该综合楼室内地坪±0.00绝对标高为23.300m，室外地坪绝对标高为22.850m，室内外高度差为0.450m；如果主入口处室外台阶设计踢面高为0.150m，则需要设三级台阶。

从总平面图可知该综合楼有两个出入口，分别位于西侧和东侧，西侧的为主入口，设有台阶和坡道。建筑朝向为东西向，坐东朝西。

图中拟建综合楼定位方法采用与原有建筑物的关系定位，与相邻建筑距离分别为6.200m、5.600m、0.100m和总长25.750m、总宽17.900m。

场地内距离城市主干道南郊街最近的通道位于东侧，沿墙宽度7m，可以布置一般的运输、交通，大型机械设备可以由学校正门进出。

该建筑毗邻高层住宅和学生宿舍，施工尽量避免扰民，不宜安排夜间施工。

任务三　现场勘察与新建房屋定位

一、现场勘察

对整套图纸阅读后，了解了总平面图的布置、新建房屋的位置及坐标等。在设计图纸交底前，施工人员还应到现场进行勘察与实测，其目的是验证总平面图与实地之间是否矛盾、是否有设计未考虑因素而影响施工正常进行。比如新建房屋离高压输电线太近，违反了电力安全规定，这时必须重新布置，避开危险设施；场地很多年前是一池塘，里面堆放的生活垃圾、杂土等对基础是否构成影响；地下是否隐藏煤气管道等，这些都要通过现场走访、调查等方式掌握第一手资料，保障施工作业安全顺利进行。实测过程中发现的问题，必须通知建设单位、规划部门和设计部门到现场核实，再由建设单位、设计单位研究处理意见，只有得到正式改正通知后才能定位放线进行施工。

实测一般需 1 个指南针、一把 30m 长的皮尺、1 支边长 3∶4∶5 的直角尺，利用指南针大致定向，用皮尺和角尺粗略地确定新建筑物的位置。

如果是在旧建筑群中建新房，可以按照总平面图提供的数据，一般只要丈量原有建筑之间的距离，能容纳新建筑物，并保证有足够的安全距离和光照距离，就可以判断总平面图布置是合适的。

如果在建场地是一片空旷区，就要按照总图上的坐标选定地面坐标轴位置，并以此丈量新建筑的位置，并考察在这一区域有没有影响建造的障碍或高压线。

二、新建房屋定位

新建房屋的定位就是把房屋从图纸搬到地面上，用来确定房屋 4 个角点的位置；然后由角点位置，再根据基础图就可以放出基础施工开挖的灰线。

定位的方法常用仪器定位法、简易定位法。

仪器定位法是利用测量仪器、测量工具如经纬仪、钢尺、小白线或细麻线等进行定位的方法，这种定位方法过程复杂，但准确度高，具体步骤在《建筑施工测量》课程中学习，这里做一简要叙述。图 2-4 中新建房屋定位方法如图 2-5 所示，先由 CA、DB 墙边延长 1 定 A'、B'，得到 AB 的平行线 $A'B'$。再安置经纬仪于 A' 点，瞄准 B' 点，并依 $BE=100mm$、$EF=25.750m$ 在 $A'B'$ 延长线上定 E'、F' 点。将仪器安置于 E'、F' 点，以 $A'B'$ 为起始方向分别测设 90°，按 1 加外墙面到墙轴线间距及 $EG=FH=17.900m$ 定出拟建建筑物轴线交点 E、F、G、H，打入木桩，并用小钉表示其位置。最后还应实地丈量 EF、GH 的长度，以便校核。

简易定位法，也称"三、四、五"定位法，是利用勾股定理按 3∶4∶5 的尺寸制作一个直角尺，加上钢尺、小线就可确定房屋位置，这种方法简单、快捷，容易操作。

需要说明的是，建筑物定位放线是一项专门的工作，不仅要求放线员识图、熟练使用仪器，还要掌握工程进度，是一项综合性技能。

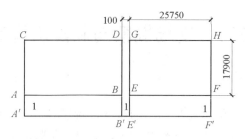

图 2-5　仪器定位法

归纳总结

1. 总平面图识读可以概括为总体看基地、重点看拟建、环境因素不可少。

2. 总图上的总长、总宽是指外墙边线距离。

3. 室内外高差是指室内地坪与室外地坪的标高之差。

4. 房屋朝向可以通过指北针或风向频率玫瑰图判断，基地风向则只能依据风向频率玫瑰图。

5. 房屋定位依据应充分、简便、可行。

实　训

识读总平面图 2-6，回答下列问题。

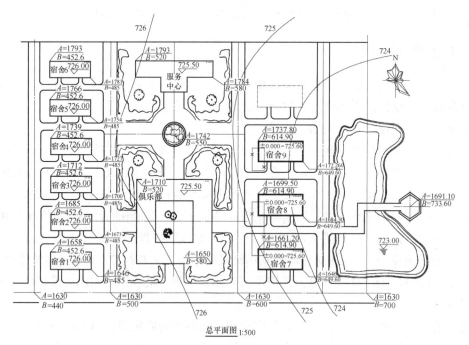

总平面图 1:500

图 2-6　总平面图

(1) 根据(   )可以判断该建筑基地的地形条件比较平坦、开阔；城市主干道和建设区道路通畅，便于组织施工。根据(   )可以看出建筑基地朝向为(   )。

(2) 居住区域已具规模，拟建建筑物为(   )，平面形状为(   )，朝向为(   )，室内地坪标高为(   )，定位依据是给定两个对角交叉点的(   )坐标，建筑层数为(   )，有两处出入口。

(3) 场地上需拆除原有建筑，北侧有计划扩建的建筑物，东侧为(   )，没有需要特别进行保护的古树或池塘。

(4) 场地需要做适当的平整，与西侧建筑物间高差不大，拟建建筑物和中心区俱乐部室内地坪高差为(   )。

项目三　建筑施工图识读

教学目标

知识目标：掌握《建筑制图标准》(GB/T 50104—2010)，掌握建筑施工图投影形成方式及阅读方法，了解建筑各部分基本构造。

能力目标：熟练识读建筑平面图、立面图、剖面图及详图，能够找出图纸自身的缺陷和错误，能够初步判断施工的可行性，检查图纸功能设计是否满足建设单位要求；培养辩证思维能力，严谨工作作风，自觉遵守职业道德和行为规范。

教学重点：建筑平面图、立面图、剖面图阅读方法。

教学难点：理解建筑各部分基本构造。

教学建议及其他说明：识图与绘图结合，加深对施工图的理解；实际勘察已建工程，拍摄实景照片。

任务一　房屋建筑构造的基本知识

一、房屋建筑构造

民用建筑是指供人们居住、学习及从事其他社会活动的房屋，通常由基础、墙或柱、楼地层、屋顶、楼梯、门窗等主要构造部分组成，此外还有雨篷、散水、台阶、地坪层等，如图 3-1 所示。它们在建筑物中的部位不同，所起的作用也不一样，共同实现建筑耐久、适用、美观的功能。

1. 基础

基础是指房屋下部埋在土中的构件，承担上部建筑的全部荷载并把这些荷载有效地传给大地，即地基。基础是建筑物的重要组成部分，不仅要求能够抵御地下各种自然因素的不利影响，而且应具有足够的强度、刚度和耐久性。建筑物投入使用后基础将不再现，这样一旦遭到破坏不宜被发觉，所以基础作为隐蔽工程非常重要。可以想象，一幢房屋建筑如果没有一个坚实可靠的基础，再好的商埠结构也不可能正常地发挥作用。

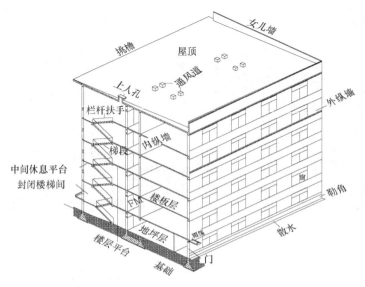

图 3-1　房屋建筑的构成

2. 墙或柱

墙体是建筑物的重要构造之一，是建筑物实现功能的重要组成部分。墙体有外墙和内墙之分，有承重和非承重之别。外墙不仅起围护(指挡风、雨、雪，保温隔热)作用，也可以起承重作用，承担屋顶和楼板层传来的各种荷载，并传递给墙基础；内墙起分隔建筑内部空间作用，也可以承担外来荷载。

墙体承受竖向荷载的结构体系为墙承重体系，相应的主体结构形式为砖混结构；由柱承担竖向荷载的结构体系为框架承重体系，比如钢筋混凝土框架结构，框架柱承担上部梁、板等荷载并传递给柱基础。

墙或柱承受竖向荷载，要求具有足够的强度、刚度和良好的稳定性，具有防火、耐久等功能。

墙体材料和构造是外墙保温隔热功能发展面临的主要课题，是各地区建筑节能的重要方面。

3. 楼地层

楼地层是楼板层和地坪层的简称。楼地层是建筑物中水平方向的构件。地坪层位于建筑物首层地面与下部土壤接触的部分，承担着首层房间的地面荷载，并传递给下部的夯实土壤，即地基，所以地坪层强度要求较低，要求具有防潮、保温、耐磨等功能。

楼板层承担建筑物的楼面荷载，传递给竖向承重构件，具有竖向划分建筑空间的作用，同时可以水平约束墙体。楼板层应具有足够的强度、刚度和耐久性，而且要具有防火、隔声等功能。

4. 屋顶

屋顶是房屋建筑最上面的部分，同时具有承重和围护的功能。具有承重作用的水平构件为屋面板，要求具有足够的强度和刚度、耐久性；屋面板上设置保温层、防水层等功能层，是房屋上部的围护结构。

屋顶可以设计成各种造型，增强建筑物的形象，是建筑物的体形设计和立面设计的重要元素。

5. 楼梯

楼梯是建筑物相邻两楼地层间起联系作用的垂直交通设施，是建筑物不可缺少的重要组成部分，在紧急情况下可作为疏散通道，是电梯、自动扶梯不可替代的。设计规范中对楼梯的数量、位置、平面形式以及宽度等都有严格的界定。

6. 门窗

门和窗是在墙体上开洞设置的建筑配件，是建筑物满足使用功能不可缺少的组成部分。

门是进出建筑及房间的通道，外门有围护作用，内门可以采光和通风。门的宽度和高度除了考虑人通行的因素外，还要考虑家具等设备进出的需要。设计规范中对门的数量和位置均作了明确规定。

窗是建筑立面处理的重要元素之一，不仅要满足采光和通风的要求，外窗还要起围护的作用。在寒冷地区要严格控制窗的面积，洞口不宜过大或过小。

此外，建筑物的构造组成还包括：散水是沿建筑物外墙四周设置的向外倾斜的坡面；台阶是解决室内地面或室内地面与室外地面之间高度差的交通部分，一般设置在建筑物的入口处；变形缝是在某些建筑物部分之间人为设置的把房屋垂直分开的构造缝；建筑物通道是为道路穿过建筑物而设置的建筑空间；勒脚是建筑物的外墙与室外地面或散水接触部位墙体的加厚部分；雨篷是指设置在建筑物进出口上部的遮雨、遮阳篷；回廊在建筑物门厅、大厅内设置在 2 层或 2 层以上的回形走廊；等等。

二、影响建筑构造的因素

1. 外界环境的影响

外界环境包括自然因素和人为因素。自然因素包括雨、雪、风、地震、地下水位、冻土深度等，在建筑构造上要采取防水、密闭、抗震、坚固稳定等措施；人为因素包括家具、设备的重量、结构自重、火灾、机械振动、噪声等，在建筑构造上要选取合适的结构类型、防火、防振、隔声等措施。

2. 建筑技术条件的影响

建筑技术条件是指建筑材料技术、结构技术和施工技术等，建筑结构技术随着建筑材料技术和施工技术的不断发展而变化，如砖混结构、钢筋混凝土结构、钢结构等不同结构形式的建筑构造也是有所不同的。建筑构造离不开建筑材料做保证，新兴建筑材料的出现会带来建筑构造的变革，并通过一定的施工技术才能达到使用要求。

3. 其他相关专业的影响

与建筑构造密切相关的其他专业有工程造价、建筑装饰装修、建筑设备等，造价高，

装饰装修好，设备全，构造做法就考究；反之，只能采取一般的构造做法。建筑构造的选材、选型、细部做法都是根据标准的高低来确定的。

三、民用建筑分类与分级

建筑往往是建筑物和构筑物的总称，建筑物是指供人们在其中生产、生活或进行其他活动的房屋或场所，如住宅、商店、工厂、办公楼、车站、影剧院等；构筑物则是指堤坝、水塔、烟囱、蓄水池、栈桥等。

(一)按使用性质分类

1. 民用建筑

民用建筑是供人们生活居住、医疗、商业、办公、文化娱乐等活动的非生产性房屋，可分为居住建筑和公共建筑两类。

1) 居住建筑

居住建筑是供人们生活起居的房屋，如住宅、宿舍、公寓等。其中住宅建筑关系民生工程，不仅规模大，也利于实施建筑节能等有关政策，实施建筑的工业化水平。

2) 公共建筑

公共建筑是供人们进行社会活动的房屋，如办公楼建筑、教学建筑、体育类建筑、影剧院、商业建筑、交通邮电类建筑、纪念建筑、医疗建筑等。

2. 工业建筑

工业建筑是指供人们从事各种生产用房和为生产服务的附属用房，如炼钢厂、发电厂、化工厂、机床厂、水泥厂、织布厂等。

工业建筑按层数的不同可分为单层工业厂房和多层工业厂房两类。单层工业厂房多用于重工业系统，如造船厂等；多层工业厂房多用于轻纺工业系统，如服装厂、食品加工厂等。

3. 农业建筑

农业建筑是指进行农牧业生产和加工的建筑，如粮库、畜禽饲养场、温室、农机修理站等。

4. 科学试验建筑

随着科学技术的发展，作为科学试验需要的建筑日益增多，如大型天文台、高能物理研究实验室、小型原子试验反应堆、计算机站等，都是根据特殊使用要求建造的。

由于房屋建筑的使用性质很多，上述分类也难以罗列完全，所以看施工图前要有针对性地先弄清房屋的使用性质，进而了解它的工艺流程，掌握它的构造特点。本书着重介绍民用建筑施工图的识读。

(二)按主要承重结构材料分类

1. 木结构建筑

木结构建筑是指建筑物的主要承重构件均用圆木、方木、木材等制作，并通过接榫、螺栓、梢、键、胶连接。这种结构多用于古建筑和旅游性建筑。

2. 混合结构建筑

混合结构建筑是指建筑物的主要承重构件由两种及两种以上不同材料组成，如砖墙和木楼板的砖木结构、砖墙和钢筋混凝土楼板、屋面板的砖混结构等。其中砖混结构应用最多，并适合于 6 层及以下的多层建筑。

3. 钢筋混凝土结构建筑

钢筋混凝土结构建筑是指建筑物的主要承重构件如梁、柱、板、屋架及楼梯等用钢筋混凝土，而非承重墙用空心砖或用其他轻质砌块。这种结构一般用于多层或高层建筑中。

4. 钢结构建筑

钢结构建筑是指建筑物的主要承重构件用钢材做成，而围护外墙和分隔内墙用轻质块材、板材等，如大型工业厂房及一些轻型工业厂房，上海宝钢的大多数厂房柱、梁、板、墙都是钢材，深圳的帝王大厦和上海的金茂大厦都是钢结构骨架的超高层建筑。

5. 其他建筑

其他建筑如充气建筑、塑料建筑等。

(三)按建筑物高度分类

建筑高度是指自室外设计地面至建筑主体檐口上部的高度。

1)　普通建筑

普通建筑是指高度超过 24m 的单层民用建筑和高度不超过 24m 的民用建筑。24m 是我国目前城市消防扑救能达到的极限高度。

2)　高层建筑

高层建筑是指建筑高度大于 27m 的住宅建筑或 2 层及以上、建筑高度大于 24m 的其他建筑。

3)　超高层建筑

超高层建筑是指建筑高度超过 100m 的建筑。

(四)按施工方法分类

1. 现浇整体式建筑

现浇整体式建筑是指以传统手工方式施工的建筑，如人工砌筑和混凝土现场浇筑。

2. 预制装配式建筑

预制装配式建筑是指在工厂内成批生产各种构件，如墙板、楼板、屋面板、楼梯等，然后运到工地，在现场以机械化的方法装配成房屋。

3. 装配整体式建筑

装配整体式建筑是指现场生产与装配合二为一的建筑，如预制混凝土构件的连接部分采用现浇方式；柱、梁等构件采用现场浇筑，墙板等在工厂预制。日本和中国香港的工业化住宅多采用这种施工方式。

预制装配式和装配整体式建筑是工业化施工方式，采用标准化构件或通用大型工具(如定型钢模板)进行生产和施工的建筑。

(五)按设计使用年限分类

在施工图纸的建筑设计说明中，有关建筑设计概况表述如下：本工程设计等级为三级，设计使用年限为 50 年，耐火等级为二级，屋面防水等级为二级。建筑的这些分级是在满足使用功能的前提下达到经济合理的要求，从而决定建筑构造的设计。

设计使用年限是以建筑主体结构在正常条件下的安全使用年限，与建筑寿命不能等同。《民用建筑设计通则》(GB 50352—2005)中按设计使用年限划分为 4 类，如表 3-1 所示。

表 3-1　设计使用年限分类

类　　别	设计使用年限/年	示　　例
一	5	临时性建筑
二	25	易于替换结构构件的建筑
三	50	普通建筑和构筑物
四	100	纪念性建筑和特别重要的建筑

(六)按建筑物的耐火等级分级

为了保障使用建筑物人员生命财产安全，建筑构造必须采取必要的防火安全措施，尽可能减少火灾造成的损失。通常根据建筑物的重要性、火灾危险性等确定耐火等级，实现安全与经济的统一。

《建筑设计防火规范》(GB 50016—2014)中将民用建筑的耐火等级分为 4 级，一级耐火性能最高，四级最差。性质重要的或具有代表性的建筑，通常按一、二级耐火等级设计；一般的建筑按二、三级耐火等级设计。

不同耐火等级建筑物相应构件的燃烧性能和耐火极限不应低于表 3-2 的规定。

构件的燃烧性能是指组成建筑物的主要构件在明火或高温作用下燃烧的难易程度，分为不燃烧体、难燃烧体和燃烧体 3 类。不燃烧体是指用不燃材料(如金属、石材等绝大多数无机材料)做成的建筑构件；难燃烧体是指用难燃材料(如沥青混凝土、木板条抹灰等)做成的建筑构件，或用可燃材料做成而用不燃烧材料做保护层(如钢-混凝土等)的建筑构件；燃烧体是指用可燃材料做成的建筑构件。

耐火极限是在标准耐火试验条件下，建筑构件、配件或结构从受到火的作用时起到失去稳定性、完整性或隔热性时止所用的时间，用小时(h)表示。其中失去稳定性是指非承重构件自身解体或垮塌，梁、板等受弯承重构件挠曲率发生突变；失去完整性是指楼板、隔墙等具有分隔作用的构件出现穿透裂缝或穿火孔隙；失去隔热性是指具有防火分隔作用的构件背火面温度较高，达到220℃。

表3-2　建筑构件的燃烧性能和耐火极限

构件名称		耐火等级	
		一　级	二　级
墙	防火墙	不燃烧体 3.00	不燃烧体 3.00
	承重墙、楼梯间的墙、电梯井的墙、住宅单元之间的墙、住宅分户墙	不燃烧体 2.00	不燃烧体 2.00
	非承重外墙、疏散走道两侧的隔墙	不燃烧体 1.00	不燃烧体 1.00
	房间隔墙	不燃烧体 0.75	不燃烧体 0.50
柱		不燃烧体 3.00	不燃烧体 2.50
梁		不燃烧体 2.00	不燃烧体 1.50
楼板、疏散楼梯、屋顶承重构件		不燃烧体 1.50	不燃烧体 1.00
吊顶		不燃烧体 0.25	难燃烧体 0.25

高层民用建筑根据其使用性质、火灾危险性、疏散和扑救难度等分为 2 类，如表 3-3 所示。

表3-3　民用建筑分类

名　称	高层民用建筑及其裙房		单层或多层民用建筑
	一　类	二　类	
居住建筑	建筑高度大于 60m 的住宅、宿舍等建筑	建筑高度大于27m但不大于 60m 的住宅、宿舍等建筑	建筑高度不大于27m的住宅、宿舍等建筑
其他民用建筑	(1)医院、重要公共建筑； (2)建筑高度超过 50m 或 24m 以上部分的任一楼层的建筑面积超过1500m² 的商业楼、展览楼、综合楼、电信楼、财贸金融楼和综合建筑； (3)藏书超过 100 万册的图书馆、书库； (4)建筑高度超过 50m 的其他公共建筑	除一类外的其他高层公共建筑	(1)建筑高度大于24m的单层公共建筑； (2)建筑高度不大于 24m 的公共建筑

一类高层建筑的耐火等级为一级，二类高层建筑的耐火等级不应低于二级，裙房(在高层建筑主体投影范围外，建筑高度不大于24m并与建筑主体相连的附属建筑)的耐火等级不

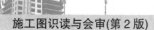

应低于二级，高层建筑地下室应为一级。

(七)设计等级

民用建筑工程设计按照其使用性质、工程规模、投资额的不同可划分为 4 个等级：特级、一级、二级、三级，如表 3-4 所示。符合某工程等级特征之一的项目即可确认为该工程等级项目。

表 3-4 民用建筑工程设计等级分类

		特 级	一 级	二 级	三 级
一般公共建筑	单体建筑面积	8 万 m² 以上	2 万 m²～8 万 m²	5 千万 m²～8 万 m²	5 千万 m² 及以下
	立项投资	2 亿元以上	4 千万～2 亿元	1 千万～4 千万元	1 千万元及以下
	建筑高度	100 m 以上	50 m 以上至 100m	24m 以上至 50m	24m 及以下(其中砌体建筑不得超过抗震规范高度限值要求)
住宅、宿舍	层数		20 层以上	12 层以上至 20 层	12 层及以下(其中砌体建筑不得超过抗震规范层数限值要求)
住宅小区、工厂生活区	总建筑面积		10 万 m² 以上	10 万 m² 及以下	
地下工程	地下空间(总建筑面积)	5 万 m² 以上	1 万 m² 以上至 5 万 m²	1 万 m² 及以下	
	附建式人防(防护等级)		四级及以上	五级及以下	

归纳总结

1. 建筑构造主要有 6 部分，基础、墙柱、楼地层、楼梯、门窗、屋顶等。基础承担上部建筑的全部荷载并传给地基；墙柱是建筑物竖向构造，而楼地层、屋顶则是水平方向构造；门窗、楼梯是建筑物不可缺少的重要组成部分。

2. 民用建筑是供人们居住和进行公共活动的建筑总称，供人们居住使用的建筑是居住建筑，供人们进行各种公共活动的建筑是公共建筑。

3. 钢筋混凝土结构建筑、钢结构建筑是按承重结构材料命名，普通建筑、高层建筑是按建筑高度命名，现浇整体式建筑、预制装配式建筑、装配整体式建筑是按施工方法命名。

4. 《民用建筑设计通则》《建筑设计防火规范》是识读施工图的必备行业规范。

5. 设计使用年限是建筑主体结构在正常条件下的安全使用年限。一般民用建筑的设计使用年限为 50 年。

6. 构件的燃烧性能分为不燃烧体、难燃烧体、燃烧体 3 类。耐火极限是指构件耐受火或高温作用的时间，用小时(h)表示。建筑物耐火等级是由其重要性、火灾危险性等确定，组成建筑物的各构件燃烧性能和耐火极限有特定的要求。

7. 高层建筑是指建筑高度大于 27m 的住宅建筑或 2 层及以上、建筑高度大于 24m 的其他建筑。

实　训

一、填空题

1. 建筑物构造组成有(　　)、(　　)、(　　)、(　　)、(　　)、(　　)等 6 部分。

2. (　　)是承担上部建筑的全部荷载并传给地基的地下构造。

3. (　　)是联系相邻楼地层的垂直交通设施。

4. 高层建筑是指建筑高度(　　)的住宅建筑或(　　)的其他建筑。

5. 构件的燃烧性能分为(　　)、(　　)、(　　)3 类。

6. 耐火极限是在标准耐火试验条件下，建筑构件、配件或结构从受到火的作用时起，到失去(　　)、(　　)或(　　)时止所用时间。

二、选择题

1. 一般建筑物的设计使用年限是(　　)年。

    A. 5　　　　　　　B. 25　　　　　　　C. 50　　　　　　　D. 100

2. 高层建筑的耐火等级分(　　)级。

    A. 4　　　　　　　B. 2

3. (　　)是指构件耐受火或高温作用的时间。

    A. 不燃烧体　　　B. 难燃烧体　　　C. 燃烧体　　　　D. 耐火极限

4. 下列(　　)不属于民用建筑。

    A. 公寓　　　　　B. 办公楼　　　　C. 筑路机械车间　D. 酒店

5. 下列(　　)是属于按承重结构材料划分的。

    A. 高层建筑　　　B. 住宅建筑　　　C. 钢结构建筑　　D. 现浇整体式建筑

6. 下列(　　)属于难燃烧体。

    A. 混凝土　　　　B. 阻燃苯板　　　C. 砌块　　　　　D. 钢材

7. 高层住宅是指建筑高度(　　)的建筑。

    A. 大于 24m　　　B. 大于 100m　　　C. 10 层及以上　D. 大于 27m

8. 不具有围护功能的建筑构造是(　　)。

　　A. 楼地层　　　　B. 墙体　　　　　C. 门窗　　　　　D. 屋顶

9. 不具有承重功能的建筑构造是(　　)。

　　A. 楼梯　　　　　B. 门窗　　　　　C. 屋顶　　　　　D. 基础

10. 耐火等级二级的建筑，墙柱、梁、楼板的燃烧性能要求是(　　)。

　　A. 不燃烧体　　　B. 难燃烧体　　　C. 燃烧体　　　　D. 耐火极限

任务二　认知建筑施工图

一、施工图形成

建筑工程施工图是设计单位根据业主提出的设计任务要求，依据有关资料，以图纸的形式完成建筑功能设计、结构设计及建筑设备设计。

初步设计阶段是根据设计任务书的要求进行现场调查研究，收集资料，提出设计方案并征求业主意见，绘出方案图上报规划、消防、交通、人防等部门审批；技术设计阶段是根据初步设计确定的内容，进一步解决建筑、结构、材料、设备等技术问题，完成相应的技术图纸及有关设计说明，使各专业之间相互协调，各工种之间取得统一；施工图设计阶段主要是为工程施工的各项具体技术提供准确可靠的施工依据，完成全套施工图纸，上报审图机构报批。

施工图纸是反映设计者意图、表达设计理念的成果，是指导建造活动的重要资料。图纸会审是在建造前解决设计、施工、监理方面问题的重要工作内容，随着建造活动的深入，图纸变更也是经常发生的。

二、房屋建筑施工图的种类

房屋建筑施工图由于专业分工的不同，分为建筑施工图(简称建施)、结构施工图(简称结施)、给水排水施工图(简称水施)、采暖通风施工图(简称暖施)、电气施工图(简称电施)。对于规模小的工程，也将水施、暖施、电施统称为设备施工图(简称设施)。

一套完整的施工图纸应按专业顺序编排，一般为图纸目录、总平面图、建筑施工图、结构施工图、给水排水施工图、采暖通风施工图、电气施工图等。各专业图纸应按图纸内容的主次关系、逻辑关系有序排列。

三、识读施工图的方法和步骤

1. 识读方法

一套图纸少则几十张，多则上百张，如果不掌握看图方法，东看一下，西看一下，抓不住要点，分不清主次，似是而非，不能达到工作实践的要求。不同的工作内容对看图的侧重要求会有差异，但基本方法是相同的。长期工作实践告诉我们，一般先要清楚图纸的类别，是建施还是结施，根据图纸的特点遵循"从上往下、从左往右，由外往里、由大到小，由粗到细，图样说明对照看，建施结施结合看"的原则。必要时参照设备图看，这样才能收到较好的效果。

由于图面上各种线条纵横交错，尺寸数字符号纷杂，对初学者来说不仅是知识的检验，也是心理的考验，要求既要有耐心，不厌其烦，又要仔细认真，求甚解。初学者开始时需要花费较长的时间看懂图是正常的。

2. 识读步骤

识读施工图的基本步骤通常按如下顺序进行：看目录，核对图纸、图集是否齐全，建筑设计说明，总平面图，建筑平面图，立面图，剖面图，建筑详图；结构设计说明，基础图，楼层结构图，屋顶结构图，结构详图。

看目录，初步了解新建房屋建筑物。了解建筑类型：工业建筑还是民用建筑，是宿舍楼、综合楼还是住宅楼；建筑面积是多少，是单层、多层还是高层；哪个建设单位，哪个设计单位，共有多少张图纸等。

按照图纸目录检查各类图纸是否齐全，图纸编号、图名是否正确；采用的标准图集是否配备，是哪一类的，备在手边随时查阅。

看设计总说明，了解建筑概况、技术要求等。

看总平面图了解建筑物的地理位置、高程、坐标、朝向等。如果是一名施工技术人员，看完总平面图之后，要进一步考虑施工时如何进行平面布置；如果是一名放线员，要进一步考虑建筑物定位方法、定位数据是否完备等。

先看建筑施工图中的建筑平面图，了解房屋的长度、宽度、轴线尺寸、开间大小、一般布局等；再看立面图和剖面图，达到对该建筑物有一个总体的了解，并能够在头脑中形成该房屋的立体形象，想象出它的规模和轮廓。

在对建筑图有了总体了解后，可以进入到结构施工图。看基础图，要了解基础的类型、挖土深度、基础尺寸、构造、轴线位置等。有时还要结合地质勘探图，了解土质情况，核对土质构造。结构平面布置图和详图要了解构件的形式、位置、标高、钢筋情况。对照建筑图与结构图是否有矛盾，构造上能否施工，遇到问题要记下来，以便在继续看图中得到解决或者在设计交底时提出。

看完全部图纸后，按不同工种再仔细阅读相关内容，如墙体砌筑要了解墙体厚度、高度，门窗类型、洞口大小及位置，过梁类型，墙体是否出檐等；钢筋工则凡是有钢筋的地方都要看细(包括设计说明)，经过翻样才能下料和帮扎；木工要关注支模板的位置，如现浇钢筋混凝土基础、梁、柱、板，了解各构件的断面形状、轴线、尺寸、标高，还要考虑支模时标高与砌砖高度能不能对接等。

除了会看图外，有经验的人还要综合考虑图纸的技术要求、构造做法、施工方案，保证各工序的衔接以及工程质量和安全作业等。有时根据需要，可以边看图要边做笔记，以备忘记时可查，如轴线尺寸，开间尺寸，层高，框架梁、柱编号及尺寸等。

总之，能够把平面上的建筑图形看成一幢具有立体感的建筑形象，就具备了一定的看图水平，掌握了看图的初步知识。要达到会看图、看懂图还需经过不断地积累、实践、总结，循序渐进。

任务三　建筑平面图识读

建筑施工图是房屋建筑施工图纸中描绘房屋建造规模、外部造型、内部布置、细部构造等有关建筑功能性内容的图纸，在图纸目录和标题栏图别中把这部分图称为"建施"。它是设计人员根据业主提出的使用功能，按照建筑设计规范、防火规范、设计经验以及美观的基础上构思完成的。

建筑施工图是房屋施工放线、砌筑、安装门窗、室内外装修、工程量计算及施工组织设计的主要依据。

在很多情况下，为了设计绘图方便，建筑施工图和结构施工图不是绝对分开的，如砖墙的厚度、高度、轴线在建筑图与结构图上是一致的，阅读图纸时常将结构施工图与建筑施工图结合起来看。

建筑施工图按图纸顺序包括建筑设计说明、建筑平面图、建筑立面图、建筑剖面图、建筑详图(包括标准图)。设计说明主要是对建筑施工图上不便详细表达说明的内容，如设计依据、设计概况、各部构造、施工注意、防火措施等用文字加以说明，是阅读施工图纸时最先了解的内容。

建筑平面图、建筑立面图、建筑剖面图宜采用相同的比例绘制，通常为1∶50、1∶100、1∶150、1∶200、1∶300，并满足"长对正、宽相等、高平齐"的正投影特性。

不同比例的平面图、剖面图，其抹灰层、楼地面、材料图例的省略画法，应符合下列规定：比例大于1∶50的平面图、剖面图，应画出抹灰层与楼地面、屋面的面层线，并宜画出材料图例；比例等于1∶50的平面图、剖面图，宜画出楼地面、屋面的面层线，抹灰层的面层线应根据需要而定；比例小于1∶50的平面图、剖面图，可不画出抹灰层，但宜画出楼地面、屋面的面层线；比例为1∶100~1∶200的平面图、剖面图，可画简化的材料图例(如砌体墙涂红、钢筋混凝土涂黑等)，但宜画出楼地面、屋面的面层线；比例小于1∶200的平面图、剖面图，可不画材料图例，剖面图的楼地面、屋面的面层线可不画出。

一、常用图例

1. 常用构造及配件图例

《建筑制图统一标准》(GB/T 50104—2010)中规定建筑构造及配件图例如表3-5所示。

表3-5　常用构造及配件图例

序　号	名　称	图　例	说　明
1	墙体		(1)上图为外墙，下图为内墙； (2)外墙细线表示有保温层或幕墙； (3)应加注文字、涂色或填充图例表示各种墙体材料； (4)在各层平面图中防火墙以特殊图案填充表示

续表

序　号	名　称	图　例	说　明
2	隔断	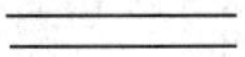	(1)应加注文字、涂色或填充图例表示各种材料轻质隔断； (2)适用于到顶与不到顶隔断
3	栏杆	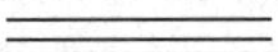	
4	楼梯	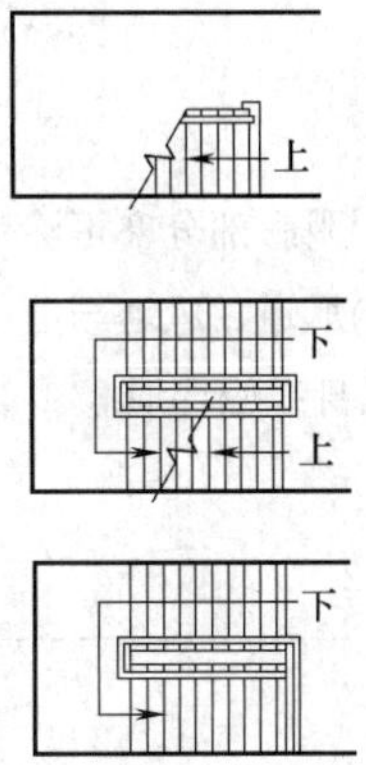	(1)上图为底层楼梯平面，中图为中间层楼梯平面，下图为顶层楼梯平面； (2)楼梯及栏杆扶手的形式和梯段、踏步数应按实际情况绘制； (3)需设置靠墙扶手或中间扶手，应在图中表示
5	坡道	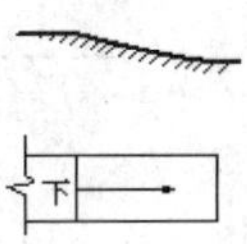 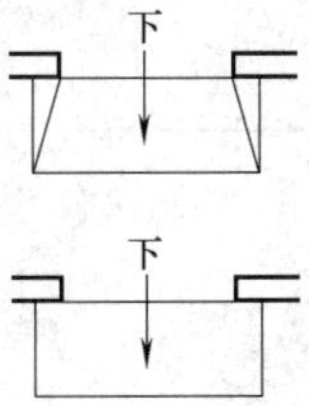	上图为长坡道，下图为门口坡道
6	平面高差	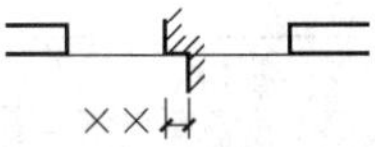	适用于高差小的地面或楼面相接处，并应与门的开启方向协调
7	检查孔	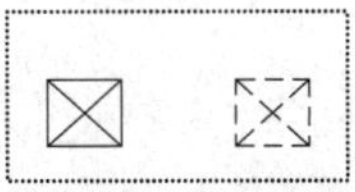	左图为可见检查孔，右图为不可见检查孔
8	孔洞		阴影部分可以涂色代替
9	坑槽	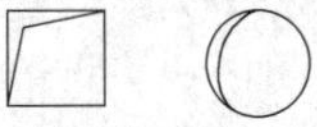	

施工图识读与会审(第2版)

续表

序号	名称	图例	说明
10	墙预留洞	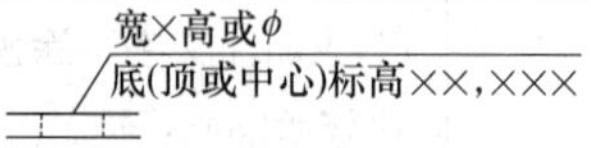 宽×高或φ 底(顶或中心)标高××,×××	(1)平面以洞槽中心定位,标高以洞槽底或中心定位;
11	墙预留槽	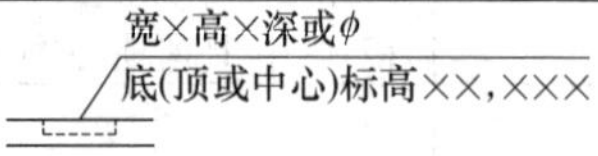 宽×高×深或φ 底(顶或中心)标高××,×××	(2)宜以涂色区别墙体和留洞位置
12	烟道	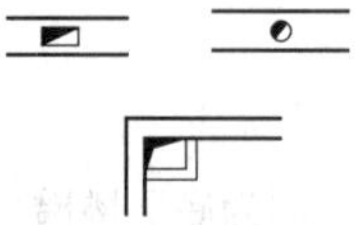	(1)阴影部分亦可涂色代替; (2)烟道、风道与墙体为相同材料,其相接处墙身线应连通
13	通风道	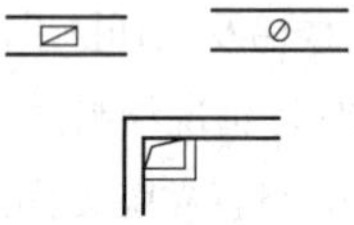	
14	新建的墙和窗	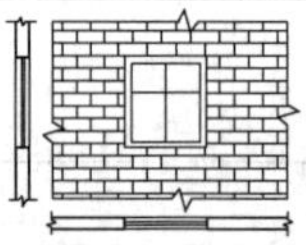	
15	改建时保留的墙和窗	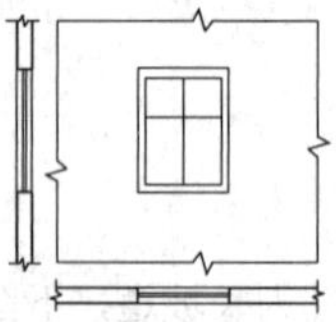	
16	拆除的墙	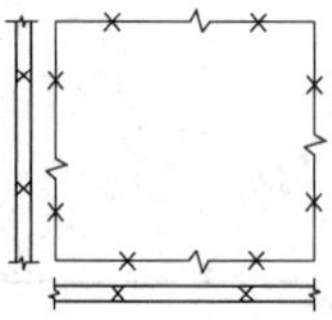	
17	在原有墙或楼板上新开的洞	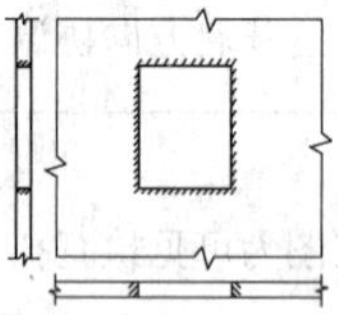	
18	在原有墙或楼板洞旁扩大的洞	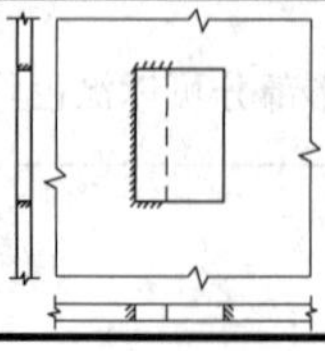	图示为洞口向左边扩大

58

续表

序号	名称	图例	说明
19	在原有墙或楼板上全部填塞的洞	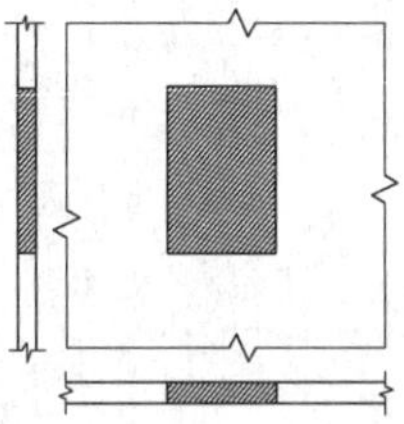	
20	在原有墙或楼板上局部填塞的洞	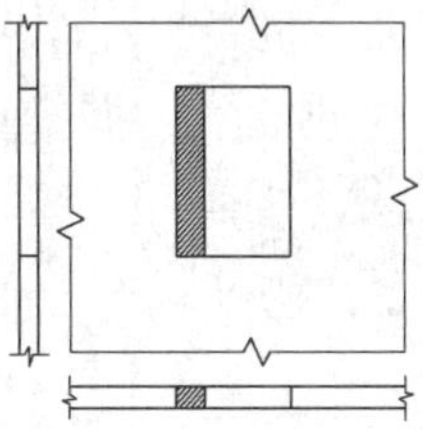	
21	空门洞	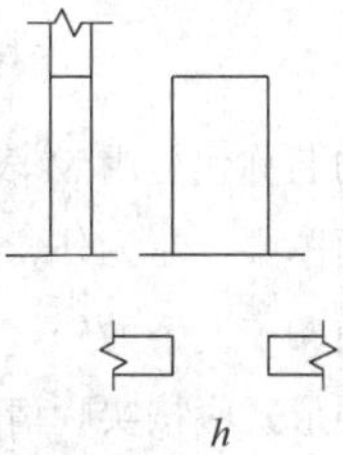 h	h 为门洞高度
22	单扇平开或单向弹簧门	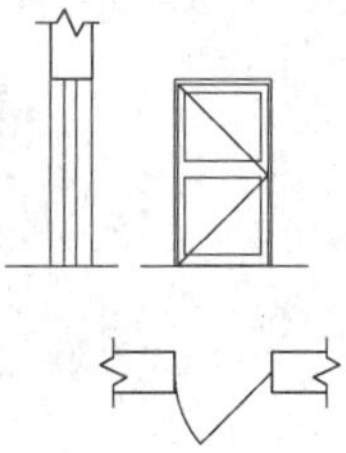	(1)门的名称代号用 M 表示； (2)平面图中，下为外、上为内，门开启线90°、60°或45°； (3)剖面图中，左为外、右为内； (4)立面图中，开启线交角的一侧为安装合页的一侧，实线为外开，虚线为内开； (5)立面形式应按实际情况绘制
23	单面开启双扇门(包括平开或单面弹簧)	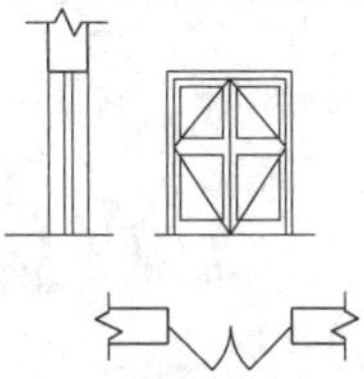	
24	折叠门	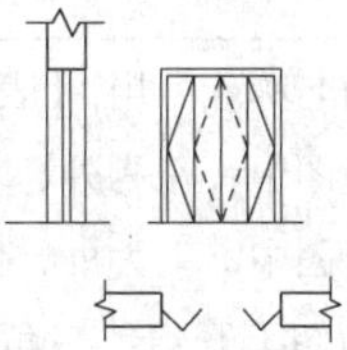	

施工图识读与会审(第2版)

续表

序 号	名 称	图 例	说 明
25	推拉门		
26	墙洞外单扇推拉门		
27	墙洞外双扇推拉门		(1)门的名称代号用M表示; (2)剖面图中,左为外、右为内; (3)平面图中,下为外、上为内; (4)立面形式应按实际情况绘制
28	墙中单扇推拉门		
29	墙中双扇推拉门		
30	单扇双面弹簧门		(1)门的名称代号用M表示; (2)剖面图中,左为外、右为内; (3)平面图中,下为外、上为内; (4)立面图上开启线交角的一侧为安装合页的一侧,实线为外开,虚线为内开; (5)立面形式应按实际情况绘制

60

序 号	名 称	图 例	说 明
31	双扇双面弹簧门	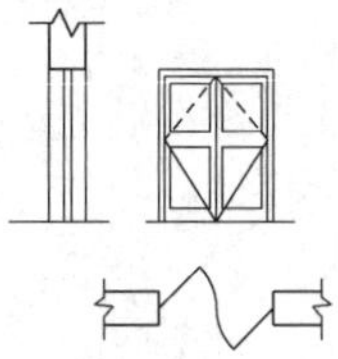	
32	单扇内外开双层门(包括平开或单面弹簧)	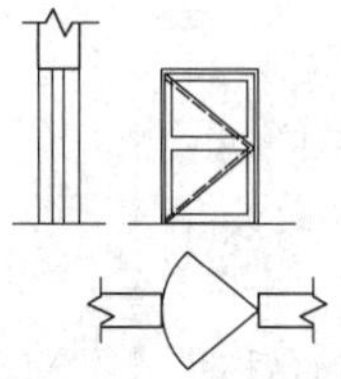	
33	双扇内外开双层门(包括平开或单面弹簧)	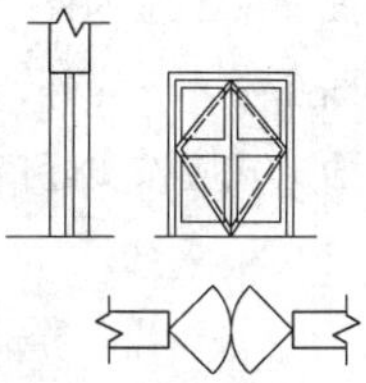	
34	旋转门	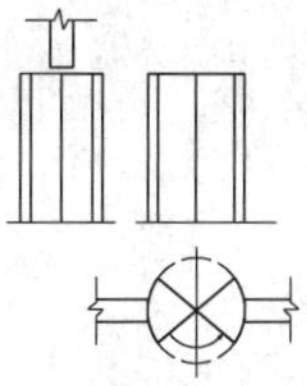	(1)门的名称代号用 M 表示; (2)立面形式应按实际情况绘制
35	自动门	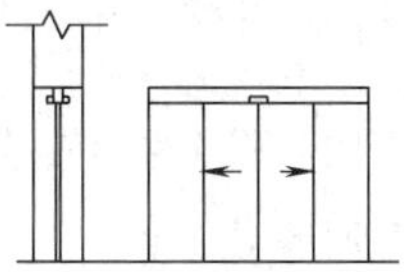	(1)门的名称代号用 M 表示; (2)立面形式应按实际情况绘制
36	折叠上翻门	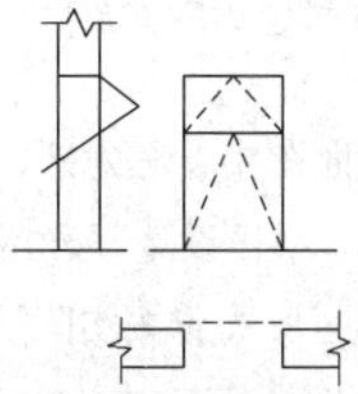	(1)门的名称代号用 M 表示; (2)剖面图中,左为外、右为内; (3)平面图中,下为外、上为内; (4)立面形式应按实际情况绘制

续表

序　号	名　称	图　例	说　明
37	竖向卷帘门	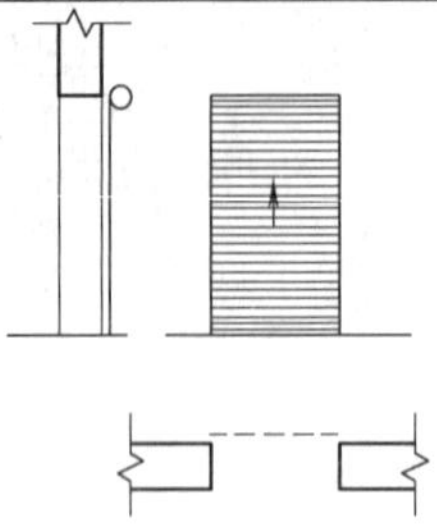	
38	横向卷帘门	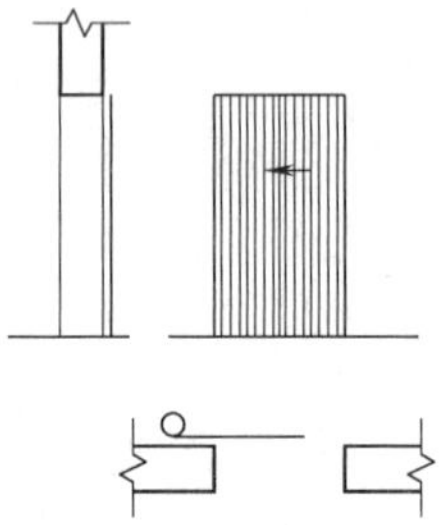	(1)门的名称代号用 M 表示； (2)剖面图中，左为外、右为内； (3)平面图中，下为外、上为内； (4)立面形式应按实际情况绘制
39	提升门	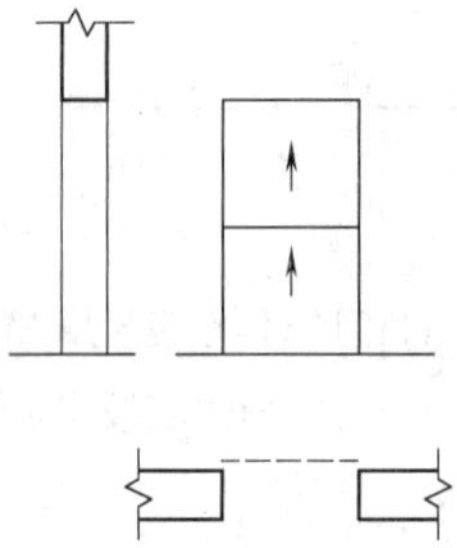	
40	固定窗	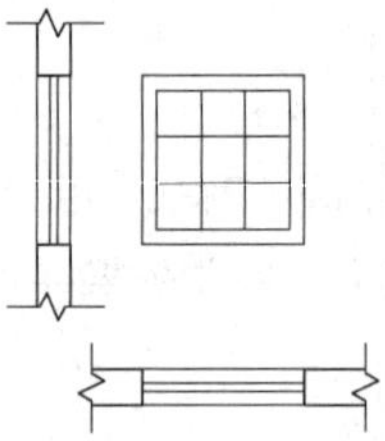	(1)窗的名称代号用 C 表示； (2)平面图中，下为外、上为内； (3)立面图中，开启线实线为外开，虚线为内开；开启线交角的一侧为安装合页的一侧；开启线在建筑立面图中可不表示，在门窗立面大样图中需绘出； (4)剖面图中，左为外、右为内，虚线仅表示开启方向，项目设计不表示； (5)立面形式应按实际情况绘制
41	上悬窗	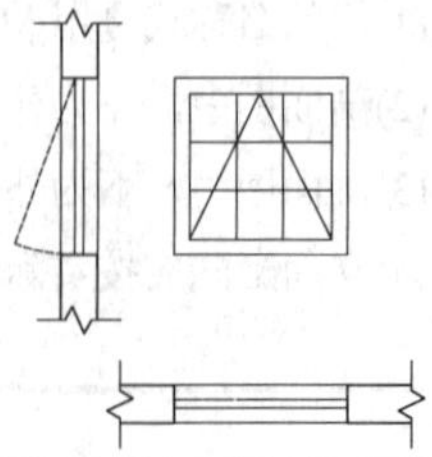	

序　号	名　　称	图　例	说　　明
42	中悬窗		
43	下悬窗		
44	立转窗		
45	单层外开平开窗		
46	单层内开平开窗		
47	双层内外开平开窗		
48	推拉窗		(1)窗的名称代号用 C 表示； (2)立面形式应按实际情况绘制

续表

序 号	名 称	图 例	说 明
49	上推窗	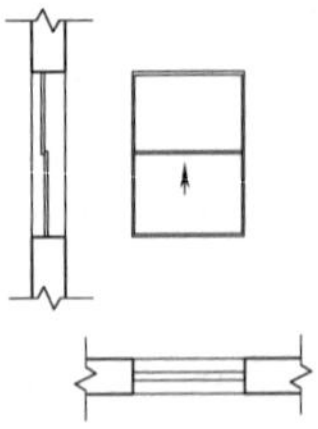	(1)窗的名称代号用C表示; (2)立面形式应按实际情况绘制
50	百叶窗	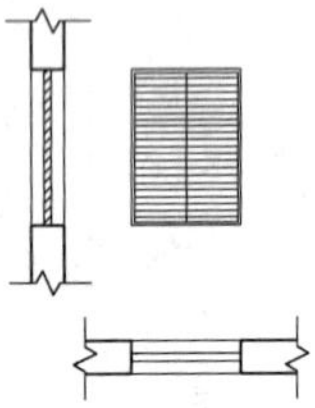	(1)窗的名称代号用C表示; (2)立面形式应按实际情况绘制
51	高窗	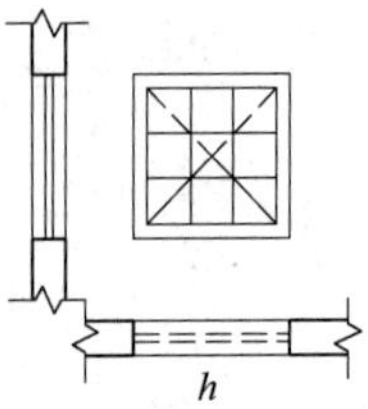	(1)窗的名称代号用C表示; (2)立面图中开启线,实线为外开,虚线为内开;开启线交角的一侧为安装合页的一侧;开启线在建筑立面图中可不表示,而在门窗立面大样图中绘出; (3)剖面图中左为外、右为内,平面图所示下为外、上为内; (4)立面形式应按实际情况绘制; (5)h为高窗底距本层地面标高

2. 几种常用垂直运输装置图例

《建筑制图标准》中列举了一些常用垂直运输装置图例,如表3-6所示。

表3-6　几种常用垂直运输装置图例

序 号	名 称	图 例	说 明
1	电梯	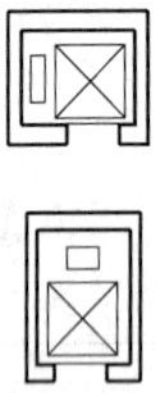	(1)电梯应注明类型,并按实际绘出门和平衡锤或导轨的位置; (2)其他类型电梯应参照本图例按实际情况绘制
2	自动扶梯	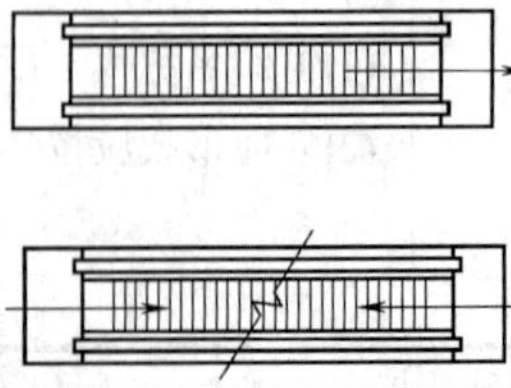	箭头方向为设计运行方向

续表

序 号	名 称	图 例	说 明
3	自动人行坡道	上→	箭头方向为设计运行方向

二、建筑平面图表达的内容

建筑平面图，简称平面图，是假想用一个水平剖切平面沿房屋门窗洞口位置切开房屋，一分为二，将上部移走，余下部分形体俯视投影到水平投影面上而得到的水平剖面图。

沿底层门窗洞口切开得到的平面图，称为底层平面图，或一层平面图，或首层平面图，一般是指±0.000 地面所在楼层的平面图。沿 2 层门窗洞口切开得到 2 层平面图，依次可以得到 3 层、顶层等平面图。当某些楼层平面图相同时，可以只画出其中一个平面图，称为"标准层平面图"，或"×~×层平面图"。

将房屋俯视投影到水平投影面上而得到屋顶平面图。屋顶平面图的形成与各层平面图的不同之处：屋顶平面图是三视图中的水平投影图，形体未被剖切，而各层平面图是形体经过剖切的剖面图。

建筑平面图是建筑施工图中最基本也是最重要的图样之一，是施工放线、砌筑、安装门窗、室内外装修以及编制预算、备料等工作的重要依据。

建筑平面图是用各构造图例(如墙、门窗、楼梯)及垂直运输装置图例，表达房屋平面形状、房间功能分布(标注房间名称)及其通行关系(如门厅、走廊)、采光通风等功能性图纸。

与其他各层平面图不同，底层平面图还包括室外台阶、散水，雨水管的分布、指北针(所指房屋朝向应与总图一致)以及剖面图的剖切符号；2 层平面图包括出入口处的雨篷平面等。

屋顶平面图用来表达屋顶的形式、排水方式、排水坡度、雨水口分布以及出屋面的建筑构造等，如平屋顶或坡屋顶、上人屋顶或非上人屋顶、有组织排水或无组织排水及女儿墙、上人孔、通风道、变形缝等构造要求和做法等。

三、尺寸标注

建筑平面图中标注的尺寸包括平面尺寸和标高。

1. 平面尺寸

平面尺寸分为总尺寸、定位尺寸、细部尺寸 3 种。

总尺寸，即建筑物外轮廓尺寸，表示建筑物的总长、总宽，即从一端外墙皮到另一端外墙皮的尺寸，可以通过若干定位尺寸与外墙定位轴线到墙外缘距离确定，据此可计算房屋的用地面积。

定位尺寸，即相邻定位轴线间尺寸，也就是房间的开间与进深尺寸，是标定墙、柱等承重构件位置，施工时定位放线及构件安装的依据，常与上部构件的支承长度相吻合。

细部尺寸，如墙体中门窗洞口的大小及与轴线的平面关系、墙体厚度、柱断面尺寸、固定设备大小和位置等，分外部尺寸和内部尺寸。如外墙门窗位置在建筑物轮廓线以外标注，属外部尺寸；内墙门窗位置就近标注，属内部尺寸。

总尺寸与定位尺寸都属外部尺寸。外部尺寸一般标注 3 道，最外一道为总尺寸，中间一道为定位尺寸，最里一道为细部尺寸。

需注意的是建筑平面图中注写的平面尺寸，如墙体厚度，指的是毛面尺寸，非建筑完成面尺寸。

2. 标高

建筑平面图宜标注室内外地坪、楼面、地下层地面等处标高，并与图名 "×层平面图" 中的 "×" 一致，也标注阳台、楼梯平台等平面上有高度差部位的标高。这里的标高是指完成面的标高，即建筑标高。

四、建筑平面图的阅读

1. 看图顺序

先看标题栏，了解业主、项目名称、图名、设计人员、图号、设计日期、比例等信息。然后由图形的外部到内部，外部看房屋朝向、外围尺寸、轴线数量、轴线间距离，外门、窗的编号和尺寸，窗间墙的宽度，外墙厚度，散水宽度，台阶尺寸等；内部看房间的用途，门厅、楼梯、走廊布置，楼地面标高，内墙位置、厚度，内门窗的编号、位置、尺寸；有关详图及采用标准图集等内容。最后看剖切符号数量及位置，以便与剖面图对照看；与安装工程有关的部位、内容，如预埋件的型号和位置等。

2. 记住要点

在阅读建筑平面图时，不同的工作岗位看图的侧重点不同，不同的结构形式应记住的内容有一些差别，但总的说来，应根据施工顺序抓住主要部位，先记住基础，包括编号、埋置深度、基础底部和顶部标高，定位尺寸、截面尺寸、配筋及各细部构造尺寸，垫层材料与厚度、平面尺寸，基础梁截面尺寸、标高及配筋等；然后再根据结构形式确定下一步是砌筑墙体(砖混结构)还是浇注框架柱、梁、板(钢筋混凝土框架结构)。如果砌筑墙体，要记住房屋的总长、总宽，几道轴线，轴线间尺寸，墙厚及与定位轴线的平面关系，墙上门窗洞口宽度尺寸、位置，构造柱位置及尺寸。如果浇注柱，再砌入墙体，除了要记住柱的编号、规格及与定位轴线的平面关系外，还要记住墙体的有关信息，包括结合建筑设计说明，记住墙体砌筑过程中防潮层设置的位置及做法。

应记住门窗尺寸和编号，并与建筑设计说明中门窗明细表或门窗统计表对照，以便提前加工，记住不同标高的部位，楼梯平台标高，踏步走向等。

在施工的全过程中，一张平面图要看很多次，所以看图纸时先要抓住总体，抓住关键，一步步把图记住。

3. 确定层高

层高是指上下两层楼面或楼面与地面之间的垂直距离，即相邻楼面或楼面与地面间完成面标高之差。建筑物各层层高应与建筑设计说明中设计概况中的有关内容一致。

4．计算建筑面积

建筑面积的计算在建筑工程造价管理方面起着非常重要的作用，是建筑房屋计算工程量的主要指标，是计算单位工程每平方米预算造价的主要依据，是统计部门汇总发布房屋建筑面积完成情况的基础，是购置商品房的重要指标。建筑面积的计算遵循《建筑工程建筑面积计算规范》(GB/T 50353—2005)，且应符合国家现行的有关标准规范的规定。

《建筑工程建筑面积计算规范》规定，多层建筑物首层应按其外墙勒脚以上结构外围水平面积计算；2 层及以上楼层应按其外墙结构外围水平面积计算。有保温层的，保温层并入建筑面积内。层高在 2.20m 及以上者应计算全面积；层高不足 2.20m 者应计算 1/2 面积。

五、建筑平面图阅读实例

以某电教综合楼平面图为例说明建筑平面图的阅读。

1 层平面图，如图 3-2 所示；2 层平面图，如图 3-3 所示；3～6 层平面图，如图 3-4 所示；屋顶排水平面图，如图 3-5 所示。

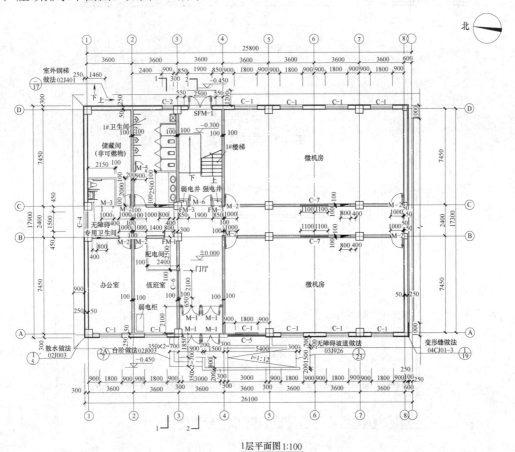

图 3-2　1 层平面图

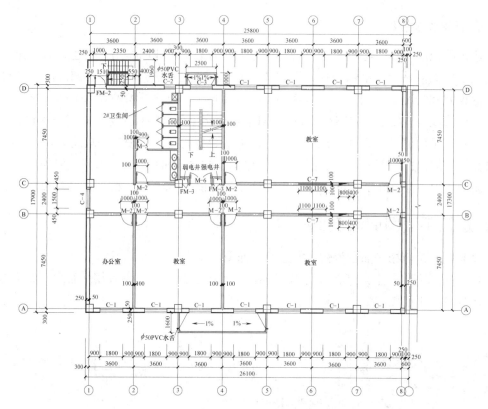

2层平面图1:100

图 3-3 2 层平面图

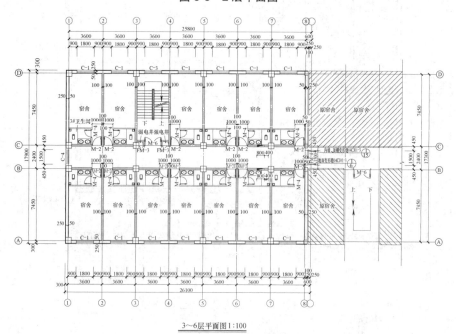

3~6层平面图1:100

图 3-4 3～6层平面图

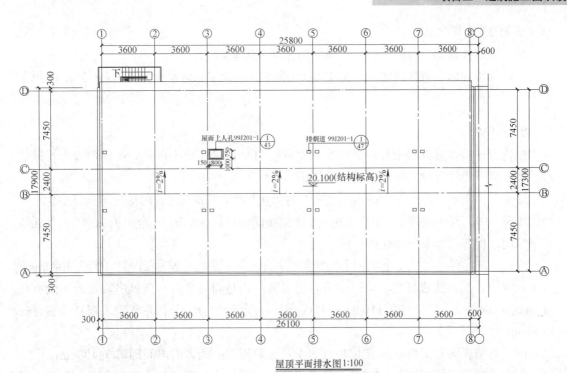

图 3-5　屋顶平面排水图

1. 先看标题栏

从标题栏可以得到下列信息：工程业主——某职业技术学院，项目——电教综合楼，图名——一层平面图，比例——1∶100，图别——建施，图号——4，日期——2007 年 11 月，版本——第 1 版，设计单位有关资质、联系方式及团队人员信息等。

2. 看外围

该综合楼与原 3 号宿舍楼毗邻，其间变形缝宽 100mm，且朝向一致，均为朝西的房屋。房屋纵向长度，即总长为 25 750mm，由 8 道横向定位轴线组成，轴线间距均为 3600mm；横向宽度，即总宽为 17 900mm，由 4 道纵向定位轴线组成，轴线间距为Ⓐ～Ⓑ与Ⓒ～Ⓓ7450mm，Ⓑ～Ⓒ2400mm。从图中还可看出外墙为复合墙，厚(300+50)mm，定位轴线均为墙的偏中位置，外侧(250+50)mm，内侧 50mm，其中外侧 50mm 厚为保温层。

从图中还可以看出该楼共有 3 个出入口，正门一樘，编号 1，洞宽 3000mm，后门一樘，编号 SFM-1，为乙级防火、防盗、保温门，洞宽 1900mm，另外还有一室外钢梯，做法详见标准图集 02J401 第 17 页。主要使用房间外窗，编号 1，宽度为 1800mm；走廊一端窗，编号 4，宽度为 1500mm；卫生间窗，编号 2，宽度为 900mm；各窗间墙的尺寸图中均有标注。

散水宽度为 900mm，做法详见标准图集 02J003 第 5 页节点 1。

主入口室外设两面台阶，一面无障碍坡道。台阶设 3 级，有 3 个踢面的水平投影线，踏面宽为 350mm，做法详见标准图集 02J003 第 7 页节点 2A；坡道水平投影长为 5400mm，坡度为 i=1∶12=450∶5400，宽为 1500mm，两侧均有 200mm 宽挡台，做法详见标准图集

03J926 第 23 页节点 1。

次入口室外设一级台阶,有一个踢面的水平投影线。

该综合楼与原有宿舍楼间有一宽 100mm 变形缝,做法见标准图集 04CJ01-3 第 19 页节点 1。

3. 看内部

图内有一些钢筋混凝土柱,并突出内墙面,可见该建筑结构形式为钢筋混凝土框架结构,竖向荷载由柱支撑,外墙只起围护作用。

进主入口双层门,是 1 个门厅,可见 1 封闭楼梯间,门编号 6,向疏散方向开启;左侧为值班室,中间有 1 走廊,2 个微机房,1 个储藏间,1 个办公室,1 个男卫生间,1 个无障碍卫生间,楼梯间有 1 坡道连接后门。

内门、窗均有编号、尺寸、位置,如微机房设前后两道门,编号 2,洞口宽度 1000mm,从④轴墙边、⑧轴柱边算起。从图中可看出房间门均是向内开启,微机房靠走廊一侧有高窗(虚线),编号 7,洞口宽度 1100mm+1100mm,被⑥轴中分,从门窗明细表可知该窗台高 1600mm。

内填充墙厚均为 200mm,定位轴线居中;无障碍卫生间、配电间隔墙厚 100mm。

所有室内地坪标高均为±0.000,包括卫生间地面。底层楼梯平台下出入口处室内地坪标高为-0.300,通过坡道与±0.000 标高面联系。

4. 剖切符号

剖切符号有 2 个,即 1-1、2-2,相应地有 2 个剖面图,它们都是沿房屋宽度方向剖切后将左侧余下部分形体向投影面投影。1-1 剖切位置有值班室、配电间、走廊、男卫生间,2-2 剖切位置有门厅、楼梯间,可以结合剖面图看图。

5. 其他

从图中还可以看出内纵墙上有 4 处消火栓位置,楼梯间有强电井和弱电井位置,这在土建施工时必须为设备安装做好准备。

2 层平面图:雨篷宽度,主入口处为 1600mm,次入口处为 1000mm,雨水沿 1%坡度流经水舌,排到地面;内部布置为 2 个大教室,1 个小教室,1 个办公室,1 个女卫生间,在东北角处有 1 外开防火门,编号 2,通向室外疏散钢楼梯,其他门均为内开,每间教室设前后 2 道门,编号 2,大教室靠走廊一侧设高窗(虚线),编号 7,被⑥轴中分。2 个大教室靠走廊的墙上分别设有消火栓,洞口宽 800mm,距⑦轴柱边 400mm,通过 1 层平面图下面的说明可知该洞口高 650mm,厚度同墙厚为 200mm,洞底距地 900mm。与 1 层平面图比较,2 层平面图中③轴与Ⓐ~Ⓑ轴间填充墙取消,其他墙体位置、厚度不变。

3~6 层平面图:内部布置为 13 个大小相同的宿舍,门编号 2,内开,内设卫生间,门编号 4,也为内开;与原宿舍楼走廊连通处设防火门,编号 4,双扇,洞口宽度 1500mm,距Ⓑ或Ⓒ轴 450mm,向疏散方向开启。与 2 层平面图比较,增加了③、⑤、⑥、⑦轴填充墙,厚度 200mm。变形缝处地面、墙面、顶棚构造详见标准图集 04CJ01-3。

屋顶平面排水图：三面设女儿墙，一面设挑檐，排水坡度为 2%，突出屋面的有通风道、屋面上人孔，做法详见标准图集 99J201-1。屋面上人孔设在楼梯间，平面尺寸 800mm×750mm，距③、ⓒ轴分别为 150mm、1000mm。屋面结构标高 20.100m。

所有门窗在建筑设计说明中附有门窗明细表。

6. 确定层高

首层地面标高为±0.000，2 层楼面标高为 3.300，3 层楼面标高为 6.600，4 层楼面标高为 9.900，5 层楼面标高为 13.200，6 层楼面标高为 16.500，屋面板板面结构标高为 20.100，因此，1～5 层层高为 3.300m=16.500m-13.200m=13.200m-9.900m=⋯=3.300m-0.000m，6 层层高为 3.600m=20.100m-16.500m。与建筑设计说明中的有关内容一致。

7. 计算建筑面积

根据建筑面积计算规则，多层建筑物首层建筑面积按其外墙勒脚以上结构外围水平面积计算，且层高为 3.300m，超过 2.20m 应计算全面积；室外台阶、坡道、勒脚、墙面抹灰、散水、宽度在 2.10m 及以内的雨篷均不应计算在建筑面积内；雨篷结构的外边线至外墙结构外边线的宽度超过 2.10m 者应按雨篷结构板的水平投影面积的 1/2 计算；建筑物外墙外侧有保温隔热层的应按保温隔热层外边线计算建筑面积；建筑物内的变形缝应按其自然层合并在建筑物面积内计算。

因此，该房屋首层建筑面积 S=17.900m×(25.750+0.100)m=462.715m² ，其中 0.100m 为变形缝宽；由于雨篷宽度为 1.000m、1.600m 均小于 2.10m，所以不计算在建筑面积内；2 层及以上楼层建筑面积分别为 462.715m²，该建筑物建筑面积为 6×462.715m²=2776.29m²。与建筑设计说明中设计概况的有关建筑面积指标相符。

归纳总结

1. 一套完整的施工图纸按专业顺序编排：图纸目录、总平面图、建筑施工图、结构施工图、给水排水施工图、采暖通风施工图、电气施工图等。

2. 建筑施工图是房屋施工放线、砌筑、安装门窗、室内外装修、工程量计算及施工组织设计的主要依据，包括建筑设计说明、建筑平面图、建筑立面图、建筑剖面图、建筑详图。

3. 建筑平面图是假想用一个水平剖切平面沿房屋门窗洞口的位置切开房屋，一分为二，将上部移走，余下部分形体俯视投影到水平投影面上而得到的水平剖面图。

4. 建筑平面图中标注的尺寸包括平面尺寸和标高；平面尺寸分总尺寸、定位尺寸和细部尺寸。

5. 建筑平面图主要反映房屋的平面形状、房间功能布置及相互关系，墙柱、门窗、楼地层、楼梯等位置。

6. 建筑平面图的尺寸标注包括平面尺寸和标高；平面尺寸单位为毫米(mm)，标高单位为米(m)(小数点后 3 位数)。

7. 建筑平面图在施工图纸中使用频率最高、用途最广。

实　训

一、填空题

1. 建筑施工图按图纸编排顺序,包括( )、( )、( )、( )、( )。

2. 建筑施工图是采用各构造图例,如墙体、楼梯、门窗、坡道、孔洞及( )图例,如电梯、自动扶梯等,表达房间分布、通行关系及通风采光等功能性图纸。

二、选择题

1. 建筑施工图中确定主要承重构件相对位置的基准线是( )。

  A. 尺寸线   B. 尺寸界线   C. 定位轴线   D. 剖切位置线

2. 建筑施工图中标注的平面尺寸单位为( )。

  A. cm   B. mm   C. dm   D. m

3. 建筑施工图中的标高为( )。

  A. 绝对标高   B. 相对标高   C. 建筑标高   D. 结构标高

4. 建筑施工图是描绘( )的图纸。

  A. 建筑功能   B. 结构安全   C. 消防   D. 给水与排水

5. 建筑施工图表达的内容包括( )。

  A. 承重构件的布置   B. 外部造型

  C. 内部布置   D. 细部构造及装修

6. 建筑平面图的外部有 3 道尺寸,即总尺寸、定位尺寸、细部尺寸,其中最里面一道尺寸是指( )。

  A. 房间开间、进深   B. 内墙厚度和内部门窗洞口尺寸

  C. 房屋总长、总宽   D. 外墙墙段及门窗洞口尺寸

7. 建筑平面图中标注的墙体厚度是指( );标高尺寸是指( )。

  A. 毛面尺寸   B. 完成面尺寸

8. 建筑平面图中标注的门窗宽度是指( )。

  A. 洞口尺寸   B. 扇尺寸

9. 计算建筑面积的范围包括( )。

  A. 外墙保温层   B. 散水   C. 墙柱   D. 楼梯

10. 建筑平面图中主要使用房间为( )。

  A. 门厅   B. 走廊   C. 卫生间   D. 教室

11. 确定主要承重构件相对位置的基准线( )。

  A. 尺寸线   B. 尺寸界线   C. 定位轴线   D. 剖切位置线

三、计算题

1. 根据各层平面图,计算该建筑面积?

2. 计算外墙中心线、内墙净长线的长度？

3. 汇总各层平面图中 C-1 数量？

四、绘图题

手工绘制或 AutoCAD 软件绘制：一层平面图。

要求：采用 1∶100 比例，线型、各构造图例正确，建筑标注完整，内容包括定位轴线、墙柱、门窗及必要的文字说明。

任务四　建筑立面图识读

建筑立面图是建筑物各个外表面向与其平行的投影面上所做的正投影，主要表示房屋建筑外貌、体型和立面装修做法的图样，表示立面各部分配件的形状及相互关系。

房屋有多个立面，为便于与平面图对照阅读，对于有定位轴线的建筑物，宜根据两端定位轴线编注立面图名称，如①～⑧轴立面图、⑧～①轴立面图、Ⓐ～Ⓑ轴立面图、Ⓓ～Ⓐ轴立面图等；无定位轴线的建筑物可按平面图的朝向确定名称，如东立面图、南立面图、西立面图和北立面图等，也可按立面的主次分正立面图(反映主要出入口或较显著反映建筑物外貌特征)、背立面图、左侧立面图和右侧立面图等。

平面形状曲折的建筑物，圆形或多边形平面的建筑物立面图在图名后加注"展开"二字。

一、建筑立面图表达的内容

建筑立面图主要反映建筑物的体型，如长或宽与高的比例；表示建筑物的外貌，如外墙上的檐口、女儿墙、门窗套、阳台、腰线、门窗形状、雨篷、雨水管、勒脚、台阶等形状和位置；同时可以图例或必要的文字说明各部位材料及色彩，如清水墙或抹灰、涂料、面砖等。

建筑立面图尺寸标注包括必要的竖向尺寸和标高，竖向尺寸包括窗口高度、层高尺寸、房屋总高度等；标高是指完成面标高，包括楼地面标高、门窗洞上下口标高，室内外地坪、檐口、雨篷底面、台阶面、突出部分最高点如女儿墙压顶面等处的标高。

立面图所采用的比例应与平面图相同。

为了增强立面图的图面效果，突出主次轮廓线，应采用不同的线型：室外地坪线用特粗线 $1.4b$；立面外轮廓线用粗实线；门窗洞口、台阶、阳台、雨篷、檐口等均用中实线；某些细部轮廓线，如门窗分格、装饰线、墙面分格线、雨水管、文字说明引出线等均用细实线。

立面图中相同的门窗、阳台、外檐装饰及构造做法等可在局部重点表示，绘出其完整图形，其余可只画轮廓线。

二、建筑立面图阅读

1. 看图顺序

先看标题栏，与平面图对照来分辨立面图名称；标高、层数、竖向尺寸；门窗形式及在立面图中的位置；外墙装修及做法，勒脚高度及做法，雨篷标高、形式及做法，有无详图等；雨水管的数量和位置；外墙变形缝做法等。

2. 记住要点

立面图是一座房屋的立面形象，因此主要应记住它的外形，外形中包括阳台、雨篷、门窗、装饰线等形状及位置；其次要记住装修做法，哪部分有突出墙面或屋面构造，如出檐、附墙柱等都要分别记牢。

此外，如爬梯、雨水管等附加构造的位置记住后在施工时可以考虑随施工进展进行安装。

立面图是结合平面图说明房屋外形的图纸，重点是外部构造，这些仅从平面图是很难想象的。

三、建筑立面图阅读实例

以某电教综合楼立面图为例说明建筑立面图的阅读。①～⑧轴立面图，如图3-6所示；⑧～①轴立面图，如图3-7所示；Ⓓ～Ⓐ轴立面图，如图3-8所示。

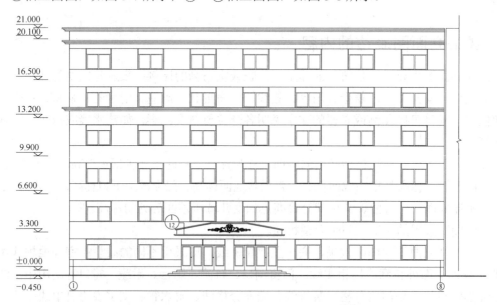

①～⑧ 立面图 1:00
注：立面颜色与线角尺寸与原建筑相同

图3-6 ①～⑧轴立面图

<u>⑧～① 立面图</u> 1:00
注:立面颜色与线角尺寸与原建筑相同

图 3-7 ⑧～①轴立面图

<u>Ⓓ～Ⓐ 立面图</u> 1:00
注:立面颜色与线角尺寸与原建筑相同

图 3-8 Ⓓ ～Ⓐ轴立面图

①～⑧轴立面图：结合平面图是西墙立面，即主立面。从图 3-6 中可知该综合楼立面规整，没有局部突出或凹进，没有高低变化。层数为 6 层，室外地坪标高-0.450，3～6 层楼面标高分别为 3.300m、6.600m、9.900m、13.200m、16.500m，屋面板顶标高为 20.100m。女儿墙顶标高为 21.000m，是整幢楼的最高点。

主入口外门为玻璃门，连同其上的雨篷占 2 个开间宽度。外窗为双扇带亮子，型号相同。5 层窗台处、屋面板处、女儿墙顶均有装饰线，从文字说明可知立面颜色与线脚与原建筑相同。

主入口雨篷形状及做法见索引符号 $\frac{1}{12}$，即建施第 12 页节点 1。

⑧～①轴立面图：结合平面图是东墙立面。从图 3-7 中可知该立面墙上房间窗的形状和大小与西面墙相同，楼梯间窗上部为弧形，双扇，并与楼层窗在高度位置上错开。还可见 1 层、2 层卫生间窗以及 2 层疏散门、室外钢梯。次入口门为防火门，雨篷形状及做法见建施 12 页节点 2。仅在 5 层窗台处设装饰线。屋顶处是挑檐，另外三面是女儿墙。

Ⓓ～Ⓐ轴立面图：结合平面图是北墙立面。从图 3-8 中可知走廊窗为双扇，在 5 层窗台处、屋面板处、女儿墙顶均有装饰线。屋顶可见女儿墙及挑檐。

归纳总结

1. 建筑立面图是表达房屋建筑外貌、体型和立面装修做法的图样。

2. 建筑立面图多按自左向右的轴线命名，如Ⓓ～Ⓐ轴立面图等。

3. 建筑立面图与平面图比例相同，具有相同的长或宽。

4. 建筑立面图表达室外地坪以上外墙面可见部分的门窗形状、台阶、雨篷、女儿墙、檐口等构造内容。

5. 建筑立面图识读须结合平面图进行。

6. 根据立面图中建筑高度可判断高层建筑或普通建筑。

实 训

1. 通常把反映建筑物主要出入口或主要外貌特征的正投影图称为(   )。

    A. 主视图   B. 俯视图   C. 侧视图   D. 正立面图

2. 窗的样式及开启方式可以在(   )中表达。

    A. 建筑平面图   B. 建筑剖面图   C. 建筑立面图   D. 建筑详图

3. 建筑立面颜色与线角尺寸可以在(   )中表达。

    A. 建筑平面图   B. 建筑剖面图   C. 建筑立面图   D. 建筑详图

4. 在(   )中可以表达建筑长高比或宽高比。

    A. 建筑平面图   B. 建筑剖面图   C. 建筑立面图   D. 建筑详图

5. 立面图中室外地坪及各楼地层、屋顶标高应与(   )一致。

    A. 建筑平面图   B. 建筑剖面图   C. 建筑立面图   D. 建筑详图

6. 建筑高度是指( )。

  A. 从室内地坪到建筑主体檐口上部的垂直距离

  B. 从室外地坪到建筑主体檐口上部的垂直距离

  C. 各层高之和

  D. 从室外地坪到出屋面楼梯间顶部的垂直距离

7. 建筑出入口门及雨篷的样式可以在( )中表达。

  A. 建筑平面图   B. 建筑剖面图

  C. 建筑立面图   D. 建筑详图

任务五 建筑剖面图识读

  建筑剖面图是假想用正平面或侧平面沿指定位置将房屋剖开，移去观察者与剖切平面之间的部分，将余下部分形体向 V 或 W 投影面做正投影而得到的，简称剖面图。用正平面剖切得到的剖面图为纵向剖面图；用侧平面剖切得到的剖面图为横向剖面图。工程上多采用横向剖面图。

  剖面图的剖切位置在首层平面图上要能反映房屋全貌、构造特征，并有代表性，常取楼梯间、门窗洞口及构造比较复杂的典型部位。剖面图的数量应根据房屋的复杂程度而定，要能够表达设计者意图，满足施工需要。

  剖面图可作为施工分层，砌筑墙体，铺设楼板、屋面板等的依据，是与平面图、立面图相互配合不可缺少的重要图样之一。

  剖面图的名称必须与首层平面图上所注剖切符号一致，如 1-1 剖面图、2-2 剖面图。剖面图的数量视实际需要而定，对于规模不大的工程可能是 1 个或 2 个剖面图，规模较大或平面形状较复杂的工程可能是几个剖面图。

一、建筑剖面图表达的内容

  建筑剖面图表达的内容因剖切部位不同而不同，主要表示房屋内部结构，如梁、板、柱、墙体及相互关系，分层情况，各层高度，屋面、楼面、地坪等水平构件的构造特征及做法，门窗位置，电梯、楼梯构造及屋顶女儿墙、上人孔等。

  剖面图的尺寸标注包括竖向尺寸和标高。竖向尺寸分为总尺寸、定位尺寸、细部尺寸 3 种。总尺寸即建筑高度，是从室外设计地面到建筑主体檐口顶部的垂直距离；定位尺寸是指各层楼面或楼面与地面之间的垂直距离，即层高；细部尺寸是指洞口高度、窗台高度及其他构配件高度。各部位定位尺寸等于其所在层次内细部尺寸之和。

  建筑剖面图还需要标注承重墙或柱定位轴线间的距离尺寸。

  剖面图标注的标高是指完成面标高，包括室内外地坪，各层楼面，阳台，平台，檐口，女儿墙，雨篷，屋面板顶，门窗洞上下口，楼梯平台等处的标高。

二、建筑剖面图的阅读

1. 看图顺序

看标题栏,明确图名、比例是否与平面图、立面图一致。结合首层平面图上的剖切位置和剖视方向及编号,对照剖面图是否一致。

看建筑结构的构造形式,外墙及内墙设置;楼层标高及竖向尺寸,门窗标高及竖向尺寸,最高处标高,屋顶坡度等。

看阳台、雨篷、挑檐等突出外墙部分的形式、构造做法;墙体内圈梁、过梁等处标高或竖向尺寸。

看地面、楼面、墙面、屋面做法及索引符号等。

2. 记住要点

看剖面图应记住各层标高,各部位材料及做法,关键部位尺寸如内高窗距离地面高度,其他外墙竖向尺寸、标高,可以结合立面图一起记。

由于完成面(建筑标高)和毛面标高(结构标高)有所不同,所以楼板面和楼板底标高必须经过计算:2 层楼面标高为 3.300m,楼板上做 40mm 厚细石混凝土随捣随抹(见做法构造表),楼板厚为 120mm(见标准层板平法配筋图),因此楼板面标高 3.300m-0.040m=3.260m,板底标高为 3.260m-0.120m=3.140m。这些经过计算的标高也应该记住,砌砖和做圈梁的标高都要按照它推算。

所以看图纸不光是从图纸上直接得到一些信息,有时还要从图纸上间接得到一些数据;对于未标明的尺寸和标高,可以在已看懂图纸的基础上把它计算出来。

三、建筑剖面图阅读实例

以某电教综合楼为例说明建筑剖面图的阅读。1-1 剖面图,如图 3-9 所示, 2-2 剖面图,如图 3-10 所示。剖面图的看图程序可以从底层往上看。

结合平面图看 1-1 剖切面在各层的位置:首层平面图,通过值班室及配电间、走廊、卫生间,剖视方向为自右向左;2 层平面图,通过小教室、走廊、卫生间;3～6 层平面图,通过宿舍及卫生间、走廊、卫生间及宿舍。

从 1-1 剖面图可以清晰地看出该建筑的结构构件如梁、板和柱,再结合平面图中的柱,进一步确定该建筑结构形式为钢筋混凝土框架结构。共 6 层,2～6 层楼面标高分别为 3.300m、6.600m、9.900m、13.200m、16.500m,屋面板顶标高为 20.100m,女儿墙顶标高为 21.000m, 由此可得出 1～5 层层高为 3.300m, 6 层层高为 3.600m, 女儿墙高为 21.000m-20.100m=0.900m。建筑高度为 21.000m+0.450m=21.450m。

结合立面图可以看到窗的竖向尺寸为 1800mm,上下窗之间的窗间墙高 600mm+900mm=1500mm,其中窗上口为钢筋混凝土框架梁,梁高 600mm,窗台高 900mm,宿舍间门上口为钢筋混凝土过梁,图中还可见走廊窗、宿舍卫生间门的位置。西墙立面有三道装饰线,东墙立面有一道装饰线。

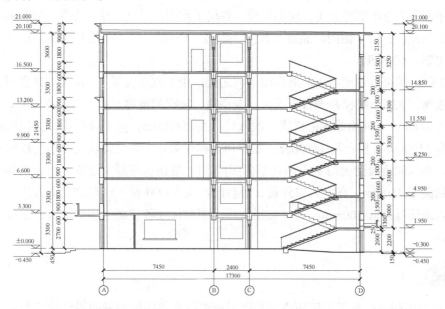

2-2剖面图1:100

图 3-9　1-1 剖面图

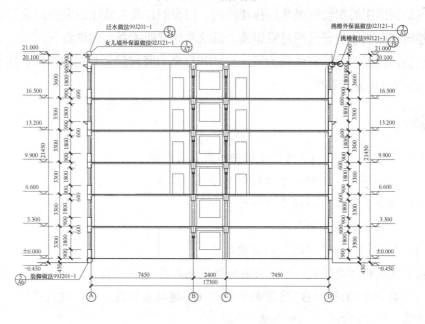

1-1剖面图1:100

图 3-10　2-2 剖面图

　　勒脚做法见标准图集 99J201-1 第 A6 页节点 5，挑檐做法见标准图集 99J201-1 第 19 页节点 3，泛水做法见标准图集 99J201-1 第 24 页节点 C；女儿墙外保温做法见标准图集

02J121-1 第 A7 页节点 1，挑檐外保温做法见标准图集 02J121-1 第 A7 页节点 3。

　　结合平面图看 2-2 剖切面在各层的位置：首层平面图，通过门厅、走廊、楼梯间，剖视方向为自右向左；2 层平面图，通过小教室、走廊、楼梯间；3～6 层平面图，通过宿舍及卫生间、走廊、楼梯间。

　　从 2-2 剖面图可以看出与 1-1 剖面图不同之处：由于剖切位置不同，2-2 剖面图在首层有主入口雨篷、大门、楼梯和平台下次入口及雨篷、楼梯间窗等。主入口门高 2700mm，其上框架梁高 600mm，并由此挑出雨篷；次入口门高 2000mm，其上是梯梁，并挑出雨篷。楼梯间窗高 1500mm，窗台高 1600mm，窗下口是框架梁，上口是楼梯梁，顶层楼梯间窗上口是过梁。楼梯间均设防火门 FM(结合平面图)，门上是钢筋混凝土过梁。由于室外地坪比首层室内地面低 450mm，在主入口外设 3 级台阶，次入口外设 1 级台阶。同时次入口地面比首层室内地面标高低 300mm，设 1 坡道相连。图中标注各楼面、楼梯平台部位标高及各竖向尺寸。

归纳总结

　　1. 建筑剖面图是假想用正平面或侧平面沿指定位置将房屋剖开而得到的投影图，指定位置在 1 层平面图中表达。

　　2. 建筑剖面图的数量与房屋的复杂程度有关，数量多，房屋空间关系越复杂。

　　3. 建筑剖面图的剖切位置常选择楼梯间、门窗洞口及构造比较复杂的典型部位。

　　4. 建筑剖面图须与平面图对照识读，反映房屋空间关系、构造特征。

　　5. 建筑剖面图的尺寸标注包括竖向尺寸和标高。竖向尺寸包括总尺寸、定位尺寸、细部尺寸，总尺寸即建筑高度。

实 训

　　1. 下列选项中，(　　)不属于建筑剖面图表达内容。

　　　　A. 各层梁板、楼梯、屋面的结构形式、位置

　　　　B. 楼面、阳台、楼梯平台的标高

　　　　C. 外墙表面装修的做法

　　　　D. 门窗洞口、窗间墙等的高度尺寸

　　2. 表示建筑物结构形式、空间关系的建筑施工图是(　　)。

　　　　A. 建筑平面图　　B. 建筑剖面图　　C. 建筑立面图　　D. 建筑详图

　　3. 建筑高度可以在(　　)中表达。

　　　　A. 建筑平面图　　B. 建筑剖面图　　C. 建筑立面图　　D. 建筑详图

　　4. 门窗及窗台高度可以在(　　)中表达。

　　　　A. 建筑平面图　　B. 建筑剖面图　　C. 建筑立面图　　D. 建筑详图

5. 层高可以在(　　)中表达。

　　A. 建筑平面图　　B. 建筑剖面图　　C. 建筑立面图　　D. 建筑详图

6. 建筑物分层情况可以在(　　)中表达。

　　A. 建筑平面图　　B. 建筑剖面图　　C. 建筑立面图　　D. 建筑详图

7. 房间净高可以在(　　)中表达。

　　A. 建筑平面图　　B. 建筑剖面图　　C. 建筑立面图　　D. 建筑详图

8. 各楼地层标高可以在(　　)中表达。

　　A. 建筑平面图　　B. 建筑剖面图　　C. 建筑立面图　　D. 建筑详图

9. 屋顶排水方式可以在(　　)中表达。

　　A. 建筑平面图　　B. 建筑剖面图　　C. 建筑立面图　　D. 建筑详图

任务六　建筑详图识读

在用较小比例画出的平、立、剖面图中，一些细部构造及尺寸、材料和做法等难以表达清楚。为提高设计深度，满足施工需要，另将这些细部构配件(如楼梯、墙身等)或构造节点(如檐口、窗台、勒脚、散水等)用较大比例画出，并详细标注其尺寸、材料及做法，这样的图样称为建筑详图，简称详图。详图比例常用的有 1：2、1：5、1：10、1：20、1：50。

建筑详图可以是建筑平面图、立面图、剖面图中某一局部放大图，也可以是某一构造节点放大图。详图一般包括檐口、外墙身构造、楼梯间、厨房、厕所、阳台、门窗、雨篷、台阶、建筑装饰等的具体尺寸、构造和材料做法。

建筑详图是建筑各部位详细构造的施工依据，所有平面图、立面图、剖面图上的具体做法和尺寸均以详图为准。详图是建筑图纸中不可缺少的一部分。

一、建筑标准设计图集

为便于查阅图样中某一部位的详图，规定采用索引符号和详图符号，注明详图构造位置、详图编号和详图所在的图纸编号。如果采用通用构配件做法，可以选用国家或地方制定的标准图集或通用图集中的图纸。一般仅在图中用索引符号标注，不必另画详图，但如果施工单位没有相应地详图，设计单位要负责提供。如楼地面建筑构造 01J304，EPS 外保温墙体构造 1999J107，室外装修 93J1001，卫生间、浴池、盥洗池构造 92J1101，铝合金玻璃幕墙 97SJ103 等。

二、卫生间详图识读

现以卫生间详图为例说明建筑详图的图示内容及特点，楼梯详图、雨篷详图、门窗详图等在后续章节中介绍。

某电教综合楼卫生间详图，如图 3-11 所示。

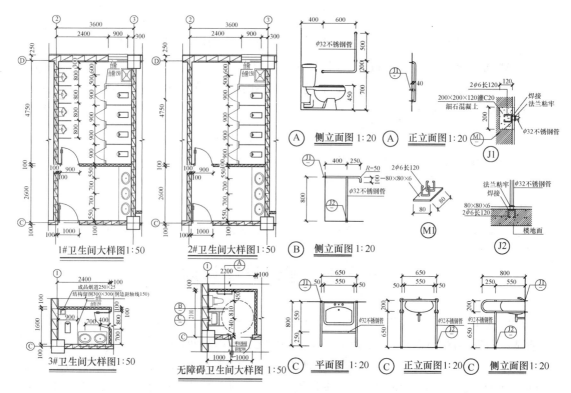

图 3-11　卫生间详图

卫生间详图要结合索引符号进行阅读。图 3-11 中反映了该电教综合楼 4 个类型卫生间大样图，分别对应无障碍卫生间，一、二层男女卫生间，宿舍卫生间。

平面图采用 1∶50 比例，细部构造采用 1∶20 比例。在平面图大样中布置有门、隔墙及卫生器具如洗手盆、蹲位、拖布池等，并标注其定位尺寸。男女卫生间设独立洗手间，门向内开启。门的宽度有 900mm、1000mm、800mm；隔墙厚度为 100mm，定位尺寸距 C 轴分别为 2600mm、1600mm、2100mm。卫生间地面标高在建筑平面图或平面大样图中均没有标注，说明与楼地面标高相同。

卫生间需考虑通风条件，通常设窗自然通风，本例采用平开窗规格为 900mm×1800mm。宿舍卫生间由于没有窗，设置成品通风道 250mm×250mm，并在楼板上留洞 300mm×300mm，洞边距轴线 150mm。

无障碍卫生间设置 ϕ32 不锈钢管扶手，扶手高度、与楼地面及墙连接构造见索引部位细部详图，详图中表达了各预埋件、安装件的形状、尺寸及位置。有了这些大样图就可以进行卫生间的施工了。

建筑构造的详图是很多的，以上只是选取了其中很少的一部分作为阅读详图的参考。各种各样的详图只有经过不断的学习实践，才能丰富我们看图的阅历。

归纳总结

1. 建筑详图可以是建筑平面图、立面图、剖面图中某一局部放大图(如楼梯、卫生间、雨篷),也可以是某一构造节点(如墙身、预埋件)放大图;详图有编号,且与其索引符号相对应。索引符号注明了详图构造位置、编号及所在图纸编号。

2. 建筑详图是建筑各部位详细构造的施工依据,所有平面图、立面图、剖面图上的具体做法和尺寸均以详图为准。

3. 建筑标准设计图集是体现建筑标准化的一个重要方面,是根据统一的标准编制的标准构件与标准配件图集,供设计人员选用,同时也为加工生产单位提供依据。

4. 建筑详图数量越多,其构造越复杂,施工难度越大。

实　训

1. 关于建筑详图,下列表述不正确的是(　　)。

　　A. 为清楚的表达某些建筑构造,把局部细节放大比例绘制成较详细的图纸

　　B. 为清楚的表达某些建筑构造,把局部细节缩小比例绘制成较详细的图纸

　　C. 建筑详图是各建筑部位具体构造的施工依据,所有平、立、剖面图上的具体做法和尺寸均以建筑详图为准

2. 图样中的某一局部或构件,如需另见详图,应以(　　)索引。

　　A. 索引符号　　　B. 详图符号　　　C. 对称符号　　　D. 剖切符号

3. 建筑标准设计图集属于(　　)部分。

　　A. 建筑详图　　　B. 建筑平面图　　　C. 建筑立面图　　　D. 建筑剖面图

项目四　主体结构施工图识读

教学目标

知识目标：掌握《建筑结构制图标准》(GB/T 50105—2010)，掌握结构施工图投影形成方式及阅读方法，了解《混凝土结构施工图平面整体表示方法制图规则和构造详图》(11G101—3)。

能力目标：熟练识读墙、柱平法施工图，梁、板平法施工图及结构构件详图，能够找出图纸自身的缺陷；培养辩证思维能力，严谨工作作风，自觉遵守职业道德和行为规范。

教学重点：墙柱平法施工图、梁平法施工图、板平法施工图的阅读方法。

教学难点：抗震等级、锚固长度概念。

教学建议及其他说明：识图与绘图、实物结合，加深对施工图的理解；实际勘察在建工程，拍摄实景照片。

任务一　认知结构施工图

房屋的结构施工图是反映一幢房屋骨架结构构造的施工图纸，在图纸目录及标题栏图别中把这部分图称为"结施"。

建筑施工图表达房屋外部体型和形状、内部水平和竖向分隔、建筑构造做法和内外装修等内容，是建筑物质、使用功能和艺术形象的综合体现，是建造房屋的具体目的。但是要达到上述要求还需一定的建筑技术做保证，保证房屋结构安全、耐久，经得起地震、火灾、雪灾等自然因素和人为因素的不利影响。结构施工图就是在建筑施工图的基础上，反映基础、墙、梁、板、柱等承受外力部分的结构构件的平面布置、形状、尺寸和详细构造要求的图样。主体结构施工图是指首层室内地面以上的结构部分，即±0.000以上结构构件施工图，不包括基础部分。

钢筋混凝土结构，是指配置受力普通钢筋的混凝土结构；预应力混凝土结构，是指配置受力的预应力筋，通过张拉或其他方法建立预加应力的混凝土结构；现浇混凝土结构，是指在现场原位支模并整体浇筑而成的混凝土结构；装配式混凝土结构，是指由预制混凝土构件或部件装配、连接而成的混凝土结构；装配整体式混凝土结构，是指由预制混凝土

构件或部件通过钢筋、连接件或施加预应力加以连接，并在连接部位浇筑混凝土而形成整体受力的混凝土结构。

虽然房屋的设计是建筑施工图设计在先，结构施工图设计在后，但施工过程中却是结构施工在先，建筑施工在后。由于结构施工关系到结构骨架质量的好坏，影响房屋设计的使用年限，所以阅读结构施工图时对图纸上的尺寸、材料要求、构造做法等必须牢记。

一、 结构施工图的主要内容

1. 结构设计说明

结构设计说明包括总说明和分说明两部分，总说明在结施的首页，而分说明则在各部分施工图内。总说明主要说明结构设计依据、自然条件、活荷载标准值、工程地质概况、材料要求、地基及各结构构造要求、施工要求等；分说明主要包括材料要求及各详细构造要求等，如基础施工图说明采用的地基承载力、持力层等，预应力混凝土结构还要对技术要求做说明。

结构设计说明是结构施工图的重要资料。

2. 结构平面布置图

结构平面布置图采用与建筑平面图、立面图、剖面图相同的比例，是结构施工图的主要部分。

结构平面布置图通常包括基础平面布置图和主体结构平面布置图，其中主体结构是指±0.000 以上的结构。主体结构平面布置图由于建筑结构构造形式不同，内容也是千变万化的，如砖混结构包括墙身、楼板、屋面板、梁或过梁的平面布置图，钢筋混凝土框架结构包括基础梁、标准层梁、屋面梁、框架柱平面布置图，标准层板配筋图、屋面板配筋图和模板图等，排架结构厂房除了柱网的平面布置外，还包括墙梁、吊车梁、屋架、大型屋面板、连系梁等平面布置图。

3. 结构构件详图

构件详图是反映构件细部形状、大小及配筋的图样，主要有基础、楼梯、阳台、雨篷、女儿墙、梁、柱等。构件详图与结构平面布置图配套使用。

通常情况下，为了提高设计速度，做到建筑构件标准化，统一规格，国家及各省、市都编制了定型构件标准图集。在施工图中，凡选用定型构件，可直接引用标准图集，而不必绘制构件施工图。在生产构件时，可根据构件的编号查出标准图直接制作，如《钢筋混凝土过梁》(辽 2004G307)、《混凝土结构施工图平面整体表示方法制图规则和构造详图》(11G101—1)、《砌体建筑抗震构造》(辽2002G801)、《钢筋混凝土建筑抗震构造》(辽2002G802)等。

构件标准图集分为全国通用和各省、市通用两类。使用标准图集时，应熟悉标准图集的编号及构件代号和标记的含义。一定要看清图集的编号以及编制的年份，然后去查找图集，做到对号入座；如果由于不仔细而弄错了图集，会出质量事故，要避免套用、乱用图集。

　　混凝土结构施工图中常见的名词：结构缝，根据结构设计需求而采取的分割混凝土结构间隔的总称；混凝土保护层，结构构件中钢筋外边缘至构件表面范围用于保护钢筋的混凝土，简称保护层；锚固长度，受力钢筋依靠其表面与混凝土的黏结作用或端部构造的挤压作用而达到设计承受应力所需的长度；钢筋连接，通过绑扎搭接、机械连接、焊接等方法实现钢筋之间内力传递的构造形式；配筋率，混凝土构件中配置的钢筋面积(或体积)与规定的混凝土截面面积(或体积)的比值。

二、常用建筑材料符号及构件代号

(一)常用建筑材料符号

1.钢筋

　　在施工图中，不同型号、不同等级的钢筋有不同的表示方法。普通钢筋宜采用400MPa级和335MPa级，也可采用300MPa级和500MPa级。使用高强度钢材不但有利于节省钢材，提高材料的利用率和结构安全程度，而且在经济上也有较大优势，国内钢筋的强度价格比有随等级提高而上升的趋势。

　　普通钢筋是指用于钢筋混凝土结构中的非预应力筋的总称。预应力筋是指用于混凝土结构构件中施加预应力的钢丝、钢绞线和预应力螺纹钢筋等的总称。普通钢筋符号、强度标准值 f_{yk}、抗拉强度设计值 f_y 及抗压强度设计值 f_y'，如表4-1所示；预应力钢绞线、钢丝和热处理钢筋的符号、强度标准值 f_{ptk}、抗拉强度设计值 f_{py} 及抗压强度设计值 f_{py}'如表4-2所示。

表4-1　普通钢筋符号、强度　　　　单位：N/mm²

种　类		符　号	d/mm	f_{yk}	f_y	f_y'
热轧钢筋	HPB300(Q300)	Φ	8～20	300	210	210
	HRB 335(20MnSi)	Φ	6～50	335	300	300
	HRB 400(20MnSiV、20MnSiNb、20MnTi)	Φ	6～50	400	360	360
	RRB 400(K20MnSi)	$Φ^R$	8～40	400	360	360

表4-2　预应力钢筋符号、强度　　　　单位：N/mm²

种　类		符　号	f_{ptk}	f_{py}	f_{py}'
热轧钢筋		$Φ^S$	1860	1320	390
	1X3		1720	1220	
			1570	1110	
	1X7		1860	1320	390
			1720	1220	

续表

种　类		符　号	f_{ptk}	f_{py}	f_{py}'
消除应力钢丝	光面 螺旋肋	Φ^P Φ^H	1770 1670 1570	1250 1180 1110	410
	刻痕	Φ^I	1570	1110	410
热处理钢筋	40Si2Mn 48Si2Mn 45Si2Cr	Φ^{HT}	1470	1040	400

2. 混凝土强度等级

混凝土的强度等级有 C10、C15、C20、C25、C30、C35、C40、C45、C50、C55、C60 等 11 个等级。符号 C 是英文单词混凝土"concrete"第一个字母大写,数值表示混凝土立方体标准试块每平方毫米可以承受多少牛顿的压力,如 C30 表示每平方毫米上可承受 30N 的压力。混凝土强度的提高有助于减小结构截面尺寸,减轻结构自重。

3. 砂浆强度

砂浆强度有 M2.5、M5、M7.5、M10、M15、M20 等。符号 M 是英文单词砂浆"mortar"第一个字母大写,数值表示砂浆立方体标准试块每平方毫米可以承受多少牛顿的压力。

4. 砖的强度

砖的强度分为 MU7.5、MU10、MU15 等,MU 是英文单词砖、砌块"Masonry Unit"的缩写,数值表示其强度值。

(二)构件代号

结构施工图中钢筋混凝土构件种类多,布置复杂。为便于设计与施工,将构件区分清楚,《建筑结构制图标准》中各种构件的代号做了具体规定。构件的名称用汉语拼音第一个字母大写为代号表示,代号后用阿拉伯数字标注该构件的型号或编号,也可为构件的顺序号。如 KZ-1 为框架柱 1;钢筋混凝土过梁选用 XGLX.XX-X,依次为:X 现浇标志,省略时为预制;GL 过梁代号;X 截面形状,1 为矩型,2 为 L 型,3 为并联型;XX 过梁净跨Ln,单位 dm;最后的 X 为荷载及墙厚分级,例如 GL1.10-3。

常用构件代号如表 4-3 所示。

表 4-3　常用构件代号

名　称	代　号	名　称	代　号	名　称	代　号
板	B	圈梁、墙梁	QL	承台	CT
屋面板	WB	过梁	GL	承台梁	CTL
空心板	KB	连系梁	LL	桩	ZH
槽形板	CB	基础梁	JL	挡土墙	DQ

名　称	代　号	名　称	代　号	名　称	代　号
折板	ZB	楼梯梁	TL	柱间支撑	ZC
密肋板	MB	框架梁	KL	垂直支撑	CC
楼梯板	TB	框支梁	KZL	水平支撑	SC
盖板或沟盖板	GB	屋面框架梁	WKL	楼梯柱	TZ
挡雨板或檐口板	YB	檩条	LT	雨篷	YP
墙板	QB	屋架	WJ	阳台	YT
天沟板	TGB	托架	TJ	梁垫	LD
平台板	PB	天窗架	CJ	预埋件	M-
屋面梁	WL	框架	KJ	钢筋网	W
梁	L	刚架	GJ	钢筋骨架	G
框架柱	KZ	支架	ZJ	基础	J
构造柱、钢柱	GZ	柱	Z	暗柱	AZ
系杆	XG	设备基础	SJ		

三、钢筋标注

钢筋的名称主要根据钢筋在构件中所起的作用命名，如承受拉、压应力的钢筋为受力筋，固定受力钢筋位置的钢筋为分布筋或架立筋，既承受一定的斜拉应力，又固定受力钢筋位置的环形钢筋为箍筋。此外，按构造要求设置的钢筋为构造筋，如主次梁交接处设在主梁内的吊筋及附加箍筋，为减少混凝土收缩裂缝而设置的温度筋等；也有根据钢筋形状而命名的，如马凳筋等。

不同构件中钢筋的名称、位置和形状如图 4-1 所示。

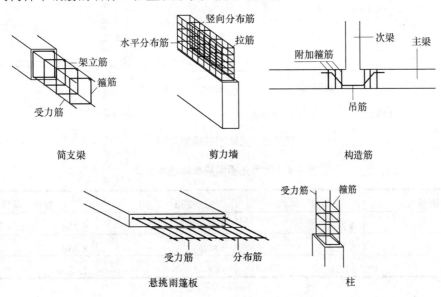

图 4-1　钢筋混凝土构件

掌握钢筋混凝土构件中钢筋的标注，对钢筋工操作、钢筋量计算以及保证工程质量具有重要意义。

钢筋的标注方法有两种：一种标注钢筋的根数、级别和直径，主要适用于梁、柱内纵向受力筋，如2Φ10表示2根HPB235级直径10mm钢筋；另一种标注钢筋级别、直径和相等中心间距，主要适用于梁、柱内箍筋和板、剪力墙内的分布筋，如Φ8@200表示HPB235级、直径8mm、相等中心间距200mm钢筋。

四、钢筋端部弯钩

为了增强钢筋与混凝土之间的黏结力，表面光圆的HPB235级钢筋末端应做180°弯钩，其弯弧内直径不应小于钢筋直径的2.5倍，弯钩的弯后平直部分长度不应小于钢筋直径的3倍，有3d、5d、10d(d为钢筋直径)，如图4-2所示，具体按施工图设计。当设计要求钢筋末端需做135°弯钩时，HRB335级、HRB400级钢筋的弯弧内直径不应小于钢筋直径的4倍，弯钩的弯后平直部分长度应符合设计要求。钢筋做不大于90°弯折时，弯折处的弯弧内直径不应小于钢筋直径的5倍。

箍筋弯钩的弯折角度，一般结构不应小于90°，有抗震等要求的结构应为135°。箍筋弯后平直部分长度，一般结构不宜小于箍筋直径的5倍，有抗震等要求的结构不应小于箍筋直径的10倍。

常用光圆钢筋单钩增加长度，如表4-4所示。常用带肋钢筋单钩增加长度，如表4-5所示。带肋钢筋是指HRB335级、HRB400级钢筋和RRB400级余热处理钢筋，是否弯钩按施工图设计确定。

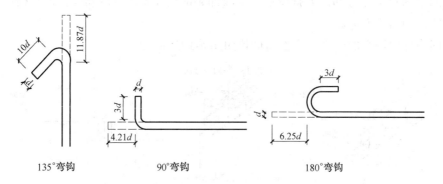

135°弯钩　　　　　90°弯钩　　　　　180°弯钩

图4-2　光圆钢筋端部弯钩

表4-4　常用光圆钢筋单钩增加长度

平直长度	90°弯钩	135°弯钩	180°弯钩
$3d$	$4.21d$	$4.87d$	$6.25d$
$5d$	$6.21d$	$6.87d$	$8.25d$
$10d$	$11.21d$	$11.87d$	$13.25d$

表4-5 常用带肋钢筋单钩增加长度

平直长度	90°弯钩	135°弯钩
3d	4.21d	5.89d
5d	6.21d	7.89d
10d	11.21d	12.89d

五、钢筋的图示方法

钢筋图例表示钢筋的形状,便于钢筋下料、施工和编制预算。《建筑结构制图标准》(GB/T 50105—2010)规定钢筋的图示方法如表4-6、表4-7和表4-8所示。

表4-6 钢筋的图示方法

序 号	名 称	图 例	说 明
1	钢筋横断面	.	
2	无弯钩的钢筋端部		下图表示长、短钢筋投影重叠时, 短钢筋的端部用45°斜划线表示
3	带半圆形弯钩的钢筋端部		
4	带直钩的钢筋端部		
5	带丝扣的钢筋端部		
6	无弯钩的钢筋搭接		
7	带半圆弯钩的钢筋搭接		
8	带直钩的钢筋搭接		
9	花篮螺丝钢筋接头		
10	机械连接的钢筋接头		用文字说明机械连接的方式(或冷挤压或锥螺纹等)

表4-7 预应力钢筋

序 号	名 称	图 例
1	预应力钢筋或钢绞线	
2	后张法预应力钢筋断面 无黏结预应力钢筋断面	
3	单根预应力钢筋断面	+
4	张拉端锚具	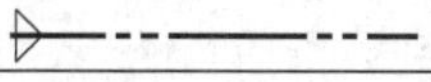
5	固定端锚具	

序　号	名　称	图　例
6	锚具的端视图	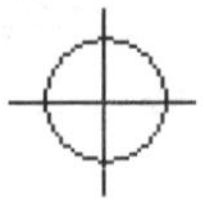
7	可动联结件	
8	固定联结件	

表 4-8　钢筋的画法

序　号	说　明	图　例
1	在结构平面图中配置双层钢筋时,底层钢筋的弯钩应向上或向左,顶层钢筋的弯钩则向下或向右	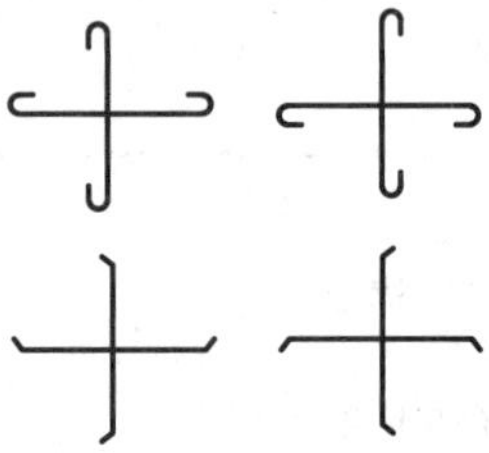
2	钢筋混凝土墙体配双层钢筋时,在配筋立面图中,远面钢筋的弯钩应向上或向左,而近面钢筋的弯钩向下或向右(JM 近面;YM 远面)	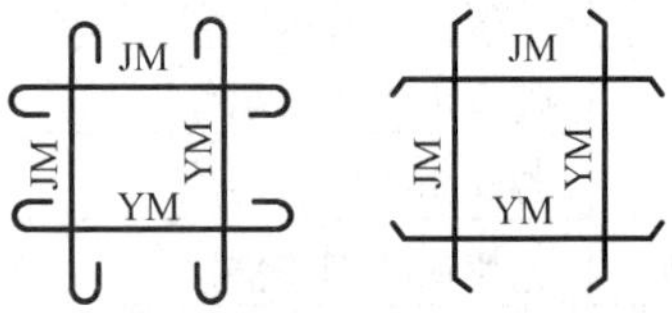
3	若在断面图中不能表达清楚的钢筋布置,应在断面图外增加钢筋大样图(如钢筋混凝土墙、楼梯等)	
4	图中所表示的箍筋、环筋等若布置复杂时,可加画钢筋大样及说明	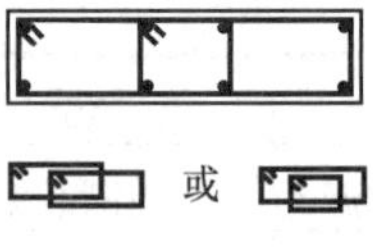
5	每组相同的钢筋、箍筋或环筋,可用一根粗实线表示,同时用一两端带斜短划线的横穿细线,表示其余钢筋及起止范围	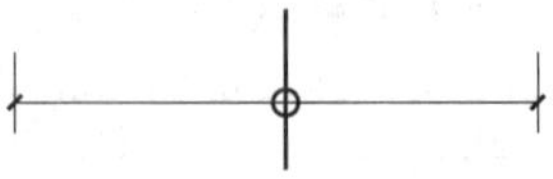

六、钢筋的保护层

　　钢筋的保护层,即混凝土保护层。钢筋混凝土构件中的钢筋承担着拉力、压力、剪力、扭矩的作用,为避免裸露在外面而锈蚀,致使表皮起层脱落,截面积减小,强度降低,需要对钢筋加以保护。另一方面,钢材是不耐火的材料,在高温作用下耐火极限仅为 0.25h,

按照《建筑设计防火规范》(GB 50016—2014)要求，钢筋的外缘到构件表面应留有一定厚度的混凝土作为保护层。

混凝土保护层的厚度与混凝土强度等级、环境类别、构件类别有关。《混凝土结构设计规范》(GB 50010—2010)中纵向受力钢筋混凝土保护层最小厚度如表 4-9 所示。

表 4-9　纵向受力钢筋的混凝土保护层最小厚度　　　　　　　单位：mm

环境类别		板、墙、壳			梁			柱		
		≤C20	C25~C45	≥C50	≤C20	C25~C45	≥C50	≤C20	C25~C45	≥C50
一		20	15	15	30	25	25	30	30	30
二	a	—	20	20	—	30	30	—	30	30
	b	—	25	20	—	35	30	—	35	30
三		—	30	25	—	40	35	—	40	35

混凝土结构的环境类别条件："一"是指室内正常环境；"二 a"是指室内潮湿环境、非严寒和非寒冷地区的露天环境、与无侵蚀性的水或土壤直接接触的环境；"二 b"是指严寒和寒冷地区的露天环境、与无侵蚀性的水或土壤直接接触的环境；"三"指的是严寒和寒冷地区冬季水位变动的环境、滨海室外环境。

需要注意的是，纵向受力钢筋的混凝土保护层厚度不应小于钢筋的公称直径；基础中纵向受力钢筋的混凝土保护层厚度不应小于 40mm，当无垫层时不应小于 70mm；板、墙、壳中分布钢筋的保护层厚度不应小于表 4-9 中相应数值减 10mm，且不应小于 10mm；梁、柱中箍筋和构造钢筋的保护层厚度不应小于 15mm。

七、钢筋的计算长度

钢筋计算长度是钢筋下料、确定钢筋用量的依据。常见形式钢筋长度计算如表 4-10 所示。钢筋的计算长度=钢筋图示外缘长度 L_0+弯钩增加长度，其中外缘长度等于构件长度-保护层厚度，表中序号 1、2、3 均属于这种情况。表中序号 4，钢筋计算长度=钢筋在混凝土支座外净长 L_0+钢筋锚固长度 l_a+弯钩增加长度。

钢筋锚固长度是指受力钢筋通过混凝土与钢筋的黏结将所受的力传递给混凝土所需的长度，通常是指在不同构件交接处，将其中一个构件的钢筋锚入到另一构件中的长度或彼此互相锚入的长度，如柱纵向受力筋锚入基础或承台的长度，梁纵向受拉钢筋锚入柱内的长度，屋面梁与柱端纵向筋互相锚入等。纵向受力钢筋最小锚固长度如表 4-11 所示。《混凝土结构施工图平面整体表示方法制图规则和构造详图》(03G101—1)常用普通纵向受拉钢筋抗震锚固长度如表 4-12 所示。

表 4-10　常见形式钢筋长度计算

序　号	钢筋形式示意	长度计算式
1	L_0	$L_0+12.5d$　（2 个 180° 弯钩） L_0　（无弯钩）
2	d_0　L_0　d_0 $L_外$	$L_外-2d_0+12.5d$　（2 个 180° 弯钩） $L_外-2d_0$　（无弯钩）
3	d_0　h L_0	$L_0+2(h-2d_0)$
4	l_a L_0	$L_0+l_a+12.5d$　（2 个 180° 弯钩） L_0+l_a　（无弯钩）

注：L_0 为钢筋直线部分净长或锚固端外净长；$L_外$ 为构件外形长度；h 为构件外形高度或厚度；d_0 为钢筋保护层厚度；d 为钢筋直径；l_a 为钢筋锚固长度。

表 4-11　纵向受力钢筋最小锚固长度(施工条件：一般施工)

钢筋级别	结构抗震等级	混凝土强度等级					
		C15	C20	C25	C30	C35	≥C40
HPB300 级	一、二级	$48.71d$	$41.38d$	$36.68d$	$33.28d$	$30.86d$	$28.85d$
	三级	$45.02d$	$38.33d$	$34.03d$	$30.93d$	$28.72d$	$26.88d$
HRB335 级($d{\leqslant}25$)	一、二级	$53.07d$	$43.91d$	$38.03d$	$33.78d$	$30.76d$	$28.24d$
	三级	$48.46d$	$40.09d$	$34.72d$	$30.84d$	$28.09d$	$25.79d$
HRB400 级、RRB400 级($d{\leqslant}25$)	一、二级	$63.69d$	$52.69d$	$45.64d$	$40.53d$	$36.92d$	$33.89d$
	三级	$58.15d$	$48.11d$	$41.67d$	$37.00d$	$33.71d$	$30.94d$

注：d 为纵向钢筋直径；任何情况下其锚固长度不应小于 250mm；钢筋计算长度=钢筋在混凝土支座外净长+钢筋锚固长度；锚固长度内未含弯钩,但 HPB235 级表中数值为钢筋一个锚固端的最小锚固长度(含 1 个 180° 弯钩增加长度 6.25d)。

表 4-12　常用普通纵向受拉钢筋抗震锚固长度

钢筋级别	结构抗震等级	混凝土强度等级				
		C20	C25	C30	C35	≥C40
HPB300 级	一、二级	$36d$	$31d$	$27d$	$25d$	$23d$
	三级	$33d$	$28d$	$25d$	$23d$	$21d$

续表

钢筋级别	结构抗震等级	混凝土强度等级				
		C20	C25	C30	C35	≥C40
HRB335级($d\leq25$)	一、二级	44d	38d	34d	31d	29d
	三级	41d	35d	31d	29d	26d
HRB400级、RRB400级($d\leq25$)	一、二级	53d	46d	41d	37d	34d
	三级	49d	42d	37d	34d	31d

注：d 为纵向钢筋直径；任何情况下其锚固长度不应小于 250mm。

例如某钢筋混凝土梁断面为 500mm×600mm，主筋保护层厚度为 35mm，双肢矩形箍 Φ8，抗震结构，求其单个箍筋长度。

已知光圆箍筋 135° 弯钩单个箍筋长度简化计算式为 $2(a+b)-8d_0+22.4d$，其中 a、b 为矩形或方形柱、梁横截面边长，d_0 为主筋混凝土保护层厚度，d 为箍筋直径，单位均为 m，则单个箍筋长度为 2(0.5+0.6)-8×0.035+22.4×0.008=2.099(m)。

配筋图是假定构件中的混凝土为一透明体，而主要用来表示构件内部钢筋的形状、位置、数量、级别、规格的图样，分为立面图、断面图和钢筋详图。立面图、断面图的轮廓用细实线画出。立面图是表示钢筋配置的纵向正投影图，纵向钢筋用粗实线表示，如梁、柱立面图；断面图是构件经横向剖切平面剖切得到的断面图形，图内不画混凝土材料图例，主要表示箍筋的形状和纵向筋的分布等内容，如梁、板、柱、剪力墙断面图，纵向钢筋用黑点表示；构件内钢筋布置较复杂及钢筋下料和加工有一定困难时，需绘出钢筋详图表示钢筋的形状。同一编号的钢筋只画一根，并标注钢筋编号(直径为 6mm 的细实线圆)、直径、级别、数量或间距及长度。注写钢筋长度时可不画尺寸线和尺寸界线，而直接注写尺寸数字。

配筋复杂的施工图也常将不同编号的钢筋列表，按钢筋简图、直径、长度、根数、总长、重量等内容绘制，以便统计用料、编制施工预算参考。

任务二　墙柱平法施工图识读

主体结构施工图包括结构平面布置图、配筋图和详图。《混凝土结构施工图平面整体表示方法制图规则和构造详图》(11G101)中，将结构构件的尺寸和配筋等整体直接表达在各类构件的结构平面布置图上，称为平面整体设计方法，简称平法。

由于房屋的结构形式不同，主体结构施工图的内容也不尽相同。民用建筑中的砖混结构施工图，包括墙平面布置图、梁板配筋图及结构构件详图；钢筋混凝土框架结构施工图，包括柱平法施工图、梁平法施工图、板平法施工图及结构构件详图；钢筋混凝土框架剪力墙结构施工图，包括柱平法施工图、剪力墙平法施工图、梁平法施工图、板平法施工图及结构构件详图等。

结构平面布置图是表示房屋各承重构件的平面布置图,是假想用一水平剖切平面,沿每层楼板面将建筑物水平剖切开,移走上部分,将余下部分做水平投影得到的水平剖面图。对于结构布置相同的楼层,可绘一个通用的结构布置平面图;如果某楼层与其他楼层有差别,就要分别绘制。结构平面布置图是施工时布置或安放各层承重构件的依据,是计算模板用量(m^2)、混凝土体积(m^3)及钢筋工程量(kg)的依据。

平法,即平面整体设计方法的简称,分平面注写、列表注写和截面注写3种。

一、柱平法施工图识读

柱平法施工图是在柱平面布置图上采用列表注写方式和截面注写方式表达。列表注写方式是在柱平面布置图上,分别在同一编号的柱中选择一个截面标注几何参数代号,在柱表中注写柱号、柱段起止标高、几何尺寸(含柱截面对轴心的偏心情况)与配筋的具体数值,并配以各种柱截面形状及其箍筋类型图的方式来表达柱平法施工图;截面注写方式是在柱平面布置图的截面上,分别在同一编号的柱中选择一个截面,以直接注写截面尺寸和配筋具体数值的方式来表达柱平法施工图。

如图 4-3 所示框架柱平面布置图,表达了框架柱平面布置、柱截面中心线与定位轴线的偏心情况及柱的截面尺寸和配筋,是柱定位、放线及钢筋下料、绑扎钢筋的依据。

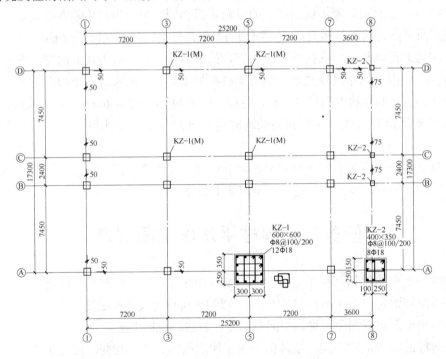

框架柱平面布置图 1:100

框架柱配筋说明
1.框架柱的混凝土等级为C30,
钢筋:HPB235级(!)、HRB级($)、HRB400级钢筋(Φ)。
2.框架柱配筋构造详见03G101-1.框架的抗震等级为三级。
3.柱和梁与定位轴线的关系除标注外,其余均轴线居中。
4.未注明均为KZ-1。
5.KZ-1(M)为箍筋全程加密。

图 4-3 框架柱平面布置图

从图 4-3 及图下面的说明可知框架柱共有 20 个，2 个规格，分别是 KZ-1 和 KZ-2。KZ-1 有 16 根，KZ-2 有 4 根，⑧轴线上 4 根柱为 KZ-2，其余的均为 KZ-1。轴线①~⑦间的柱距为 7.200m，⑦~⑧间的柱距为 3.600m，轴线Ⓐ~Ⓑ与Ⓒ~Ⓓ间的柱距为 7.450m，Ⓑ~Ⓒ间的柱距为 2.400m。楼梯间四角框架柱为 KZ-1(M)，其中 M 为箍筋全程加密。

中柱定位轴线居中，边柱定位轴线偏中。轴线Ⓐ、①与Ⓓ偏中 50mm，轴线⑧偏中 75mm。

从柱截面的标注可知，KZ-1 截面尺寸为 600mm×600mm，箍筋为复合式 4×4、直径 8mm、HPB235 级钢筋，间距为 200mm，加密区间距为 100mm；纵向筋为 12 根、直径 18mm、HRB400 级钢筋，四边均匀分布。KZ-2 截面尺寸为 400mm×350mm，箍筋为复合式 3×3、直径 8mm、HPB235 级钢筋，间距为 200mm，加密区间距为 100mm；纵向筋为 8 根、直径 18mm、HRB400 级钢筋，四边均匀分布。

如图 4-4 所示为抗震框架柱纵筋焊接连接构造，h_0 为所在楼层的柱净高，h_c 为柱截面长边尺寸，柱端箍筋加密区长度取($h_0/6$，h_c，500)三者中最大值。

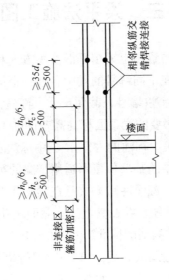

图 4-4 抗震框架柱纵筋焊接连接构造

纵向钢筋及箍筋长度计算方法如下。

某层框架柱纵筋长 L=本层层高-下层柱钢筋外露长度 max($\geqslant h_0/6$，$\geqslant 500$，$\geqslant h_c$柱截面长边尺寸)+本层柱钢筋外露长度 max($\geqslant h_0/6$，$\geqslant 500$，$\geqslant h_c$柱截面长边尺寸)+搭接长度(电渣压力焊时为 0)。

3×3 箍筋长：外箍筋长 L=2(a+b)-8 个保护层+2 个弯钩长+4d。

内一字箍筋长 L=(a-2 个保护层+2 个弯钩长+d)+(b-2 个保护层+2 个弯钩长+d)。

4×4 箍筋长：外箍筋长 L=2×(a+b)-8 个保护层+2 个弯钩长+4d。

内矩形箍筋长 L_1=[(a-2 个保护层)÷3+d+b-2 个保护层+d]×2+2 个弯钩长。

内矩形箍筋长 L_2=[(b-2 个保护层)÷3+d+a-2 个保护层+d]×2+2 个弯钩长。

计算框架柱混凝土用量。工程量计算规则中规定：现浇混凝土工程量均按图示尺寸。

实体体积以立方米计算,不扣除构件内的钢筋、预埋件及墙、板中 0.3m² 内的孔洞所占体积。例如框架柱平面布置图中 KZ-1 混凝土用量 V=单根混凝土体积×根数=单根断面尺寸(长×宽)×高度×根数=0.60m×0.60m×(1.950m-1.200m+3.300m×5+3.600m)×12 根=90.072m³。

二、剪力墙平法施工图

剪力墙平法施工图是在剪力墙平面布置图上采用列表注写方式或截面注写方式表达。列表注写方式,剪力墙可视为由剪力墙柱、剪力墙身和剪力墙梁 3 类构件构成。列表注写方式是分别在剪力墙柱表、剪力墙身表和剪力墙梁表中,对应于剪力墙平面布置图上的编号,用绘制截面配筋图并注写几何尺寸与配筋具体数值的方式,来表达剪力墙平法施工图。截面注写方式是在剪力墙平面布置图上,以直接在墙柱、墙身、墙梁上注写截面尺寸和配筋具体数值的方式来表达剪力墙平法施工图。

任务三　梁平法施工图识读

梁平法施工图是在梁平面布置图上采用平面注写方式和截面注写方式表达。平面注写方式是在梁平面布置图上分别在不同编号的梁中各选一根梁,在其上注写截面尺寸和配筋具体数值。平面注写包括集中标注(编号、截面尺寸、箍筋、梁上部通长筋或架立筋、梁侧面纵向构造钢筋或受扭钢筋和必要的梁顶面标高高差)和原位标注(梁支座上部纵筋、下部纵筋、附加箍筋或吊筋、区别与集中标注的内容),集中标注表达梁的通用数值,原位标注表达梁的特殊数值。当集中标注中的某项数值不适用于梁的某部位时,则将该项数值原位标注。施工时原位标注取值优先。截面注写方式是在梁平面布置图上分别在不同编号的梁中各选择一根梁用剖面号引出配筋图,并在其上注写截面尺寸和配筋具体数值。

梁平法施工图,按《建筑结构制图标准》(GB/T 50105—2010)规定,在结构平面图上楼板下面不可见的内墙面或梁内边画成虚线;可见构件轮廓用细实线表示;不可见构件轮廓用细虚线表示,并在一侧注出构件代号。如图 4-5、图 4-6 所示分别为某电教综合楼标准层梁平法配筋图及屋面梁平法配筋图,表达各楼层梁和屋面梁平面布置、截面尺寸、配筋及与定位轴线的关系。

从图 4-5 可知该框架为纵横向框架,横向有五榀框架,5 根框架主梁,纵向有四榀框架,4 根框架主梁,6 根次梁。

Ⓐ、Ⓑ轴上框架梁编号 KL-1,Ⓒ、Ⓓ轴上框架梁编号 KL-2,①、⑤、⑦轴上框架梁编号 KL-3,③轴上框架梁编号 KL-4,⑧轴上框架梁编号 KL-5;②、④、⑥轴上间断式次梁编号 L-1,④轴在楼梯间部位的次梁编号 L-2,楼板在楼梯间断部位设 L-3,断面尺寸 250mm×400mm。

纵向框架梁的断面尺寸 300mm×600mm(宽×高),横向框架梁的断面尺寸 300mm×700mm。次梁 L-1、L-2 断面尺寸为 300mm×550mm。从 1-1 断面图可知①轴框架梁 KL-3 断面形状为 L 形,其余为矩形。

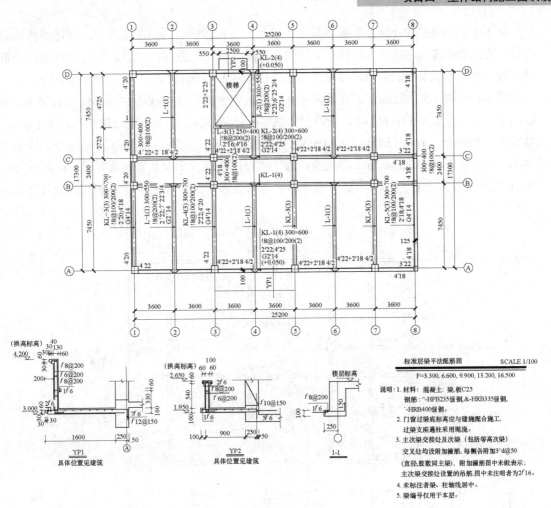

图 4-5　标准层梁平法配筋图

从图中的集中标注和原位标注可看出各梁的配筋及主次梁交叉处设置的吊筋和附加箍筋。如框架梁 KL-3 集中标注纵向通长筋，上部 2 根、直径 20mm、HRB400 级钢筋；下部 4 根、直径 18mm、HRB400 级钢筋；侧面 4 根(两侧边对称，每侧 2 根沿梁高分布)构造筋，直径 14mm、HRB400 级钢筋；箍筋采用直径 8mm、HPB235 级钢筋，间距 200mm，加密区间距 100mm，2 肢(矩形)箍。原位标注，每跨两端支座上部 4 根、直径 20mm、HRB400 级钢筋，其中 2 根为梁跨通长筋，另 2 根为支座附加的负弯矩钢筋，并且在Ⓑ～Ⓒ轴处的原位标注表明梁的断面尺寸及箍筋间距均有变化。

梁的跨度也即梁的轴线长度，可从图上定位轴线尺寸读取，如 KL-1 的跨数为 4，跨度分别为①～③、③～⑤、⑤～⑦轴间的轴线长度 7200mm，⑦～⑧轴间的轴线长度 3600mm。L-1、L-2 的跨度均为 7450mm。

梁的定位轴线：边梁Ⓐ、Ⓓ轴定位轴线偏中 100mm，⑧轴偏中 125mm，但①轴及其他梁定位轴线居中，这一点可从图及图下的说明得知。①轴上框架梁 KL-3 挑出部分宽 250mm-300mm(梁宽)÷2=100mm，高 100mm。

从下面的雨篷 YP1(结合平面图为主入口处)、YP2(次入口处)详图可知,雨篷结构为悬挑板,由Ⓐ轴框架梁 KL-1、Ⓓ轴框架梁 KL-2 挑出。在雨篷端部及建筑立面上设置钢筋混凝土板,可与建筑详图(雨篷)对照阅读。从详图中可知各细部构造尺寸、标高及配筋。

图 4-6 与图 4-5 中梁的平面布置基本相同。由于屋面板在楼梯等中间部位没有间断,所以图 4-6 就没有图 4-5 中的 L-3。Ⓓ轴有一挑檐(结合屋顶排水平面图),轴线挑出 850mm,梁端挑出 850mm-(100+150)mm=600mm,挑檐板配筋没有标注。从下面的 1-1、2-2 详图可知Ⓐ轴屋面框架梁 WKL-1 断面形状为矩形,并与钢筋混凝土女儿墙相连;①轴屋面框架梁 WKL-3 断面形状为 L 形,凸出部分宽度与上部女儿墙平齐。图中可见各细部构造及配筋。

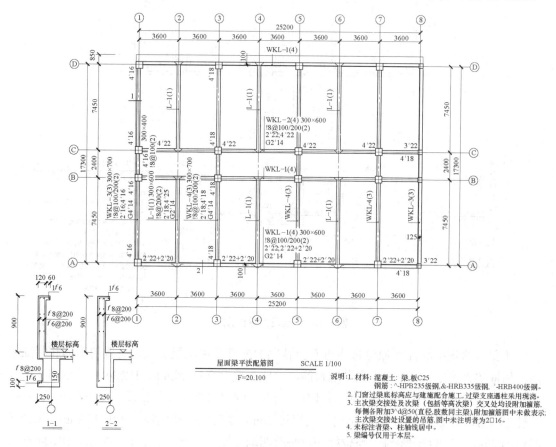

图 4-6　屋面梁平法配筋图

通过看平面布置图,可以算出模板与混凝土的接触面积,计算模板用量。如已知次梁 L-1 的断面尺寸为 300mm×550mm,根据图面可以算出底面为 300mm×(7450mm-150mm-50mm)=300mm×7250mm。如果用组合钢模板(由钢模板和配件组成),可采用 300mm 宽、1500mm 长的钢模 4 块及长 1200mm 的钢模 1 块组成,也可以采用宽 300mm、长 1200mm 的钢模 6 块组成。

注:钢模板采用模数制设计通用模板的宽度模数以 50mm 进级,100～600mm,长度模数以 150mm 进级(长度超过 900mm 时以 300mm 进级),450～1800mm。

平法楼层框架梁 KL 中常见钢筋形状如图 4-7 所示。钢筋长度计算方法如下:

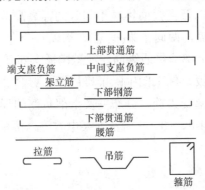

图 4-7　平法楼层框架梁常见钢筋形状

上部贯通筋长 L=各跨净长+锚固长度+搭接长度

端支座负筋长 L=梁净跨长÷3+锚固长度

中间支座负筋长 L=2×(梁净跨长÷3)+支座长度

架立筋长 L=梁净跨长÷3+2 个搭接长度(可取 150mm)

下部贯通筋长 L=各跨净长+锚固长度+搭接长度

梁侧面钢筋长 L=各跨净长+锚固长度+搭接长度(构造筋时搭接与锚固长度为 15d;受扭钢筋时锚固长度同框架梁下部钢筋)

拉筋长度 L=梁宽-2 个保护层+2 个弯钩长(2×11.9d)+d

拉筋根数 n=(梁跨净长-2×50)÷(箍筋非加密间距×2)+1

吊筋长 L=2 个锚固长度(2×20d)+2 个斜段长度+次梁宽度+2×50,说明当梁高≤800 时,斜段长度等于(梁高-2 个保护层)÷sin45°

箍筋长 L=2×(梁高-2 个保护层+梁宽-2 个保护层)+2×11.9d+4d

箍筋根数 n=2×[(加密区长度-50)/加密区间距+1]+(非加密区长度/非加密区间距-1),说明当抗震等级为一级时箍筋加密区长度为 max(2×梁高, 500),二至四级时箍筋加密区长度为 max(1.5×梁高,500)。

式中锚固长度 L_{aE} 取值:当支座宽度-保护层≥L_{aE} 且≥0.5h_c+5d 时,取最大值;当支座宽度-保护层<L_{aE} 时,锚固长度=支座宽度-保护层+15d,式中 h_c 为框架方向的柱高,d 为钢筋直径。

此外,屋面框架梁 WKL 纵筋端部锚固长度=柱宽-保护层+梁高-保护层。

任务四　板平法施工图识读

《混凝土结构施工图平面整体表示方法制图规则和构造详图》(11G101—4 现浇混凝土楼面与屋面板)中规定,有梁楼盖板平法施工图是在楼面板和屋面板布置图上,采用平面注写的表达方式。板平面注写主要包括板块集中标注和板支座原位标注。为方便设计表达和施工识图,规定结构平面的坐标方向为:当两向轴网正交布置时,图面从左到右为 X 向,

从下至上为 Y 向;当轴网向心布置时,切向为 X 向,径向为 Y 向。板块集中标注的内容:板块编号、板厚、贯通纵筋以及当板面标高不同时的标高高差。对于普通楼面,两向均以一跨为一板块;对于密肋楼盖,两向主梁(框架梁)均以一跨为一板块(非主梁密肋不计)。板支座原位标注内容:板支座上部非贯通纵筋和纯悬挑板上部受力钢筋。

对于现浇钢筋混凝土楼板,施工图中除了楼层墙、梁、柱等承重构件的布置外,还有钢筋详图。钢筋详图反映下部受力筋、分布筋及上部负筋的形状和配置情况,注明编号、规格、尺寸、间距等。如图4-8、图4-9所示为某电教综合楼标准层板平法配筋图及屋面板平法配筋图。

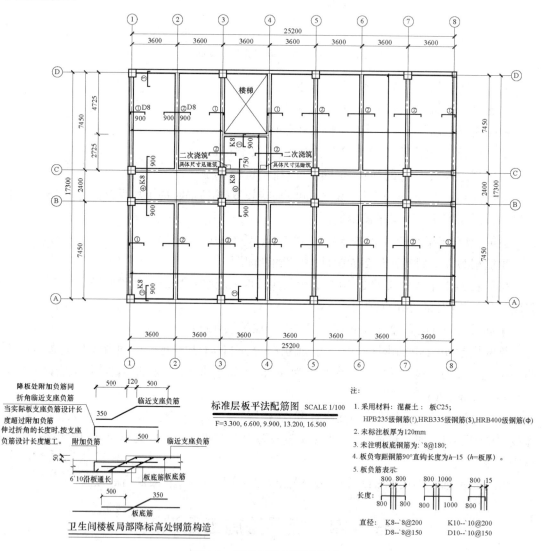

图 4-8　标准层板平法配筋图

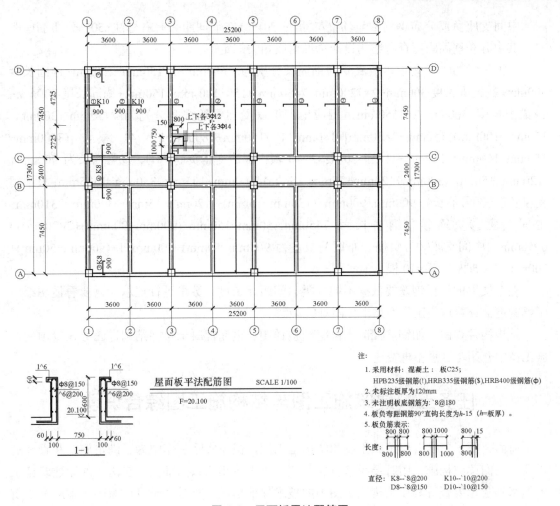

图4-9 屋面板平法配筋图

从图4-8、图4-9中可看到楼板钢筋分布情况及局部降低处钢筋详图、屋面板钢筋的配置情况。板厚在其下面的说明中注明为120mm，均按双向板设计(四边支承板的长边与短边比小于等于3)，下部配置双向受力通长筋，直径8mm、间距180mm、HRB400级。图中横跨在主次梁上的[形钢筋为板上部负弯距钢筋，编号从①～④，直径及挑出梁边长度见下面的说明，90°直钩长度为板厚 h-15mm=120mm-15mm=105mm。

计算钢筋长度及根数如下。

板底受力钢筋长 L=板跨净长+两端锚固长度 max(1/2 梁宽，5d)

板底受力钢筋根数 n=(板跨净宽-2×50)÷布置间距+1；其中板跨净长或净宽要结合梁平法配筋图中梁定位轴线偏中关系确定

板边支座负筋长 L =左标注(右标注)+左弯折(右弯折)+锚固长度(等于梁宽+板厚-2个保护层)

板中间支座负筋长 L=左标注+右标注+左弯折+右弯折+支座宽度即梁宽

中间支座负筋分布钢筋长 L=净跨-两侧负筋标注之和+2×300(根据图纸实际情况)

中间支座负筋分布钢筋数量 n=(左标注-50)÷分布筋间距+1+(右标注-50)÷分布筋间距+1，其中分布筋间距可查看结构设计总说明或相关规定。

如①～③与Ⓐ～Ⓑ板，板底受力钢筋长分别为 3600mm×2-150mm-150mm+锚固长度300mm÷2+锚固长度 300mm÷2=7200mm，7450mm-(150-100)mm-150mm+锚固长度 300mm÷2+锚固长度 300mm÷2=7550mm；相应地，板底受力钢筋根数分别为[7450mm-(300mm-150mm-100mm)-150mm-2×50mm]÷180mm+1=7150mm÷180mm+1 ≈ 41 根，[(3600mm-150mm-150mm)÷180mm+1]×2≈20 根×2=40 根；板边支座负筋，①、③号筋长为 900mm+(120mm-15mm)+(300mm+120mm-25mm-15mm)=900mm+105mm+380mm=1385mm；板中间支座负筋，②号筋长为 900mm+900mm+(120mm-15mm)+(120mm-15mm)+300mm=2310mm；中间支座②负筋分布钢筋长为 7450mm-50mm-150mm-(900mm+900mm)+2×300mm=6050mm；中间支座②号负筋分布钢筋数量为(900mm-50mm)÷200mm+1+(900mm-50mm)÷200mm+1≈5 根+5 根=10 根。

整个楼层的楼板钢筋要依据不同种类、间距、长度、数量进行汇总。只要看懂图纸，了解构造，计算这类工作不是十分困难的。

结构构件详图，如钢筋混凝土雨篷结构详图、钢筋混凝土楼梯结构详图等在专项构造施工图中介绍，这里不再赘述。

任务五　建筑施工图与结构施工图综合识读

前面介绍了怎样看建筑施工图和结构施工图，但在实际工作中为了满足施工和管理的需要，在阅读结构施工图时要经常查看与建筑施工图相联系的部位，在深入阅读建筑施工图的基础上也要查看其在结构施工图中的技术保证措施。有时由于设计原因，本应在建筑施工图中体现的某细部尺寸，却在结构施工图中表达，如某电教综合楼挑檐宽度在建筑施工图中没有体现，却在屋面梁平法配筋图标注了至轴线的宽度850mm。

在工程图的阅读中只有将建筑施工图与结构施工图融合在一起，一幢建筑物的完整形象才得以体现，才能进行建造活动。

首先，建筑施工图与结构施工图是表达同一幢建筑物的不同内容，它们有许多共同点。比如定位轴线位置、编号和间距，墙体厚度，建筑平面分隔(楼电梯位置等)，建筑构配件位置、尺寸等，这些都应相互符合，否则在看图的时候就要记下来，待图纸会审时提出，或随时与设计人员联系。只有矛盾得到解决才能正常施工。

其次，建筑施工图与结构施工图又是相互协调一致的。比如：钢筋混凝土雨篷、楼梯的结构图和建筑图要结合看，细部尺寸与标高必须一致；楼层梁与建筑平面图中墙体定位轴线位置要一致，梁轴线居中，墙体轴线也居中，梁轴线偏中，墙体轴线也偏中，并保证梁宽大于等于墙厚，边梁外缘与墙外边线在同一铅垂面上；门窗洞口处是否考虑结构中设置过梁，过梁的设置是否影响门窗高度及上部构件的布置；钢筋混凝土女儿墙的形状和尺寸在建筑施工图与结构施工图是一致的；等等。

综合看图时应注意以下几点。

(1) 同一部位的建筑尺寸与结构尺寸有无矛盾，如雨篷的宽度及细部尺寸等。

(2) 结构施工图中标注的结构标高与同一部位的建筑标高之差是否与楼面、地面、平台面的做法(如水泥砂浆楼地面，细石混凝土楼地面，现浇水磨石楼地面，块材楼地面等)厚度(体现在设计说明或选用的标准图集中)一致，如楼梯间休息平台部位建筑标高 1.950m，细石混凝土楼面厚度为 40mm，则该部位结构标高为 1.950m-0.040m=1.910m。

(3) 结构施工时要考虑建筑构件安装尺寸的放大或缩小，这点在图上虽没有具体标注或说明，但施工经验要求各工种之间相互配合协调，如墙体砌筑过程中门窗洞口部位要留有安装门窗需要的足够尺寸。

施工图综合识读可结合工程量计算进行。

门窗工程量计算规则，各类门窗制作、安装工程量均按门窗洞口面积计算。

楼梯踏步防滑条工程量，按踏步两端距离减 300mm 以延长计算。栏杆、扶手包括弯头的工程量，按长度以延长米计算；散水、防滑坡道的工程量，按图示尺寸以平方米计算；台阶面层工程量按水平投影面积计算；楼梯面层工程量，按水平投影面积计算。楼梯与走廊连接的，以楼梯踏步梁或平台梁外缘为界，线内为楼梯面积，线外为走廊面积。

现浇柱按图示断面尺寸乘以柱高以立方米计算。有梁板的柱高，应自柱基上表面或楼板上表面，至上一层楼板上表面之间的高度计算；框架柱的柱高应自柱基上表面至柱顶高度计算；构造柱按全高计算，与砖墙嵌接部分的体积并入柱身体积内计算。

现浇梁按图示断面尺寸乘以梁长以立方米计算。梁与柱连接时，梁长算至柱侧面；主梁与次梁连接时，次梁长算至主梁侧面；当梁与混凝土墙连接时，梁长算至混凝土墙的侧面；当梁伸入到墙体内时，梁按实际长度计算；圈梁长外墙按中心线长计算，内墙按净长线计算。

现浇板按图示面积乘以板厚以立方米计算，其中有梁板工程量为主、次梁与板的体积之和；平板按板实体体积计算；各类板伸入墙内的板头并入板体积内计算。

框架间砌体工程量按图示砌筑面积乘以墙厚以立方米计算，应扣除门窗洞口、钢筋混凝土过梁等所占体积。

总之在看图时如果能全面考虑到施工需要，结合建筑施工图与结构施工图的反复查看校对，才算真正领会和理解图纸。

项目五　基础与地下室施工图识读

教学目标

知识目标：掌握基础类型及基础施工图投影形成方式及阅读方法，了解不同类型基础的基本构造要求。

能力目标：熟练识读基础平面布置图及详图；培养严谨工作作风，自觉遵守职业道德和行为规范。

教学重点：基础施工图阅读方法。

教学难点：理解不同类型基础的基本构造要求。

教学建议及其他说明：识图与绘图结合，加深对施工图的理解；实际勘察在建基础工程，拍摄实景照片。

任务一　认知基础

基础是房屋建筑结构的重要组成部分，它承载着建筑物的全部荷载并将其传给地基。地基基础设计需综合考虑结构类型、材料情况与施工条件等因素。

一、基础与地基

基础与地基的关系如图 5-1 所示。

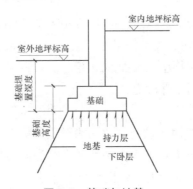

图 5-1　基础与地基

基础是建筑物最下部的承重构件，与土层直接接触。由于基础在±0.000以下，被土体掩埋，一旦破坏不易察觉，所以基础工程的设计和施工显得格外重要。

地基不是建筑物的组成部分，而是支承基础的土体或岩体。地基承受建筑物全部荷载产生的应力和应变随土层深度的增加而减少，达到一定深度后可以忽略不计。

1. 地基

地基中直接承受建筑物荷载的土层称为持力层，持力层以下的土层称为下卧层。地基持力层承受荷载的能力是有一定限度的，地基单位面积上所能承受的最大压力称为地基承载力。当作用在地基上的压力超过地基承载力时，地基就会出现较大的沉降变形或失稳破坏，因此为了保证建筑物的稳定和安全，基础底面的平均压力不能超过地基承载力。

地基基础设计前应进行岩土工程勘察，作为建筑地基的岩土可分为岩石、碎石土、砂土、粉土、黏性土和人工填土。地基按照是否需人工加固分为天然地基和人工地基两类。

天然地基是指天然的土层，具有足够的承载力，压缩变形小，不需人工加固，可直接在其上建造房屋的地基。按照《建筑地基基础设计规范》(GB 50007—2002)，可作为地基的岩土中，岩石承载力最高，其承载力标准值在200～4000kPa 地基土中；碎石土承载力标准值不小于200kPa；砂土承载力标准值140～500kPa；黏性土承载力标准值105～680kPa。

人工地基是指土层承载力较差或虽然土层较好，但上部荷载很大，超过了地基的承载力，这种地基需要经过人工加固处理才可应用。常用的人工加固地基的方法有换土法、压实法、打桩法等。换土法是用压缩性低的无侵蚀性松散材料如砂、碎石、矿渣、石屑等将较软的土层全部或部分替换；压实法是用各种机械对松散土层进行夯打、碾压、振动，提高土层密实性，增强地基的承载能力；打桩法是用打桩机将事先预制好的土桩、木桩、砂桩等打入地基土层中，依靠桩与土层间的挤压、摩擦来提高地基密实性和承载力。

2. 影响基础埋置深度的因素

基础的埋置深度，简称埋深，是指从室外设计地面到基础底面的垂直距离，通常要由室外设计地面的标高和基础底面的标高来计算，如图5-1所示。基础的埋置深度小，工程造价低，在满足地基稳定和变形要求的前提下，基础宜浅埋。但如果基础周围没有足够的土层包围，基础将产生滑移而失去稳定，同时基础埋置深度过浅，容易受雨水冲刷、机械破坏等各种外界因素影响而威胁建筑安全，所以基础的埋置深度一般不应小于500mm。

在基础下部常常设置C10混凝土垫层，厚度不小于70mm，一般为100mm，垫层每边比基础底面宽100mm。垫层除起找平作用外，也作为基础底部受力钢筋的保护层。但基础的埋置深度是指到基础底部即垫层上表面的距离。

基础的埋置深度应按下列条件确定。

1) 建筑物的用途

有无地下室、设备基础和地下设施，基础的形式和构造当建筑物由于设计高度限制，而不得不向地下开发时，基础的埋置深度必然加大。基础的作用决定了基础的埋置深度，当建筑物设有地下室、设备基础和地下设施时，常将基础局部或整体加深。

桩基础、箱形基础的埋置深度较大。

2)　作用在地基上的荷载大小和性质

作用在地基上的荷载是指建筑物基础底面的压力。一般地，建筑物竖向荷载增加，基础底面压力加大，而地基的承载力一般随深度增加而增加，所以基础的埋置深度要加大。建筑物水平荷载加大，地基的变形、稳定性要加强，也常加大基础埋深。在同一地点，建高层建筑比普通建筑的基础要深。

3)　工程地质和水文地质条件

不同的建筑场地，地下土层结构不同；即使同一地点，因季节不同，地下水文地质也会发生变化。一般情况下，地基要满足承载力要求，须选择坚实的土层，而不是软弱土层。当地表软弱土层较厚、坚实土层较深时，基础的埋置深度就要综合考虑经济、结构安全等因素比较确定。

基础宜埋置在地下水位以上，这样基础不受水位高低变化影响而保持稳定。因为地下水对部分土层的承载力有很大影响，如黏性土含水率高，土的强度降低，含水率低，土的强度较高。

当基础必须埋在地下水位以下时，宜将基础底面设在最低地下水位以下 200mm，并选择耐水材料或提高基础密实度等措施。

4)　相邻建筑物的基础埋深

当存在相邻建筑物时，为保证原有建筑物的安全和正常使用，新建建筑物的基础埋深不宜大于原有建筑基础。当埋深大于原有建筑基础时，两基础间应保持一定净距，其数值应根据原有建筑荷载大小、基础形式和土质情况确定，一般为相邻基础底面高差的1～2倍。当上述要求不能满足时，应采取分段施工，设临时加固支撑，打板桩，地下连续墙等施工措施或加固原有建筑物地基。

5)　地基土冻胀和融陷的影响

在北方地区，冬季气温较低，地表潮湿的土层呈冻结状态，这种现象在气象学上称为冻土。冻土深度随各地区气候不同而不同，如沈阳地区 1.2m 以上，哈尔滨 2m，大连 0.9m，北京 0.85m，重庆地区基本无冻土。地基冻土不发生冻胀现象，如碎石、粗砂、中砂等对基础没有不良影响。若出现冻胀会把房屋向上拱起，土层融陷，基础又下沉，地基的这种冻胀、融陷交替循环，使房屋处于不稳定状态，局部产生变形，出现裂缝，严重时建筑结构遭到破坏。

粉砂、粉土和黏性土作为地基易出现冻胀，所以基础应埋置在冻土线以下 200mm。

二、基础的类型及构造

基础的类型不同，选用的材料和构造也不一样。房屋建筑的基础要达到经济合理，必须综合材料、受力特点等各方面因素确定基础的类型。

按基础的材料不同分为混凝土基础、毛石基础、钢筋混凝土基础等；按基础的传力特点不同分为无筋扩展基础和扩展基础两种；按结构形式不同分条形基础、独立基础、联合基础和桩基础。

1. 无筋扩展基础

无筋扩展基础是指由砖、毛石、混凝土或毛石混凝土、灰土和三合土等材料组成的,且不需配置钢筋的墙下条形基础或柱下独立基础。无筋扩展基础适用于多层民用建筑和轻型厂房。

无筋扩展基础在荷载作用下破坏面与铅垂面间有一定角度,称这个角为刚性角,也就是说基础是沿一定角度向下传递荷载,如图 5-2 所示。当基础底面宽度在刚性角以内时,基础不致破坏,否则就会开裂、破坏,失去传力的作用。刚性角与基础材料和基础底面的压力有关。

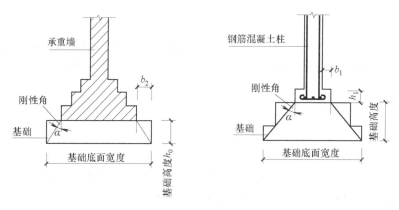

图 5-2 无筋扩展基础

采用无筋扩展基础的钢筋混凝土柱,其柱脚高度 h_1 不得小于 b_1,并不应小于 300mm 且不小于 $20d$(d 为柱中的纵向受力钢筋的最大直径)。当柱纵向钢筋在柱脚内的竖向锚固长度不满足锚固要求时,可沿水平方向弯折,弯折后的水平锚固长度不应小于 $10d$ 也不应大于 $20d$。

2. 扩展基础

扩展基础是将上部结构传来的荷载通过向侧边扩展成一定底面积,使作用在基底的压应力等于或小于地基土的允许承载力,而基础内部的应力应同时满足材料本身的强度要求,这种起到压力扩散作用的基础称为扩展基础。扩展基础是指柱下钢筋混凝土独立基础和墙下钢筋混凝土条形基础。

当建筑物荷载较大或地基承载能力较差时,选用无筋扩展基础需要很大的埋置深度,这种情况下选用钢筋混凝土扩展基础可以不受刚性角的限制,利用基础下部的钢筋承受拉力、剪力。

为节约材料,扩展基础常做成坡形或阶梯形,如图 5-3 所示。

扩展基础的构造应符合下列要求。

(1) 锥形基础的边缘高度,不宜小于 200mm;阶梯形基础的每阶高度,宜为 300～500mm。

(2) 垫层的厚度不宜小于 70mm,垫层混凝土强度等级应为 C10。

(3) 扩展基础底板受力钢筋的最小直径不宜小于 10mm；间距不宜大于 200mm，也不宜小于 100mm。墙下钢筋混凝土条形基础纵向分布钢筋的直径不小于 8mm，间距不大于 300mm，每延米分布钢筋的面积应不小于受力钢筋面积的 1/10。当有垫层时钢筋保护层的厚度不小于 40mm，无垫层时不小于 70mm。

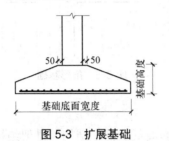

图 5-3　扩展基础

(4) 混凝土强度等级不应低于 C20。

(5) 当柱下钢筋混凝土独立基础的边长和墙下钢筋混凝土条形基础的宽度大于或等于 2.5m 时，底板受力钢筋的长度可取边长或宽度的 0.9 倍，并宜交错布置，如图 5-4(a)所示。

(6) 钢筋混凝土条形基础底板在 T 形及十字形交接处，底板横向受力钢筋仅沿一个主要受力方向通长布置，另一方向的横向受力钢筋可布置到主要受力方向底板宽度 1/4 处，如图 5-4(b)、图 5-4(c)所示。在拐角处底板横向受力钢筋应沿 2 个方向布置，如图 5-4(d)所示。

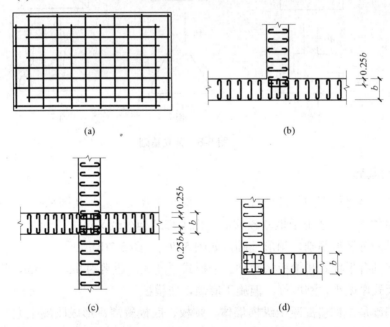

图 5-4　扩展基础底板受力钢筋布置示意图

3. 条形基础

条形基础沿墙体连续设置，呈长条状，也称带形基础，常用于砖混结构的墙基，如图 5-5 所示。条形基础可用砖、毛石、混凝土、毛石混凝土等材料做成无筋扩展基础，也可用钢筋混凝土做成扩展基础。

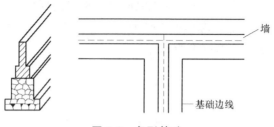

图 5-5　条形基础

4. 独立基础

当建筑物的结构形式为钢筋混凝土框架结构、排架结构、刚架结构时，柱下常常采用独立基础。独立基础呈独立的块状，断面形状有阶梯形、锥形、杯形等，如图 5-6 所示。

在墙体承重的建筑中，当地基承载力较弱或埋深较大时，也可采用独立基础，并在独立基础间设置基础梁或拱等连续构件支承上部墙体。

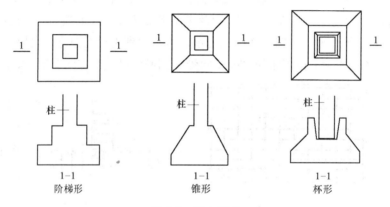

图 5-6　独立基础

5. 联合基础

联合基础是将柱下的基础通过梁、板等构件联合在一起，共同承担并传递建筑物荷载。这种基础整体性好，适用于地基较软弱，而上部结构荷载又很大的建筑。联合基础的类型较多，常见的有筏形基础、箱形基础，如图 5-7(a)、图 5-7(b)所示。

筏形基础有平板式和梁板式两种。平板式厚度大，通常为 0.5～1.5m，施工方便，但刚度差；梁板式厚度小，刚度好，但施工麻烦，费模板。

箱形基础是由钢筋混凝土纵横墙体、顶板、底板整浇，形成刚度很大的整体空间盒子结构。当建筑物荷载很大、浅层地质情况较差时，为增加建筑物的整体刚度，不致因地基的局部变形影响上部结构，可采用箱形基础。箱形基础的刚度和整体性能比各种基础都大得多，所以在国内外的高层建筑中采用最为广泛。

如果柱独立基础距离很近，或置于软弱地基上，基础底面积很大时，相邻的基础会发生交叉重合，这时应把基础连接起来形成联合基础，如双柱联合基础，如图 5-7(c)所示。

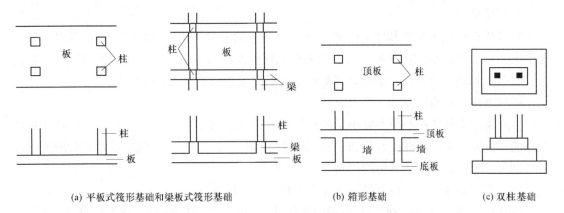

(a) 平板式筏形基础和梁板式筏形基础　　　　　　(b) 箱形基础　　　　　　(c) 双柱基础

图 5-7　联合基础

6. 桩基础

桩基础是由设置于岩土中的桩和连接于桩顶端的承台(CT)组成，如图 5-8 所示。

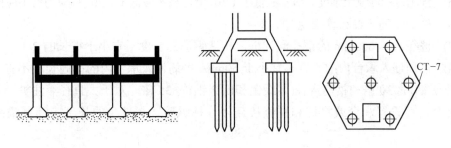

图 5-8　桩基础

　　承台是在桩柱顶部现浇的钢筋混凝土梁或板，支承墙的为承台梁，支承柱的为承台板。承台不仅连接桩身，支承上部结构荷载，而且传递荷载给桩身，并通过桩表面摩擦力与桩尖压力传到地基。

　　当建筑物上部荷载较大，地基浅层土质较软弱，无法满足建筑物对地基承载力和压缩性要求，采用其他形式的基础可能导致沉降过大，或对软弱土层进行人工处理困难和不经济时，常采用桩基础。桩基础具有承载力大、沉降量小、土方工程量少等优点，是目前应用较为广泛的一种基础形式。桩基础也是加固地基的一种方式。

　　桩基础的种类很多，最常采用的是钢筋混凝土桩。钢筋混凝土桩根据置入地基的方式不同分为打入桩、静压桩及灌入桩等；根据施工方法不同有预制桩、灌注桩和爆扩桩 3 种。预制桩是在预制件厂先把桩做好，然后运到建筑场地用打桩机打入地基土层中。预制桩质量容易保证，但造价高，钢材用量大，而且打桩时有较大的噪声。灌注桩是在设计的桩位上成孔，放入绑扎好的钢筋骨架，然后浇灌混凝土成型。灌注桩具有适应承载力的范围广、施工机具简单、施工安全且质量有保证等优点，因此得到广泛的应用，但现场施工环节多，技术要求复杂，施工受各种不利因素影响较大。爆扩桩是用机械或爆扩等方法成孔，再用炸药扩底，现浇混凝土而成。爆扩桩具有施工速度快、设备简单、劳动强度低等优点，但

不易保证质量。

桩基础根据桩的性状和竖向受力情况不同分为端承型桩和摩擦型桩。端承型桩主要由桩端阻力承受竖向荷载,摩擦型桩主要由桩侧壁摩擦阻力承受竖向荷载,所以端承型桩的桩尖应置入到坚硬土层,而摩擦型桩即使在软弱土层中也能满足设计要求。

桩和桩基的构造应符合下列要求。

(1) 摩擦型桩的中心距不宜小于桩身直径的 3 倍;扩底灌注桩的中心距不宜小于扩底直径的 1.5 倍,当扩底直径大于 2m 时,极端净距不宜小于 1m。在确定桩距时尚应考虑施工工艺中挤土等效应对邻近桩的影响。

(2) 扩底灌注桩的扩底直径,不应大于桩身直径的 3 倍。

(3) 桩底进入持力层的深度,根据地质条件、荷载及施工工艺确定,宜为桩身直径的 1～3 倍。在确定桩底进入持力层深度时,尚应考虑特殊土、岩溶以及震陷液化等影响。嵌岩灌注桩周边嵌入完整和较完整的未风化、微风化、中风化硬质岩体的最小深度,不宜小于 0.5mm。

(4) 布置桩位时宜使桩基承载力合力点与竖向永久荷载合力作用点重合。

(5) 预制桩的混凝土强度等级不应低于 C30,灌注桩不应低于 C20,预应力桩不应低于 C40。

(6) 桩的主筋应经计算确定。

(7) 桩径大于 600mm 的钻孔灌注桩,构造钢筋的长度不宜小于桩长的 2/3。

(8) 桩顶嵌入承台内的长度不宜小于 50mm。主筋伸入承台内的锚固长度不宜小于钢筋直径(Ⅰ级钢)的 30 倍和钢筋直径(Ⅱ级钢和Ⅲ级钢)的 35 倍。对于大直径灌注桩,当采用一柱一桩时,可设置承台或将桩和柱直接连接。柱纵筋插入桩身的长度应满足锚固长度的要求。

(9) 在承台及地下室周围的回填中应满足填土密实性的要求。

选择基础的类型是一项较为复杂的工作,需要根据上部结构的形式、建筑场地的工程地质资料、施工方便与否及施工的可能性、材料供应以及工程造价等情况进行综合考虑。

三、基础中特殊问题的处理

1. 基础沉降缝

建筑物因高度、荷载、结构类型或地基承载力等不同将会产生不均匀沉降,导致建筑物开裂、破坏、影响使用,因此需设沉降缝。沉降缝应使建筑物从基础到屋顶全部分开。基础沉降缝的宽度和上部结构相同。基础沉降缝处理方法常用的有 3 种:双墙式、交叉式、悬挑式,如图 5-9 所示。

双墙式,也称平行式,是将基础平行设置,沉降缝两侧的墙体均位于基础的中心,两墙之间距离较大,若距离减少,基础则受偏心荷载,适用于荷载较小的建筑。

交叉式是将沉降缝两侧的基础交叉设置,在各自的基础上支承基础梁,墙砌筑在梁上,适用于荷载较大,沉降缝两侧的墙体间距较小的建筑。

悬挑式是将沉降缝一侧的基础按常规设计,而另一侧采用挑梁支承基础梁,在基础梁上砌墙,墙体材料尽量采用轻质材料。

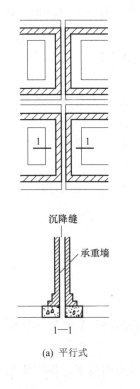
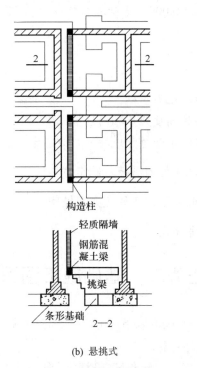
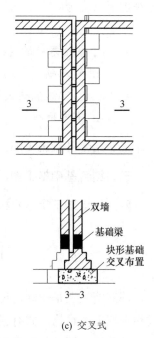

(a) 平行式　　　　　　　　　　(b) 悬挑式　　　　　　　　　　(c) 交叉式

图 5-9　基础沉降缝处理

2. 基础局部深埋

当基础设计时考虑管沟、开洞等要求而需局部深埋时，应采用台阶式逐渐落深，为使基坑开挖时不致松动台阶土，台阶的坡度应不大于 1∶2。

归纳总结

1. 基础是建筑物的重要组成部分，而地基是支承基础的岩体或土体。

2. 地基基础设计前应进行岩土工程勘察。

3. 基础的埋置深度受建筑物荷载、工程地质、地基土冻胀和融陷等因素影响。

4. 基础按传力特点分为无筋扩展基础和扩展基础；按结构形式分条形基础、独立基础、联合基础和桩基础。

5. 桩基础由设置于岩土中的桩和连接于桩顶端的承台组成。

6. 地基基础设计需综合考虑结构类型、材料情况与施工条件等因素。

实　训

一、选择题

1. 基础的埋置深度一般不应小于(　　　)mm。

　　A. 200　　　　　　　B. 300　　　　　　　C. 500　　　　　　　D. 1000

2. 室内首层地面标高为±0.000，基础底面标高为-1.500，室外地坪标高为-0.600，则基础埋置深度为(   )m。

    A. 1.5   B. 2.1   C. 0.9   D. 1.2

3. 属于柔性基础的是(   )。

    A. 砖基础   B. 毛石基础   C. 混凝土基础   D. 钢筋混凝土基础

4. 从(   )到基础底面的高度为基础的埋置深度。

    A. 室内地坪   B. 室外自然地坪   C. 室外设计地坪   D. 基础顶面

二、结合基础施工图，思考如何进行基础定位与放线。

三、结合基础施工图，分析基础变形缝如何处理。

四、绘出地下室防水构造做法。

任务二　基础施工图识读

基础施工图是反映房屋±0.000 以下部分(有地下室的除外)基础的图样。基础的构造形式和上部主体结构形式有很大关系。

基础施工图是基槽开挖(平面位置和标高位置)、基础施工放线、基础梁施工、基础墙砌筑的依据，是基础施工组织设计和基础工程计量的依据。

基础施工图包括基础平面布置图、基础梁平面布置图及其详图。

一、基础平面布置图

基础平面布置图是反映基础平面分布，基础类型，基础内洞口、管沟大小和位置(由于给排水需要而设)，基础构造尺寸及配筋的图样。它是假想用一水平剖切面沿±0.000 将房屋剖开，分为上、下两部分，将上面的部分移走，俯视余下部分(假想基础上部的土壤是透明的)得到的水平剖面图称为基础平面布置图，如图 5-10 所示。

在基础平面布置图中，剖切平面剖切到的墙或柱轮廓画成粗实线，基础的轮廓画成细实线，其中的定位轴线、比例、材料图例可与建筑平面图一致。

《混凝土结构施工图平面整体表示方法制图规则和构造详图》(GJBT—932 独立基础、条形基础、桩基承台)06G101—6 规定如下。

独立基础编号普通独立基础 DJ、杯口独立基础 BJ。独立基础的平面注写方式分为集中标注和原位标注 2 部分。集中标注是在基础平面图上集中引注：基础编号、截面竖向尺寸、配筋 3 项必注内容，以及当基础底面标高与基础底面基准标高不同时的相对标高高差和必要的文字注解 2 项选注内容。原位标注是指在基础平面布置图上标注独立基础的平面尺寸(用 XY 表示)。独立基础截面注写方式分为截面标注和列表注写 2 种表达方式。

条形基础平法施工图有平面注写与截面注写 2 种表达方式。条形基础整体上可分为 2 类：梁板式条形基础(分解为基础梁 JL 和基础底板 TJB 分别进行表达)和板式条形基础(仅表达基础底板 TJB)。

桩基承台平法施工图有平面注写与截面注写 2 种表达方式。桩基承台分为独立承台(CT)和承台梁(CTL)。独立承台和承台梁的注写方式同独立基础和基础梁。

1. 基础平面布置图的阅读

看标题栏，了解图名、比例；看基础的平面布置，哪些轴线布置基础，所采用基础的形式，基础墙、柱、基础形状大小及与定位轴线的关系，常与一层建筑平面图对照看；看地沟与孔洞，图中用虚线表示，并注明位置、大小及洞底标高。基础平面图的绘图比例、轴线编号及轴线间尺寸必须同建筑平面图一样。

2. 基础平面布置图阅读实例

如图 5-10 所示为某电教综合楼基础平面布置图。

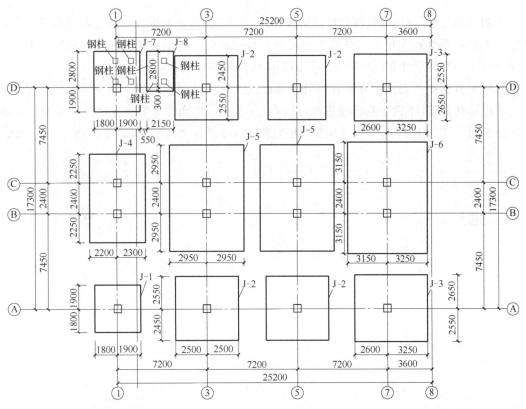

基础平面布置图 SCALE 1/100

图 5-10 基础平面布置图

结合图 3-2 和图 5-10 看出，基础平面布置图的定位轴线编号、间距与建筑平面图一致，定位轴线①、③、⑤、⑦与Ⓐ、Ⓑ、Ⓒ、Ⓓ轴处设有基础，而②、④、⑥、⑧轴线处则没有基础，这与建筑平面图上柱的位置是对应的，也就是说，基础是柱基而不是墙基。每两条纵横向定位轴线交叉点处均有一柱基，Ⓑ、Ⓒ轴线上两两相邻柱基联合在一起，形成联合基础，其余的为独立基础。图中矩形粗实线是柱的轮廓线，矩形细实线是基础底面轮廓线，大放脚的水平投影线省略。

不同类型的基础分别编号，J1~J8，J8为钢柱基础，J7上也有4根钢柱。图中标注了基础底面的长、宽尺度。

边柱基础定位轴线偏中，中柱基础定位轴线居中。

二、基础详图

基础详图主要说明基础的形状、尺寸、配筋等具体构造。一般墙体的基础取中间某一断面来说明它的构造；柱基则单独绘成详图，包括平面图、断面图。基础详图上标有轴线位置、基底标高、垫层尺寸与厚度、大放脚尺寸，此外柱基还有配筋，墙基还有防潮层等尺寸构造。

如图5-11所示为某电教综合楼基础详图，包括平面图、断面图，由于基础编号较多，集中列表说明基础底面尺寸、基础平面尺寸、基础高度、基础底标高和基础配筋。看懂这些几何尺寸，有利于计算模板用量，算出混凝土的体积。

基础埋置深度是指从室外设计地坪到基础底面之间的垂直距离，即室外设计地坪标高与基础底标高之差。本例中基础埋置深度的确定：从一层平面图可知室外地坪标高为-0.450，而从图5-11可知基础底标高为-1.950，所以基础的埋置深度为-0.450m-(-1.950m)=1.500m。

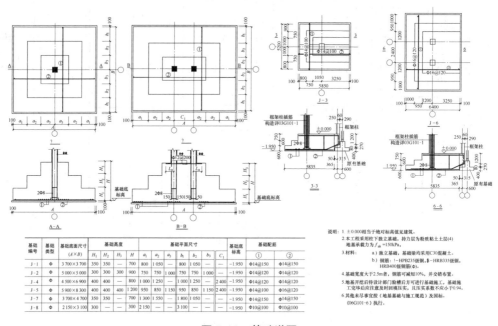

图5-11 基础详图

三、基础梁平面布置图

基础梁(JL)，也就是基础之间的梁，是基础的组成部分，主要承受地基反力，其主要作用是加强基础之间的联系，增强基础的水平面刚度，也兼作底层框架填充墙的承托梁。一般用于框架结构、框架剪力墙结构，框架柱在基础梁交叉点上。

基础梁的平面注写方式分集中标注和原位标注两部分内容。集中标注包括基础梁编号、截面尺寸、配筋(包括箍筋及梁底部(以 B 打头)、顶部(以 T 打头)、侧面(以 G 打头)纵向钢筋)3 项必注内容，以及当基础梁底面标高与基础底面基准标高不同时的相对标高高差和必要的文字注解 2 项选注内容。原位标注注写基础梁端或梁在柱下区域的底部全部纵筋(包括底部非贯通纵筋和已集中注写的底部贯通纵筋)、附加箍筋或吊筋(反扣)、外伸部位的变截面高度尺寸等。

地下框架梁(DKL)是指设置在基础顶面以上且低于建筑标高±0.000 并以框架柱为支座的梁。基础连梁(JLL)是指连接独立基础、条形基础或桩基承台的梁。

如图 5-12 所示为某电教综合楼基础梁平面布置图及配筋图，采用平面整体表示方法。从基础梁的平面布置图可以看出，定位轴线编号和间距与建筑平面图相同，纵向定位轴线Ⓐ、Ⓑ、Ⓒ、Ⓓ上基础梁 JL 全部贯通，横向定位轴线①、③、⑤、⑦、⑧轴上基础梁 JL贯通，②、④、⑥轴上梁 L 分段，并在主次梁交叉处设置附加箍筋和吊筋。主入口设双层门，里道门处设梁 L-3。其中Ⓐ、Ⓑ轴基础梁 JL-1 相同，Ⓑ、Ⓒ轴基础梁 JL-2 相同，①、⑤、⑦、⑧轴基础梁 JL-3 相同，③轴基础梁 JL-4(楼梯间处)。

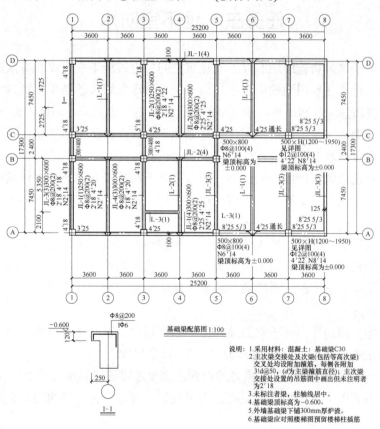

图 5-12　基础梁配筋图

从图下的设计说明可知，基础梁顶标高为-0.600，外墙基础梁下铺300mm炉渣。从平面布置图可知内墙下的基础梁及梁定位轴线居中，外墙下的基础梁JL-1、JL-3定位轴线偏中，其中基础梁JL-1集中标注梁宽300mm，高600mm，但在⑤～⑧间原位标注为梁宽500mm，高800mm，可见基础梁JL-1为变截面梁。JL-1中线距Ⓐ或Ⓓ轴100mm，由于梁宽300mm，所以梁中线距梁内缘150mm，Ⓐ或Ⓓ轴距梁内缘150mm-100mm=50mm，距梁外缘250mm，恰好与建筑平面图外墙定位轴线位置相符；基础梁JL-3①轴位置从1-1断面图可知距倒L形梁外缘250mm，而从梁的集中标注可知梁宽300mm，①轴距梁内缘150mm，这样倒L形梁突出部分为250mm-150mm=100mm，高120mm；⑧轴基础梁JL-3宽300mm，⑧轴距梁内缘50mm，距梁外缘125mm+125mm=250mm，与上部墙体定位轴线一致。

四、应记住的内容

看完基础施工图后，主要应记住横向和纵向轴线数量、基础的位置和编号；基础底标高，即挖土的深度、垫层的厚度；基础墙的厚度、大放脚的收退、预留孔洞的位置等都应随施工的进展看清记牢。

基础施工是整幢房屋施工的关键，在阅读基础施工图时更要认真、细心。

任务三　地下室防水

地下室是位于建筑物首层地面以下的建筑空间。设置地下室可以在有限的占地面积内增加使用空间，提高建设用地的利用率。而对于埋置深度较大的基础，可以利用地下空间设置地下室，提高建筑的利用率。地下室的设计主要是考虑采光、通风，防水、防潮问题。

地下室的分类，按使用性质不同可分普通地下室和人民防空地下室；按埋入地下深度不同可分地下室和半地下室。

普通地下室是建筑空间向下的延伸，一般按地下楼层进行设计，可作储藏、车库、健身房、设备间等使用。层数通常为单层，也可多层。在公共建筑内设置的地下室，有严格的防火疏散要求，不可以作为人流集中的场所。

人民防空地下室是战争时期人们避险、防护的场所，是一个国家国防建设的需要。人民防空地下室的设计和建造在我国有明确规定，并设专职管理部门。人民防空地下室的设计主要应解决紧急状态下的人员隐蔽与疏散，保证人身安全的技术措施，同时还应考虑和平时期的使用。

地下室是指房间地坪面低于室外地坪面的高度超过该房间净高一半。由于地下室埋入地下较深，采光通风差，一般多用做辅助房间、设备房间。

半地下室是指房间地坪面低于室外地坪面的高度超过该房间净高的1/3，且不超过1/2。这种地下室在地面以上部分较多，采光、通风较好，可以布置使用房间，多用做小型办公室、活动室等。

一、地下室的构造组成

地下室由墙体、底板、顶板、门窗和必要的采光井组成。

1. 墙体

地下室墙体不仅承受上部结构所有荷载，还要承受土、地下水及土壤冻胀时产生的侧压力，所以地下室墙体厚度应经计算确定，一般采用砖墙或钢筋混凝土墙。

2. 顶板

地下室的顶板与楼板相同，可以采用现浇整体式钢筋混凝土板、预制装配式钢筋混凝土板、装配整体式钢筋混凝土板；但人民防空地下室的顶板整体性强要求高，常采用现浇整体式或装配整体式钢筋混凝土板。

3. 底板

地下室的底板不仅要承受作用在上面的荷载，而且当地下水位高于地下室底板时，还必须承受底板下水的浮力，所以底板应具有足够的强度、刚度和抗渗能力。地下室底板常采用现浇钢筋混凝土板。

4. 门窗

普通地下室门多采用钢门，窗与地上部分相同。人民防空地下室的门应满足防护和密闭要求，一般采用钢门或钢筋混凝土门。人民防空地下室一般不允许设窗，考虑到和平时期的利用，可以采用自动防爆破窗，其特点是和平时可以采光通风，战时封闭。

5. 采光井

当地下室的窗一部分设在室外地面以下时，应设置采光井。

采光井由侧墙、底板、遮雨设施或铁篦子组成，侧墙为砖墙，底板用混凝土浇筑，并向外倾斜一定的排水坡度，在低点设置排水管。

采光井的深度，视地下室窗台的高度而定，一般采光井底板顶面应较窗台低 250～300mm。采光井在进深方向(宽)为 1000mm 左右，在开间方向(长)应比窗宽大 1000mm 左右。

采光井侧墙顶面应比室外地面高 250～300mm，以防止地面水流入。

6. 楼梯

地下室楼梯可与地上部分的楼梯连通使用，但要用乙级防火门分隔。由于地下室的层高较小，多设单跑楼梯。

二、地下室防潮与防水

地下室在使用过程中经常遇到室内湿度大、墙皮脱落、地面泛潮等现象，主要原因是地下室的防潮和防水构造处理不当。防潮和防水是地下室能够正常使用的关键。地表水及土壤中的地下潜水都会考验地下室的防潮和防水能力。

1. 地下室防潮

当设计最高地下水位低于地下室底板 300mm 以上，且地基范围内的土壤及回填土无上层滞水时，地下室只需做防潮处理。如果地下室墙、底板为混凝土或钢筋混凝土，本身就有防潮作用，不必再做防潮层。如果地下室墙为砖墙，应做防潮层，通常做法是在墙体外表面抹 20mm 厚 1∶2 防水砂浆，并与地下室地坪、首层楼面处设置的两道水平防潮层相连接。

2. 地下室防水

当设计最高地下水位高于地下室底板时，地下室的底板还要承受地下水浮力，部分墙体受到地下水侧压力，使得墙体、底板在水压情况下产生渗漏，需做防水处理。防水层设在迎水面的，为外防水；设在背水面的，为内防水，如图 5-13 所示。

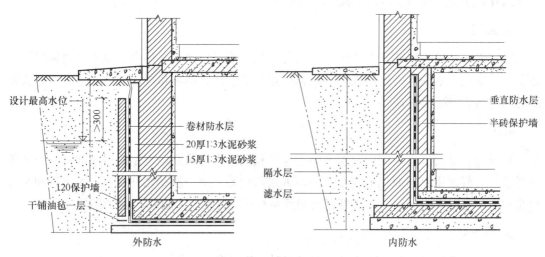

图 5-13　地下室防水

《地下工程防水技术规范》(GB 50108—2008)将地下工程防水等级分为 4 级，一级最高，四级最低，如一级防水等级的防水标准为不允许渗水，结构表面无湿渍。地下工程不同防水等级的适用范围，应根据工程的重要性和对防水的要求按表 5-1 选定。

表 5-1　地下工程不同防水等级的适用范围

防水等级	适用范围
一级	人员长期停留场所；因有少量湿渍会使物品变质、失效的储物场所及严重影响设备正常运转和危及工程安全运营的部位；极重要的战备工程、地铁车站
二级	人员经常活动的场所；在有少量湿渍的情况下不会使物品变质、失效的储物场所及基本不影响设备正常运转和工程安全运营的部位；重要的战备
三级	人员临时活动的场所；一般战备工程
四级	对渗漏水无严格要求的工程

根据防水材料性能不同分为柔性防水和刚性防水，防水混凝土、水泥砂浆防水层属刚

性防水，卷材防水、涂料防水层、塑料防水板防水层、金属防水层等属柔性防水，应根据使用功能、结构形式、环境条件等因素综合确定。一般处于侵蚀介质中的工程，应采用耐侵蚀的防水混凝土、防水砂浆、卷材或涂料；结构刚度较差或受振动作用工程，应采用卷材、涂料等柔性防水材料。

地下室的防水设防要求，应根据使用功能、水文地质、结构形式、环境条件、施工方法及材料性能等因素确定。明挖法地下工程防水设防要求如表 5-2 所示。

表 5-2　明挖法地下工程防水设防要求

工程部位		主体结构							施工缝							后浇带				
防水措施		防水混凝土	防水卷材	防水涂料	塑料防水板	膨润土防水材料	防水砂浆	金属防水板	遇水膨胀止水条	外贴式止水带	中埋式止水带	外抹防水砂浆	外涂防水涂料	水泥基渗透结晶型防水涂料	预埋注浆管	补偿收缩混凝土	外贴式止水带	预埋注浆管	遇水膨胀止水条	防水密封材料
防水等级	一级	应选	应选1~2种						应选2种							应选	应选2种			
	二级	应选	应选1~2种						应选1~2种							应选	应选1~2种			
	三级	应选	应选1种						宜选1~2种							应选	宜选1~2种			
	四级	宜选	宜选1种						宜选1种							应选	宜选1种			

变形缝(诱导缝)处防水措施有中埋式止水带(4 个防水等级均应选)、外贴式止水带、可卸式止水带、防水密封材料、外贴防水卷材、外涂防水涂料(应选 1~2 种，应选 1~2 种，宜选 1~2 种，宜选 1 种)。

处于侵蚀性介质中的工程，应采用耐侵蚀的防水混凝土、防水砂浆、防水卷材或防水涂料等防水材料；处于冻融侵蚀环境中的地下工程，其混凝土抗冻融循环不得少于 300 次；结构刚度较差或受振动作用的工程，宜采用延伸率较大的卷材、涂料等柔性防水材料。

防水混凝土结构厚度不应小于 250mm，裂缝宽度不得大于 0.2mm，不得贯通，钢筋保护层厚度应根据结构的耐久性和工程环境选用，迎水面钢筋保护层厚度不应小于 50mm。

防水混凝土结构底板的混凝土垫层，强度等级不应小于 C15，厚度不应小于 100mm，在软弱土层中不应小于 150mm。

卷材防水层宜用于经常处在地下水环境且受侵蚀性介质作用或受振动作用的地下工程。卷材防水层应铺设在混凝土结构的迎水面。用于地下室时应铺设在结构底板垫层至墙体防水设防高度的结构基面上。

卷材防水层的卷材品种：高聚物改性沥青类防水卷材，如弹性体改性沥青防水卷材、改性沥青聚乙烯防水卷材、自粘聚合物改性沥青防水卷材;合成高分子类防水卷材,如三元乙丙橡胶防水卷材、聚氯乙烯防水卷材、聚乙烯丙纶复合防水卷材、高分子自粘胶膜防水卷材。阴阳角处应做成圆弧或45°坡角,增做卷材加强层,宽度宜为300~500mm。

无机防水涂料宜用于结构主体的背水面,有机防水涂料宜用于地下工程主体结构的迎水面,用于背水面的有机防水涂料应具有较高的抗渗性,且与基层有较好的黏结性。

归纳总结

1. 基础施工图是反映房屋±0.000以下部分基础的图样。

2. 基础施工图包括基础平面布置图、基础梁平面布置图及详图。

3. 基础平面布置图反映基础平面分布、基础类型、基础构造尺寸及配筋的图样。

4. 基础梁是基础的组成部分,基础梁底标高与基础底标高相同;基础连梁是连接独立基础、条形基础或桩基承台的梁,梁底标高介于基础顶面和基础底面之间;地下框架梁是以框架柱为支座的梁,梁底标高高于基础顶面。

5. 地下室是指房间地坪面低于室外地坪面的高度超过该房间净高的一半。

6. 半地下室是指房间地坪面低于室外地坪面的高度超过该房间净高的1/3,且不超过1/2。

7. 地下室防水按防水材料性能不同分为柔性防水和刚性防水。

实 训

结合下面基础详图,回答问题。

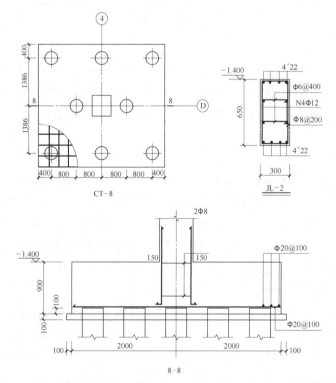

(1)　基础的类型是哪一种？该基础由哪几部分组成？代号 CT 指的是什么？图中间加粗矩形指的是什么构件？

(2)　分析桩定位依据是否充分？

(3)　该基础怎样定位和放线？

(4)　计算承台混凝土工程量？

(5)　基础下垫层的尺寸是多少？

(6)　已知室外设计地坪标高为-0.450m，计算埋置深度？

(7)　基础及基础梁配筋情况怎样？柱与基础插筋情况怎样？

项目六 墙柱施工图识读

教学目标

知识目标：理解建筑结构形式，掌握墙体类型及各部位构造做法，掌握墙体节能措施。

能力目标：熟练识读建筑设计说明及平面图、立面图、剖面图、详图中有关墙柱设置、构造做法，熟练识读结构设计说明、墙柱布置平面图及详图；能够找出图纸自身的缺陷和错误，培养严谨工作作风。

教学重点：墙身加固措施、墙体节能措施。

教学难点：过梁、构造柱、墙梁或圈梁的设置。

教学建议及其他说明：识图与绘图结合，加深对施工图的理解；情境教学、任务驱动教学。

任务一　认　知　墙　体

墙体作为房屋建筑的重要组成部分之一，不仅在建筑节能中担当重要角色，而且在建筑造价、施工工期等方面也占有举足轻重的地位。

一、墙体的类型

墙体的类型很多，分类标准不同，名称也不一样。一般地，将位于房屋四周、围合建筑空间免受自然界各种不利因素侵袭的墙称外围护墙，简称外墙；位于房屋内部的称内墙。沿建筑物长轴布置的称纵墙，沿短轴布置的称横墙，外横墙通常又称为山墙。位于外墙上端、突出屋面的墙称女儿墙。又有窗间墙、转角墙、窗槛墙等。墙体各部分名称如图 6-1 所示。

1. 按受力情况分类

墙体按是否承受外来结构荷载可分为承重墙和非承重墙。承重墙除承受自身荷载外，还要直接或间接承受来自楼板、屋面等的结构荷载，并传递给基础，如图 6-2(a)所示。非承重墙不承受外来结构荷载，但要承受墙体自身重量，并将其传递给不同的建筑构件，分为自承重墙、隔墙、框架填充墙。自承重墙将自重传递给基础，如图 6-2(b)所示；隔墙将自重传递给楼板、梁等构件，如图 6-2(c)所示；框架填充墙将自重直接传递给框架结构梁，如图 6-2(d)所示。

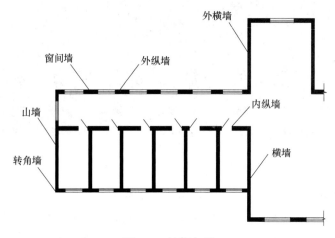

图 6-1　墙体名称

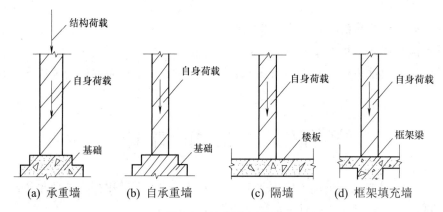

图 6-2　墙体受力形式

2. 按材料、构造方式分类

墙体按材料、构造方式不同可分为实体墙、空体墙、复合墙 3 种，如图 6-3 所示。实体墙是由单一密实材料组砌成的无空腔的墙体，如石墙、混凝土墙、实心砌块墙、多孔砖墙等。空体墙也是由单一材料组砌而成的，但内部有若干空腔，空腔分 2 种情况：一种是由空心材料自身形成的，如空心砖墙、空心砌块墙、空心板材墙等；另一种是由密实材料通过一定的方式组砌形成空腔，如空斗砖墙等。复合墙是由 2 种或 2 种以上材料组合而成的，如混凝土墙与聚苯板组合、砖墙与聚苯板组合、加气混凝土板材与混凝土墙组合等。

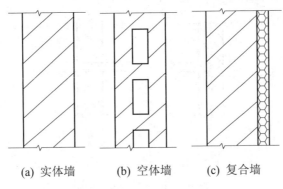

(a) 实体墙　　　　　(b) 空体墙　　　　　(c) 复合墙

图 6-3　墙体构造形式

3. 按施工方式分类

墙体按施工方式不同可分为块材砌筑墙、整体板筑墙、板材装配墙 3 种，如图 6-4 所示。块材砌筑墙是用砂浆作胶结料将砌块等块材按一定方式组砌而成的，例如各种砌块墙、砖墙、石墙等；整体板筑墙是在现场安装模板及钢筋骨架，浇筑可塑性材料(如混凝土)而成的，如框架剪力墙中的混凝土剪力墙、大模板建筑中的混凝土墙等；板材装配墙是将预先在构件厂制成的内外墙板在现场拼接、组装而成的，如大板建筑的各种墙板、框架轻板建筑的轻质墙板等。

(a) 砌筑墙　　　　　　(b) 板筑墙　　　　　　(c) 装配墙

图 6-4　墙体施工方式

二、墙体的作用

在建筑物的空间组成中，墙体是划分横向空间网格不可缺少的重要元素，建筑物的使用功能在很大程度上取决于墙体的位置和性能。墙体的作用主要体现在以下 3 方面。

(一)承重作用

墙体承重形式如图 6-5 所示。住宅、学校、办公楼等民用建筑，多采用墙体承重的砖混结构类型。

墙体承重要求具有足够的承载力来承受上部墙体、楼板、屋顶传来的竖向荷载，同时要限制墙体高厚比(计算高度与墙厚的比值)来满足稳定性要求，并选择合理的承重结构布置方案。结构布置是指梁、板、墙、柱等结构构件支撑传力的总体布局。墙体结构布置方案通常有以下几种。

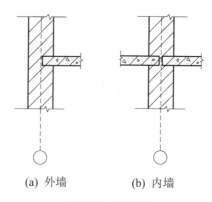

(a) 外墙　　　　　(b) 内墙

图 6-5　承重墙

1. 横墙承重方案

横墙承重方案是指由横墙承担楼面、屋面荷载,连同横墙自身荷载一起传递给基础,如图 6-6(a)所示。

在大量性的住宅及宿舍建筑设计中,为节省占地,常常将横墙间距(开间)小于纵墙间距(进深)。因此,在结构设计中搁置在横墙上的水平承重构件跨度(即楼板、屋面板长度)小,相应的截面高度就小,在层高相同的情况下可以增加室内的净空高度,满足使用功能要求。由于承重横墙的间距小,建筑物整体性强,能有效地增加建筑物抵抗变形的能力,提高建筑物整体刚度,对抵抗风力、地震力和地基不均匀沉降有利;但是建筑开间变化小,不易形成开敞空间,而且墙体较厚,所占面积较多,可使用面积较小。

横墙承重方案适用于房间净面积不大、横墙位置固定的建筑。

2. 纵墙承重方案

纵墙承重方案是指由纵墙承担楼面、屋面荷载,连同自身荷载一起传递给基础,如图 6-6(b)所示。

在教学楼建筑设计中,往往要求教室、阅览室、实验室有较大的空间。采用纵墙承重方案,通常将梁或楼板搁置在内、外纵墙上,跨度较大,相应截面高度较大,材料用量较多,而且在纵墙上开设门、窗洞口的大小及位置受到一定限制。由于横墙不承受外部荷载,所以横墙易灵活布置形成较大空间;但横墙数量少,房屋刚度差,应适当设置横墙,与楼板一起形成纵墙的侧向支撑,保证房屋整体性及空间刚度。

3. 纵横墙混合承重方案

纵横墙混合承重方案是指由纵墙和横墙共同承担楼面、屋面荷载,连同墙体自身荷载一起传递给基础,如图 6-6(c)所示。

在承重结构方案中,横墙承重与纵墙承重各有所长,可根据不同房间开间、进深变化的需要灵活布置,一部分采用横墙承重,另一部分采用纵墙承重,形成纵横墙混合承重方案。这是常采用的一种结构形式,适用于房间变化较多的建筑物,如教学楼、办公楼等。

此外还有外墙内柱混合承重方案。外墙内柱混合承重方案是指由四周外墙和内部梁及柱子共同承担楼面、屋面荷载，如图6-6(d)所示。这种方案适用于有较大空间要求的建筑，如餐厅、商店等。

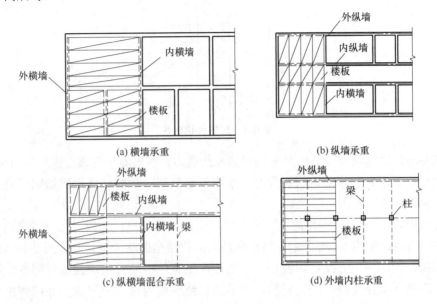

(a) 横墙承重　　　　　　　(b) 纵墙承重

(c) 纵横墙混合承重　　　　(d) 外墙内柱承重

图 6-6　墙体承重方案

(二)围护作用

建筑物外墙要抵御自然界各种不利因素(如防风沙、雨雪、各种室外噪音、辐射阳光)，起保温、隔热、隔声、防潮等作用，保障建筑物维持正常使用功能，如图6-7所示。

《民用建筑热工设计规范》(GB 50176—2002)规定，我国共划分5个热工设计分区：严寒地区，最冷月平均温度不高于-10℃，如黑龙江、内蒙古的大部分地区，应加强建筑物的防寒措施，不考虑夏季防热；寒冷地区，最冷月平均温度为-10~0℃，如东北地区的吉林、辽宁，华北地区的山西、河北、北京、天津以及内蒙古的部分地区，应以满足冬季保温设计为主，适当兼顾夏季防热；夏热冬冷地区，最冷月平均温度为 0~10℃，最热月平均温度为 25~30℃，如陕西、安徽、江苏南部，广西、广东、福建北部地区，必须满足夏季防热要求，适当兼顾冬季保温；夏热冬暖地区，最冷月平均温度高于 10℃ ，最热月平均温度为25~29℃，如广西、广东、福建南部地区和海南省，必须充分满足夏季防热要求，一般不考虑冬季保温；温和地区，最冷月平均温度为 0~13℃，最热月平均温度为 18~23℃，如云南、四川、贵州的部分地区，应考虑冬季保温，一般不考虑夏季防热。

严寒地区及寒冷地区的建筑外墙必须具有足够的保温能力。墙体的保温性能与墙体材料的导热系数和墙体构造有关，可通过改善材料的导热系数和采取适当的构造措施来提高墙体保温性能。一般说来，材料的孔隙率越大，导热系数越小；具有互不连通封闭微孔构造材料的导热系数要比粗大、连通孔隙构造的材料导热系数小；材料含水率增大，导热系数随着增大。材料的导热系数越小，墙体的保温性能就越好。

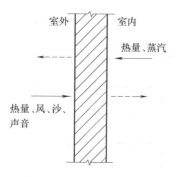

图 6-7　建筑外墙围护

夏热冬暖地区建筑外墙必须具有良好的隔热能力。墙体隔热可通过选用轻质墙体材料、外墙表面平整光滑并采用浅色材料反光、墙内设通风层、在窗口外设置遮阳设施、外表面攀爬绿色植物等措施实现。

墙体隔声有 2 种：一种是隔绝空气传声，由空气振动直接传播，如城市道路交通噪音由窗户传入室内，如图 6-8(a)所示；另一种是由围护结构振动传播，一方面是固体的撞击或振动的直接作用，另一方面是声波使围护结构产生整体振动并将声波辐射到围护结构另一侧，此时声波并未穿过围护结构材料，而是围护结构成为第二个声源，如门砰击墙、脚步振动楼板，如图 6-8(b)所示。墙体中声音传播途径，一是通过孔隙，二是通过墙体材料颗粒间振动向外扩散，可以采取加强墙体密缝处理、增加墙体的密实性及厚度、设空气或多孔材料夹层、在平面设计中考虑隔声等措施。

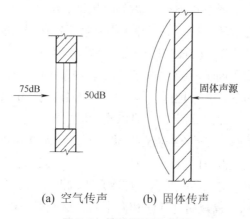

(a) 空气传声　　　(b) 固体传声

图 6-8　墙体隔声示意图

(三)分隔作用

墙体是界定建筑空间的水平分隔构件，外墙是划分室内与室外空间的分隔构件，内墙是将建筑物内部划分成不同使用空间的分隔构件，如居室与居室的分隔、楼梯间与办公区间的分隔等。

三、砖墙尺度

墙体尺度是指墙体厚度、墙段长度，除应满足结构和功能设计要求外，还必须与块材尺寸相符合。砖块尺寸和数量，再加上灰缝(按 10mm 考虑)，可组成不同的墙厚和墙段长度。例如普通标准砖规格为 240mm×115mm×53mm，以长、宽、高作为墙体厚度的基数，那么砖高加灰缝、砖宽加灰缝与砖长的比例基本为 1∶2∶4，可以灵活组砌。

1. 墙厚

墙体所用材料不同，厚度也不同。标准砖墙及砌块墙厚度如表 6-1 所示，其中标志尺寸符合建筑模数。

表 6-1　标准砖墙与砌块墙厚度

墙体材料	设计尺寸/mm	标志尺寸
标准砖墙	53	60
	115	120
	240	240
砌块墙	90	100
	190	200
	290	300

2. 墙段尺寸

墙段尺寸主要指窗间墙、转角墙等部位墙体的长度。墙段由砖块和灰缝组成。标准砖墙砌筑时以 115mm＋10mm＝125mm 作为组合模数，允许竖缝宽度在 8～12mm，使墙段尺寸有少量调整的余地。一般地，墙段超过 1.5m 时可不考虑砖的模数，但墙段小，灰缝调整余地少，需考虑砖的模数。墙段调整范围在 10mm 以内，否则砌筑时会因砍砖过多影响砌体强度。符合砖模数的墙段长度有 240mm、365mm、490mm[490=(115+10)×2+240]、615mm、740mm、865mm、990mm、1115mm、1240mm、1365mm、1490mm 等数列。

归纳总结

1. 墙体按受力情况分承重墙和非承重墙；按材料和构造方式分实体墙、空体墙和复合墙；按施工方式分砌筑墙、板筑墙、板材墙。

2. 非承重墙分自承重墙、框架填充墙、隔墙。

3. 墙体的作用有承重、围护、分隔。

4. 墙体隔声，以隔绝空气传声为主，其次是隔绝固体传声。

5. 砖墙尺度是指墙体厚度、墙段长度。

6. 施工图中标注的墙体厚度是指标志尺寸，非设计尺寸。

实　训

一、选择题

1. 墙体按构造形式分类，有(　　)。
　　A. 实体墙　　　　B. 块材墙　　　　C. 板筑墙　　　　D. 板材墙
　　E. 空体墙　　　　F 复合墙

2. 下列(　　)不属于非承重墙。
　　A. 隔墙　　　　B. 框架填充墙　　C. 自承重墙　　　D. 幕墙

3. 框架填充墙的作用有(　　)。
　　A. 承重　　　　B. 围护　　　　C. 分隔

4. 钢筋混凝土剪力墙是施工方式中的(　　)。
　　A. 砌筑墙　　　B. 板筑墙　　　　C. 板材墙　　　　D. 承重墙

5. 北方寒冷地区外墙做法为 200 厚砌块墙+120 厚聚苯板+100 厚砌块墙,其构造形式为
(　　)。
　　A. 实体墙　　　　B. 空体墙　　　　C. 复合墙　　　　D. 砌筑墙

6. 墙体承重方案有(　　)。
　　A. 横墙承重　　　　　　　　　　B. 纵墙承重
　　C. 纵横墙混合承重　　　　　　　D. 外墙内柱混合承重

7. 住宅分户墙宜采用(　　)，提高隔声效果。
　　A. 实体墙　　　B. 空体墙　　　　C. 复合墙　　　　D. 隔墙

8. 施工图中标注的墙厚尺寸为(　　)。
　　A. 设计尺寸　　B. 标志尺寸　　　C. 实际尺寸　　　D. 细部尺寸

二、结合建筑平面图，明确墙厚、墙段长度。

任务二　墙脚构造

墙脚构造有防潮层、勒脚、散水或明沟、踢脚，如图 6-9 所示。

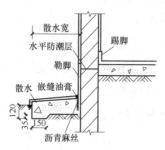

图 6-9　墙脚构造

一、墙身防潮层

由于土壤中的潮气和地面水会沿着地下部分墙体或基础进入到地上部分，致使墙体受潮、发霉、表皮脱落，影响正常使用。墙身防潮可以采用隔水的方法，阻隔毛细水上升通道，通常是在墙角铺设防潮层。墙身防潮层分为水平防潮层和垂直防潮层 2 种形式，如图 6-10 所示。

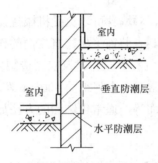

图 6-10 墙身防潮层

1. 水平防潮层

水平防潮层设在所有内外墙体根部，位于地坪层构造中不透水垫层范围，与地面垫层形成一个封闭的隔水层；至少高于室外地面 150mm，低于室内地坪 60mm 处；宽度和墙厚相同；长度为外墙中心线长、内墙净长线长。当首层地面为实铺时，防潮层通常设在−0.060 处，如果该处采用了不透水的条石、混凝土或设有钢筋混凝土地圈梁时，可以不再另设防潮层。防潮层的位置、做法以及是否封闭直接关系到防潮效果。

2. 垂直防潮层

当内墙两侧地面出现高度差或室内地面低于室外地面(地下室)时，除应在不同地面构造处设置水平防潮层外，还应在墙身靠土壤一侧设垂直防潮层，并与水平防潮层封闭。某电教综合楼一层平面图楼梯间③、④轴墙两侧地面标高分别为−0.300、±0.000，应在±0.000 侧设置垂直防潮层，并与−0.360、−0.060 处水平防潮层封闭。

3. 墙身防潮层做法

墙身防潮层的构造做法常用的有以下 3 种：油毡防潮层、防水砂浆防潮层和细石混凝土防潮层，其中以防水砂浆防潮层最多，如某电教综合楼工程墙身水平防潮层采用防水砂浆防潮做法。

油毡防潮层是用 20mm 厚 1∶2.5 水泥砂浆找平，上铺一毡二油，利用油毡的防水性起到防潮效果。如果作为水平防潮层，油毡削弱了砖墙的整体性，因此不宜采用，而常用作垂直防潮层。

防水砂浆防潮层是采用 20～25mm 厚 1∶2 水泥砂浆加 3%～5%防水剂，或用防水砂浆砌三皮砖做防潮层。这种做法构造简单，与砌筑墙体的整体性好，但砂浆要饱满，否则影响防潮效果。可用于水平防潮层或垂直防潮层。

细石混凝土防潮层是采用 60mm 厚 C20 细石混凝土带,内配 3Φ6 纵筋。这种做法抗裂性能好,防潮效果好,但施工较复杂,主要用于地表和土壤中水量较大地区的水平防潮层。

墙身垂直防潮层做法也可将砖墙表面用 20mm 厚 1∶2.5 水泥砂浆找平,外涂冷底子油 1 道,热沥青 2 道防潮。

二、勒脚

勒脚是建筑物外立面的墙脚,对墙身可以免受机械碰撞而起保护作用,可以防止雨水、地表水侵袭而起到防潮作用,还具有装饰美化建筑立面的作用。

勒脚的选材、做法、高度、色彩等应与建筑立面造型协调一致,选用耐久性高、防水性能好的材料饰面;勒脚高度通常高于室外地面 500mm 左右,或至首层窗台处。勒脚做法有换砌墙材料、加厚墙体、做饰面等,通常用饰面的方法如抹面、贴面等。

1. 抹面

勒脚基层可采用 8～15mm 厚 1∶3 水泥砂浆打底,12mm 厚 1∶2 水泥砂浆、水泥白石子浆(水刷石)或斩假石抹面。抹面勒脚多用于一般建筑。

2. 贴面

勒脚基层采用 12mm 厚 1∶3 水泥砂浆打底,用天然石材、人工石材或陶瓷面砖贴面,如花岗石、水磨石板、外墙面砖等。贴面勒脚用于较高标准建筑。

勒脚与防潮层一样,可根据墙脚处材料及做法适当设置,也可不设,如用条石砌筑墙脚,可不设勒脚。

三、散水或明沟

散水是将屋面的雨水、雪水或墙面雨水有组织地排到建筑物外侧,防止其侵入墙根而危害墙体和基础。

散水宽度一般为 600～1000mm,要比檐口宽 200mm 左右;散水向外应设不小于 3%的坡度;散水应采用不透水材料做面层。散水的做法通常是在素土夯实上,铺设 80～100mm 厚垫层如 C15 混凝土、碎砖混凝土等,表面抹 15mm 厚 1∶2 水泥砂浆。冻土地区散水垫层下应采取防冻胀措施,一般常用 300mm 厚粗砂或炉渣加做垫层,防止土壤因冻胀而使散水起拱开裂。砂垫层厚度与土壤冻胀程度有关。

散水采用混凝土等刚性材料垫层时,为避免收缩变形产生不规则裂缝,每隔 6～15m 长设置 20mm 宽分格缝将其断开。在散水转角处及与外墙交接处,也应设分格缝。缝内用弹性材料如沥青麻丝嵌缝,表面用油膏或 1∶1 沥青砂浆盖缝。

明沟常用在降雨量较大地区,与散水相连,将屋面雨水排到城市排水管网。沟壁可用砖砌、石砌,并用水泥砂浆抹面,也可用混凝土浇筑。沟底应做 0.5%～1%的纵坡,坡向窨井。沟中心应正对屋檐滴水的位置。混凝土明沟做法示例如图 6-11 所示。

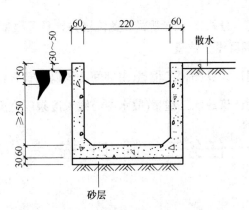

图 6-11　混凝土明沟做法示例

四、踢脚

踢脚位于室内地面与墙面交接处的墙根部位，可以保护墙体根部免受外力撞击，避免清洗地面时对墙面的污染，同时还可以掩盖地面与墙面间的缝隙，也可以平衡视觉。

踢脚的高度与人体步高相同，一般为 100～150mm；其材料与楼地面相同。常用踢脚有成品踢脚如木、塑料板等，块料镶贴踢脚如贴面砖、天然石材等，整体现浇踢脚如现浇水磨石、水泥砂浆等。踢脚可突出墙面，或与墙面平齐。

归纳总结

1. 墙脚构造有防潮层、勒脚、踢脚、散水或明沟。

2. 防潮层有 2 种形式：水平防潮层和垂直防潮层；水平防潮层常设在低于室内地坪 60mm 处。

3. 防潮层做法有防水砂浆防潮层、细石混凝土防潮层、油毡防潮层。

4. 垂直防潮层常设置在内墙两侧地面出现高度差时，靠土壤一侧。

5. 北方寒冷地区散水垫层下应采取防冻胀措施。

6. 踢脚做法常与楼地面做法相同。

实　训

一、选择题

1. 下列(　　)不属于墙脚构造。

    A. 散水　　　　　B. 防潮层　　　　　C. 踢脚　　　　D. 勒脚　　　　E. 基础梁

2. 抗震设防地区水平防潮层不应采用(　　)做法。

    A. 防水砂浆　　　　B 细石混凝土　　　　　C 油毡

二、结合一层平面图，分析水平防潮层设置位置并计算工程量(墙长乘以墙宽按平方米计算)、垂直防潮层设置位置。

三、结合建筑平面图，计算踢脚工程量(主墙间净长以延长米计算)。

四、结合一层平面图计算散水工程量(散水中心线长度乘以宽度)。

任务三　洞　口　构　造

一、过梁

过梁是承担洞口上部墙体荷载的结构构件，并把这些荷载传给洞口两侧的墙体。根据材料和构造方式不同，常见的有砖拱过梁、钢筋砖过梁、钢筋混凝土过梁3种，目前在建筑中大量采用的是钢筋混凝土过梁。

1. 砖拱过梁

砖拱过梁有平拱和弧拱2种，多见于古建筑和民居，是传统的做法。平拱过梁由砖侧砌而成，正中间一块垂直放置，两侧砖对称，砖缝上宽下窄相互挤压向两端倾斜，下部伸入墙内20～30mm，中部起拱高度约为跨度的1/50。靠材料间的挤压摩擦向两侧墙体传递荷载。平拱的跨度在1.2m以内，弧拱的跨度可大些。

由于砖拱过梁跨度有限，且整体性差，不宜用于半砖墙、上部有集中荷载或有较大振动荷载、地基不均匀沉降及地震区的建筑。

2. 钢筋砖过梁

钢筋砖过梁是在洞口上部的砖砌体下皮灰缝中配置适当的钢筋，用以承受一定弯矩，形成配筋砖砌体。一般情况下，钢筋直径为6mm，间距不应大于120mm，深入两边墙内不小于240mm，并设60mm高垂直弯钩埋入竖缝中。砖砌体采用M5水泥砂浆砌筑，高度不小于5皮砖且不小于洞口宽度的1/5，跨度不宜大于2m。

钢筋砖过梁施工比较简单，主要用于洞口跨度在2m以内的低层清水墙建筑中。

3. 钢筋混凝土过梁

钢筋混凝土过梁承载力高，对不均匀沉降或振动的适应性强，是过梁最常用的一种形式。按施工方式不同钢筋混凝土过梁有预制装配钢筋混凝土过梁和现浇钢筋混凝土过梁2种。预制装配式过梁施工速度快，但抗震整体性较现浇钢筋混凝土过梁差，抗震设防地区常采用现浇钢筋混凝土过梁。

过梁宽度一般与墙厚相同，高度与砖的皮数相配合，并按结构设计计算确定。普通砖砌体中梁高常采用120mm、180mm、240mm，两端深入墙内的支承长度不小于240mm。

钢筋混凝土过梁的截面有矩形、L形。矩形一般用于内墙或非采暖地区外墙，如图6-12(a)所示。带有窗套过梁截面为L形，挑出60mm，高60mm，如图6-12(b)所示。在严寒或寒冷地区为防止过梁内表面产生凝结水,常采用 L 形过梁,减少过梁占外墙面面积,如图 6-12(c) 所示。

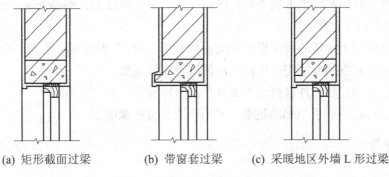

(a) 矩形截面过梁　　(b) 带窗套过梁　　(c) 采暖地区外墙 L 形过梁

图 6-12　钢筋混凝土过梁

过梁的立面形式需配合门窗洞口而定,有时出于立面需要,做成弧形过梁,也可将过梁与窗套、雨篷、窗楣板、遮阳板结合设计。

二、窗台

窗台是位于洞口下部的建筑构件,主要作用是排除沿窗面流下的雨水,防止渗入墙身或室内,同时也是建筑立面细部处理的组成部分。窗台按位置不同有外窗台和内窗台;按与墙面的关系有挑出窗台和不挑出窗台;按所用材料不同有砖砌窗台、钢筋混凝土窗台、预制水磨石窗台板等。

外窗台向外设不小于 10%的坡度,以利排水,并用不透水材料做面层。挑出外窗台常用砖砌或混凝土浇筑而成,其挑出尺寸一般为 60mm;窗台坡度可以利用砖斜砌或混凝土浇筑或表面抹灰形成;同时应在下边缘做滴水,避免雨水沿窗台底面流向下部墙体。做排水坡度抹灰时,要将灰浆嵌入槛灰口内,以防雨水顺缝渗入;如果采用铝合金窗或塑钢窗、钢窗,外窗台与窗框应用防水胶密封处理。

内窗台一般水平放置,也可略向窗框方向倾斜。内窗台的窗台板一般采用预制水磨石板或预制混凝土板制作,装修标准较高的房间也可以采用天然石材。预制窗台板靠窗间墙支承,两边伸入墙内不小于 120mm,挑出墙面一般为 60mm。

内窗台应高于外窗台。外窗窗台高度为 0.90m,距楼面或地面的高度低于 0.90m 时,应有防护设施,窗外有阳台或平台时可不受此限制。窗台构造形式如图 6-13 所示。

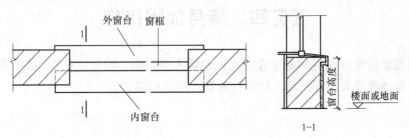

图 6-13　窗台构造形式

归纳总结

1. 过梁按材料和构造方式不同有砖拱过梁、钢筋砖过梁、钢筋混凝土过梁 3 种，最常用的是钢筋混凝土过梁。

2. 钢筋混凝土过梁的断面形状有矩形和 L 形 2 种；L 形过梁适于严寒和寒冷地区外墙。

3. 过梁的高度须经结构计算确定，并符合砖的皮数。

4. 窗台有内窗台、外窗台，内窗台要高于外窗台。

5. 外窗台设不小于 10%的坡度，并用不透水材料做面层。

实 训

一、结合建筑平面图、剖面图，分析过梁的设置位置。

二、结合表 6-2 及过梁立面图、断面图，确定施工图中不同部位过梁的断面尺寸、长度和配筋。

表 6-2 过梁表

洞口净跨 l_0	$l_0 \leqslant 1000$	$1000 < l_0 \leqslant 1500$	$1500 < l_0 \leqslant 2000$	$2000 < l_0 \leqslant 2500$	$2500 < l_0 \leqslant 3000$	$3000 < l_0 \leqslant 3500$
梁高 h	120	120	150	180	240	300
支承长度 a	180	240	240	370	370	370
顶筋②	2'10	2'10	2'10	2$12	2$12	2$12
底筋①	2'10	2$12	2$14	2$14	2$16	2$16

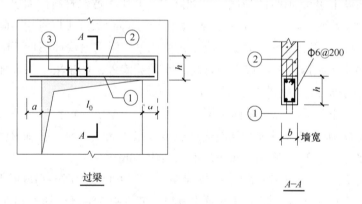

过梁   A—A

任务四 墙身加固措施

为了增强房屋整体刚度和稳定性、抵抗地震力的影响、减轻地基不均匀沉降对房屋的破坏，需要对墙身采取加固措施，如设置圈梁、构造柱等。

一、圈梁、墙梁

砖混结构房屋中，圈梁是沿建筑物外墙及部分内墙设置的连续封闭水平梁；而框架结构房屋中砌体墙不宜过高，在中间适当部位需设置钢筋混凝土水平墙梁。圈梁按材料和构造做法不同可分为钢筋混凝土圈梁和钢筋砖圈梁，目前广泛采用现浇钢筋混凝土圈梁。

钢筋混凝土圈梁宽度一般同墙厚，也可小于墙厚，但不得小于墙厚的 2/3 及 240mm；高度不小于 120mm，且与砖的皮数相配合；纵筋常用 4Φ10～12，箍筋Φ6@≤300mm。钢筋砖圈梁用 M5 砂浆砌筑，高度不小于五皮砖，在圈梁中设置 4Φ6 通长钢筋，分上下 2 层布置，其做法与钢筋砖过梁相同。

圈梁的数量、位置按《建筑抗震设计规范》(GB 50011—2010)的相关规定设置，与建筑物层数、地基情况、抗震等级等因素有关，常设置在檐口、基础、楼板层部位。建筑物抗震等级越高，圈梁数量越多。在竖向上可层层设置，或隔层设置；在水平向上可沿外墙、内纵墙、楼梯间墙、隔开间内横墙设置，9 度及以上时各层所有墙体中均应设置。

圈梁上表面可与楼板上表面平齐，或与楼板下表面平齐。

当遇洞口不能封闭时，应在洞口上部或下部设置相同截面的附加圈梁，其搭接长度 L 不应小于二者净高 h 的 2 倍，且不小于 1m，如图 6-14 所示。

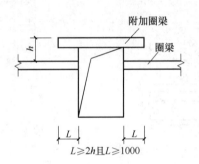

图 6-14　附加圈梁

二、构造柱、芯柱

在多层砖混结构房屋中设置钢筋混凝土构造柱，使之与各层圈梁连接形成空间骨架，提高墙体抗弯、抗剪能力，使墙体在破坏过程中具有一定的延伸性，减缓酥碎现象发生。在框架结构及框架剪力墙结构中也可适当设置构造柱。

根据建筑物的抗震等级要求，一般在建筑物的四角及转角处、内外墙交接处、楼梯间与电梯间四角、大房间内外墙交接处、较大洞口两侧及较长墙体的中部等位置设置构造柱。

构造柱截面尺寸应不小于 180mm×240mm，纵筋一般为 4Φ12，箍筋Φ6@≤250，在两端处应适当加密。构造柱与墙之间应沿墙高每 500mm 设 2Φ6 拉结筋，每边伸入墙内不少于 1m。

构造柱在施工时，应先砌墙并留马牙槎，随着墙体的上升逐段现浇钢筋混凝土构造柱。构造柱形式如图 6-15 所示。

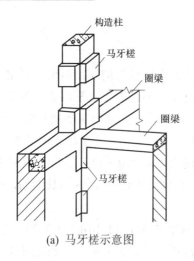

(a) 马牙槎示意图

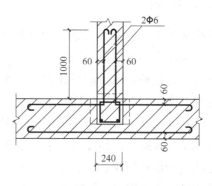

(b) 内外墙交接处拉结筋

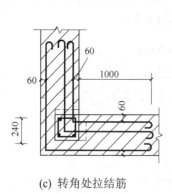

(c) 转角处拉结筋

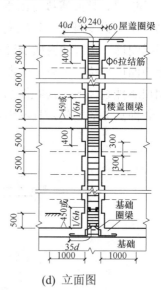

(d) 立面图

图 6-15　构造柱

　　为增加空心砌块墙体稳定性,在纵横墙连接处、外墙转角处常设置芯柱。芯柱内配置竖向钢筋的孔洞采用 C20 细石混凝土填灌,水平灰缝内设Φ4@600 钢筋点焊网片。芯柱截面如图 6-16 所示。

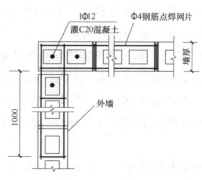

图 6-16　芯柱截面

三、门垛和壁柱

当建筑物窗间墙上有集中荷载，而墙厚又不足，或墙体的长度、高度超过一定限度时，常在适当的位置加设壁柱，以提高墙体的刚度和稳定性，并与墙体共同承担荷载。壁柱的尺寸应符合砖的模数，突出墙面长 120mm 或 240mm，宽 370mm 或 490mm。

当墙上开设的门洞在转角处或丁字墙交接处时，为保证墙体稳定性及便于门框的安装，常设门垛，突出墙面长 120mm 或 240mm，如图 6-17 所示。

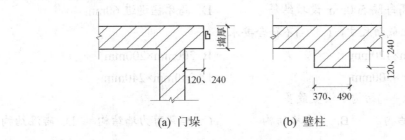

(a) 门垛　　　　(b) 壁柱

图 6-17　门垛和壁柱

如某电教综合楼工程结构设计说明中明确圈梁、构造柱的设置：砌体填充墙长度大于 2 倍高时，在墙中间部位加构造柱；墙高度超过 4m 时，在墙体中部或门窗洞顶处加一通长钢筋混凝土水平墙梁与柱整浇；窗为带形窗时，在窗口下每隔不大于 3.9m 设一构造柱，并现浇窗口板；窗不是带形窗时每开一间设一构造柱与上下层梁相连；所有悬墙端均设构造柱，在构造柱上下端与楼面相交处，施工楼板时应预留相应插筋。

归纳总结

1. 墙身加固措施有圈梁或墙梁、构造柱或芯柱、门垛、壁柱。

2. 抗震设防地区，设置圈梁或墙梁、构造柱或芯柱可以增加建筑物的整体刚度和稳定性。

3. 构造柱与各层圈梁连接形成空间骨架，使墙体在破坏过程中具有一定的延伸性，减缓酥碎现象发生。

4. 构造柱与框架柱不同，嵌固在墙内不承受荷载，可不单独设置基础；与墙体连接方式有马牙槎、拉结筋。

5. 圈梁与框架梁不同，嵌固在墙内不承受荷载，但传递荷载。

实　训

一、选择题

1. 为增加建筑物的整体刚度，可采取(　　)等措施。

　A. 构造柱　　　　B. 过梁　　　　C. 圈梁　　　　D. 壁柱

2. 圈梁的设置主要是为了(　　)。

    A. 提高建筑物的整体性、抵抗地震力

    B. 承受竖向荷载

    C. 便于砌筑墙体

    D. 建筑设计需要

3. 对构造柱叙述正确的是(　　)。

    A. 承受荷载　　　　　　　　　　　B. 上下端箍筋加密

    C. 沿墙高每隔 500mm 设拉结筋　　D. 马牙槎退进 60mm

4. 下列构造柱截面尺寸,(　　)不符合要求。

    A. 240mm×120mm　　　　　　　　B. 200mm×200mm

    C. 200mm×300mm　　　　　　　　D. 240mm×240mm

5. 构造柱在(　　)结构中设置最多。

    A. 框架结构　　　B. 剪力墙结构　　　C. 框架剪力墙结构　　　D. 砖混结构

二、结合施工图结构设计说明中有关墙梁、构造柱设置的描述,明确墙梁、构造柱的位置及尺寸、配筋情况。

三、绘出构造柱立面图。

任 务 五　节 能 墙 体

在冬冷地区,为保证冬季室内热环境,减少热量损失,外墙通常采用增加厚度、选用导热系数小的轻质墙体材料,也可采用复合墙体,如砌块墙与保温材料复合等。增加墙体厚度会增加结构自重,同时在建筑面积一定的情况下结构所占面积增加,使用面积减少,造成浪费,目前很少采用。复合墙体可有效改善热工性能,无论材料性能、施工技术均有保证,应用较普遍。与节能墙体有关的国家标准设计图集,如《公共建筑节能构造》(06J908)、《外墙外保温建筑构造》(10J121)、《框架结构填充小型空心砌块墙体结构构造》(02SG614)等。

一、复合墙

复合外墙的构造方式主要有外保温、内保温和夹芯保温 3 种,如图 6-18 所示。外保温是指保温层置于墙体外侧,内保温是指保温层置于墙体内侧,夹芯保温是指保温层置于内外 2 层砌筑墙体中间。外保温、夹芯保温是冬冷地区常采用的节能构造方式。目前常用保温材料有 EPS 板、聚苯板、泡沫混凝土或加气混凝土板等。

如图 6-19 所示为复合墙示例,砌块墙 200 厚+聚苯板 120 厚+砌块墙 100 厚;砌块墙 200 厚+聚苯板 100 厚+空气间层 180 厚+砌块墙 100 厚。

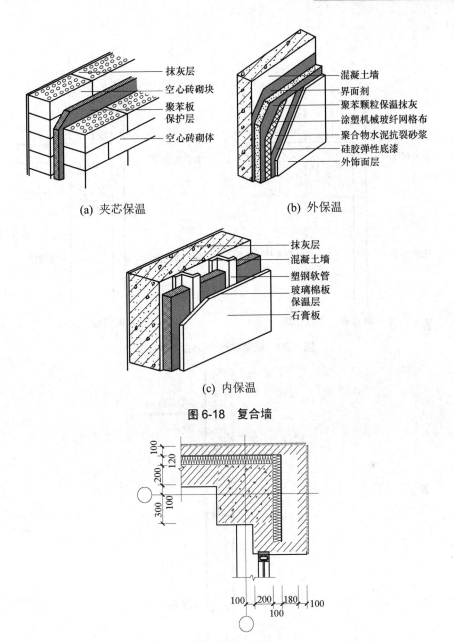

(a) 夹芯保温

抹灰层
空心砖砌块
聚苯板
保护层
空心砖砌体

(b) 外保温

混凝土墙
界面剂
聚苯颗粒保温抹灰
涂塑机械玻纤网格布
聚合物水泥抗裂砂浆
硅胶弹性底漆
外饰面层

(c) 内保温

抹灰层
混凝土墙
塑钢软管
玻璃棉板
保温层
石膏板

图 6-18　复合墙

图 6-19　复合墙示例

二、细部构造

在冬冷地区，为避免框架结构外墙处梁、柱产生热桥，常将填充外墙包柱、包梁砌筑，也可在柱、梁外侧加保温层，如图 6-20 所示。填充墙一般采用轻质墙体材料，如空心砖墙、砌块墙等。砖混结构外保温复合墙体构造，如图 6-21 所示。

如某电教综合楼保温外墙做法为硬塑胀栓加黏结剂锚贴 50 厚挤塑苯板 XPS，外用聚合物胶泥压入纤维网格布，找平后刷外墙涂料，其具体做法见《外保温墙体构造》(辽

2006SJ121)。

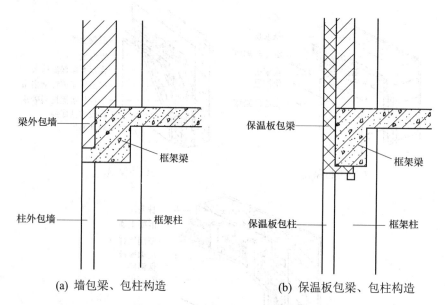

(a) 墙包梁、包柱构造　　　　　　　(b) 保温板包梁、包柱构造

图 6-20　框架结构外保温墙体构造

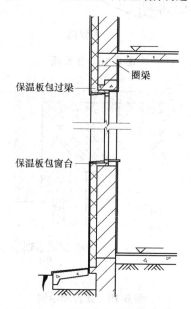

图 6-21　砖混结构外保温墙体构造

外墙外保温构造设计要求：

(1) 在正确使用和正常维护条件下，外墙外保温工程的使用年限不应少于 25 年。

(2) 外保温系统应包覆门窗框外侧洞口、女儿墙以及封闭阳台等热桥部位；对于机械固定 EPS 钢丝网架板外墙外保温系统，应考虑固定件、承托件的热桥影响。

(3) 应做好外保温工程的密封和防水构造设计，确保水不会渗入保温层及基层，重要部位应有详图。水平或倾斜的出挑部位以及延伸至地面以下的部位应做防水处理。在外墙外保温系统上安装的设备或管道应固定于基层上，并应做密封和防水设计。

（4）除采用现浇混凝土外墙外保温系统外，外保温工程的施工应在基层施工质量验收合格后进行。施工前，外门窗洞口应通过验收，洞口尺寸、位置应符合设计要求和质量要求，门窗框或辅框应安装完毕。伸出墙面的消防梯、水落管、各种进户管线和空调器等的预埋件、连接件应安装完毕，并按外保温系统厚度留出间隙。

（5）外保温工程的施工应具备施工方案，施工人员应经过培训并经考核合格。

（6）保温层施工前，应进行基层处理。

（7）EPS板表面不得长期裸露，EPS板安装上墙后应及时做抹面层。

（8）门窗洞口四角处EPS板不得拼接，应采用整块EPS板切割成形，EPS板接缝应离开角部至少200mm；应做好系统在檐口、勒脚处的包边处理。装饰缝、门窗四角和阴阳角等处应做好局部加强网施工。变形缝处应做好防水和保温构造处理。

三、砌块墙

砌块按主要原材料不同可分为混凝土砌块、粉煤灰砌块、加气混凝土砌块、轻集料混凝土小型空心砌块等；按截面形式不同可分为实心砌块和空心砌块；按规格和单块重量不同可分为小型砌块、中型砌块和大型砌块。砌块具有密度小、耐火隔音、保温隔热、抗震等优点，是目前主要砌墙材料。

砌块墙在±0.000以下应选实心承重砌块，并用水泥砂浆砌筑；在±0.000以上可以选空心砌块，用混合砂浆砌筑。中型砌块上下皮搭接长度不少于砌块高度的1/3，且不小于150mm，小型空心砌块上下皮搭接长度不小于90mm。当搭接长度不足时，应在水平灰缝内设置不小于2Φ4的钢筋网片，网片每端均超过该垂直缝300mm。

在内外墙的交接处和转角处，应使砌块互相搭接；如不能搭接，可采用Φ4～Φ6的钢筋网拉接。

砌筑砌块一般采用强度等级不低于M5的水泥砂浆。竖直灰缝的宽度主要根据砌块材料和规格大小确定，一般情况下，小型砌块为10～15mm，中型砌块为15～20mm。当竖直灰缝宽大于30mm时，须用C20细石混凝土灌缝密实。

砌体砌筑和抹灰应使用蒸压加气混凝土专用砂浆。砌筑砂浆或打底抹灰砂浆的强度等级不应低于砌块的强度等级，也不宜超出2个强度等级。砌块应分皮错缝搭砌，上下皮搭砌长度不宜小于砌块长的1/3，且不小于150mm。当在同一位置相邻3皮的搭接长度不能满足上述要求时，应在水平缝内每道设置不少于2Φ6钢筋，钢筋两端均应超过该垂直缝350mm长。外墙转角及内墙交接处应咬砌。

砌体应分基层和面层分层抹灰。基层抹灰前，应采用界面剂做基层处理。下列部位抹灰时应挂加强网：不同材料基体结合处，如砌体与混凝土梁、柱、剪力墙等相交接处；暗埋管线的孔槽处；抹灰总厚度超过35mm处；加强网可采用钢丝网或耐碱玻纤网格布，网宽度应不小于200mm，与基体的搭接宽度不应小于100mm。

墙体洞口宽度一般不得大于2.4m；大于2.4m时，应采取加强措施。

砌块用于钢筋混凝土结构中的填充墙，宜与柱采用柔性连接，并应符合下列要求：

(1) 填充墙在平面和竖向的布置，宜均匀对称，宜避免形成薄弱层或短柱。

(2) 砌体的砂浆强度等级不应低于 M5，墙顶应与框架梁密切结合。

(3) 填充墙应沿框架柱全高每隔 500~600mm 设 2Φ6 拉结筋，当抗震设防烈度为 7 度及以下时，拉结筋伸入墙内的长度不应小于墙长的 1/5，且不应小于 700mm；抗震设防烈度为 8 度时，沿墙全长贯通。

(4) 墙长大于 5m 时，墙顶与梁宜有拉结；墙长超过层高 2 倍时，应设置钢筋混凝土构造柱；墙高超过 4m 时，墙体半高宜设置与柱连接且沿墙全长贯通的钢筋混凝土水平系梁。

(5) 宽度大于 2.4m 的洞口两侧、长度超过 2.5m 的独立墙体端部应设截面宽度与墙厚相同的钢筋混凝土构造柱。顶部为自由端的墙体顶面应设置沿墙全长贯通的圈梁或配筋带。

(6) 墙体转角处和纵横交接处宜沿墙高每隔 500~600mm 设拉结筋，其数量为每 120mm 墙厚不少于 1Φ6，埋入长度从墙的转角或交接处算起，每边不得小于 1000mm。

(7) 墙体洞口下部应放置 2Φ6 拉结钢筋，伸过洞口两边长度每边不得小于 500mm。

任务六　隔　　墙

由于隔墙不承受任何外来荷载，且自身重量全部由楼板或小梁承担，因此在设计时应注意：自重轻，减轻楼板荷载；厚度薄，增加建筑的有效空间；装配化施工，便于拆卸，当使用要求发生变化时能够灵活装拆；具有较强的隔声能力，避免各使用房间互相干扰；具有良好的稳定性，特别要注意与承重墙的连接。此外，卫生间隔墙要求具有一定的防水、防潮等功能。

隔墙的类型有很多，根据材料和构造方式不同，可分为轻骨架隔墙、块材隔墙、板材隔墙三大类。

一、轻骨架隔墙

轻骨架隔墙又称立筋式隔墙，由骨架、基层和面层 3 部分组成，如图 6-22 所示。

骨架通常采用木骨架、轻钢骨架、铝合金骨架、薄壁型钢骨架(轻钢骨架)等。骨架由上槛、下槛、墙筋、斜撑及横撑等组成。墙筋的间距取决于面板的尺寸，一般为 400~600mm。骨架的安装过程是先用射钉将上、下槛固定在楼板上，然后安装龙骨(墙筋和横撑)。

基层常用的有板条、钢丝网、纸面石膏板、吸音板等。

面层有人造板面层和抹灰面层；饰面材料常用的有抹灰、涂料、贴壁纸等，如板条抹灰隔墙。根据基层面板和骨架材料可分别采用钉子、自攻螺钉、膨胀铆钉或金属夹子等将面板固定在立筋骨架上。

轻钢骨架由上、下导向骨架和竖龙骨组成，常用薄壁型钢有槽钢和工字钢，具有强度高、刚度大、自重轻、易于加工和批量生产、施工方便等特点。先用螺钉将上、下导向骨架固定在楼板上，再安装竖龙骨(墙筋)，间距为 400~600mm，龙骨上留有走线孔，如图 6-23 所示。

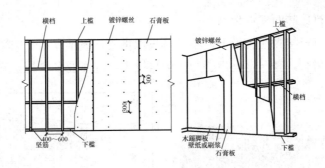

图 6-22 轻骨架隔墙

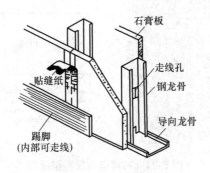

图 6-23 轻钢骨架隔墙

二、块材隔墙

1. 砖砌隔墙

砖砌隔墙有 1/4 砖厚和 1/2 砖厚 2 种，一般采用半砖隔墙，用普通或多孔砖顺砌而成，其标志尺寸为 120mm。砌墙用的砂浆强度等级应不低于 M5。当采用 M5 砂浆砌筑时，高度不宜超过 4m，长度不宜超过 6m。当墙高超过 4m 或墙长超过 6m，应有加固措施：当高度超过 4m 时，应在门窗过梁处设通长钢筋混凝土带；当长度超过 6m 时，应设砖壁柱。

施工时将隔墙与承重墙或柱通过拉结筋连接，一般沿高度每隔 500～800mm 在灰缝内设 2Φ6 通长拉结筋，或沿隔墙高度每隔 1200mm 设一道 30mm 厚水泥砂浆层，内放 2Φ6 拉结钢筋。

隔墙顶部采用斜砌立砖，填堵墙与楼板间的空隙如图 6-24 所示。或留出约 30mm 的空隙，再用并塞木楔打紧，然后用砂浆填缝，以预防上部结构变形时对隔墙产生挤压破坏。隔墙上有门时，要将预埋件或带有木楔的混凝土预制块砌入隔墙中以固定门框。

2. 砌块隔墙

砌块隔墙厚度取决于砌块尺寸，一般为 90～120mm。由于砌块具有孔隙率大、吸水性强的特点，所以砌筑时常在墙下先砌筑 3～5 皮黏土实心砖。砌块隔墙厚度较薄，与砖砌隔墙相似，也需要采取加固与稳定性措施，方法与砖隔墙类似，如图 6-25 所示。

砌块不够整块时宜用普通黏土砖填补。砌块隔墙的构造处理方法同普通砖隔墙，但对

于空心砌块有时也可以竖向配筋拉结。

　　轻质砌块隔墙可直接砌在楼板上，不必再设承重梁，但不宜用于潮湿房间。

　　块材隔墙坚固耐久，有一定隔声能力，但自重大，湿作业多，施工麻烦，工期较长。

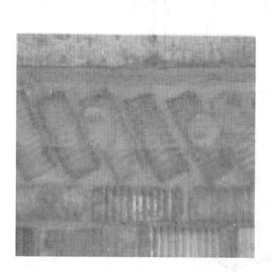

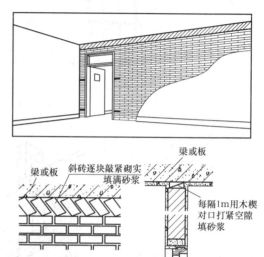

图 6-24　砖隔墙与梁板相接

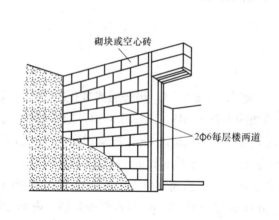

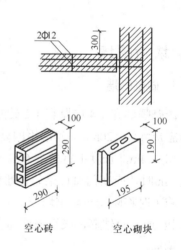

图 6-25　砌块隔墙构造

三、板材隔墙

　　板材隔墙是指单块轻质板材的高度相当于房间净高的隔墙，它不依赖骨架，可直接装配而成，如图 6-26 所示，具有自重轻、安装方便、施工速度快、工业化程度高的特点。目前多采用条板，如加气混凝土条板、石膏条板、炭化石灰板、石膏珍珠岩板及水泥钢丝网夹心复合墙板(泰柏板)、复合彩色钢板等。条板厚度大多为 60～100mm，宽度为 600～1000mm，长度略小于房间净高。安装时，条板下部先用一对对口木楔顶紧，然后用细石混凝土堵严，板缝用黏结砂浆或黏结剂进行黏结，并用胶泥刮缝，平整后再做表面装修。

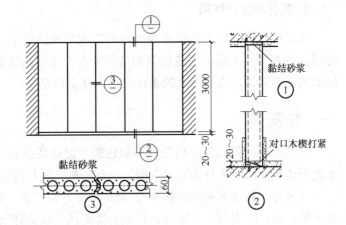

图 6-26 板材隔墙

板材类属于新型墙体材料，有《蒸压加气混凝土板》(GB 15762—1995)、《钢丝网架聚苯乙烯夹芯板》(JC 623—1996)、《石膏空心条板》(JC/T 829—1998)、《玻璃纤维增强水泥轻质多孔隔墙条板》(GB/T 19631—2005)，简称 GRC 板，等等。

新型墙体材料还包括原料中掺有不少于 30%的工业废渣、农作物秸秆、建筑垃圾、江河(湖、海)淤泥的墙体材料产品(烧结实心砖除外)，符合国家标准、行业标准和地方标准的混凝土砖、烧结保温砖(砌块)、复合保温砖(砌块)、预制复合墙板(体)、聚氨酯硬泡复合板等。

任务七 墙面装修

墙体饰面装修部位有外墙面和内墙面 2 种类型。部位不同，使用环境不同，构造做法有很大差异。根据饰面材料和做法不同，外墙面装修分为抹灰类、贴面类、涂料类，内墙面装修除了上述 3 类外，还有裱糊类。

外墙面装修要求选择强度高、耐候性好的建筑材料；内墙面装修应根据房间的功能要求和装修标准来选择材料。

墙面装修主要有如下作用。

1. 保护作用

墙体暴露在大气中会在风、霜、雨、雪、太阳辐射等的作用下发生老化，表面疏松、碳化，影响墙体坚固与安全使用。通过墙面装修可以给墙体披上一层外衣，防止自然界不利因素的影响与侵害，减少外力机械的磨损、碰撞和破坏，延长墙体的使用寿命。

2. 改善墙体的性能

通过墙体装修，可以提高内外墙体清洁条件，改善室内外视觉环境，减少空气渗透，增强墙体保温、隔热、隔声性能。白色的内墙可以提高室内的亮度；白色的外墙可以反射太阳光，夏季起到一定的隔热作用；外墙贴面砖可以避免雨水渗透墙内，减少雨水冲刷带来的污渍，同时对隔声有一定的效果。

3. 美化和装饰作用

建筑师根据使用者的特点及室内外空间环境的要求，通过材料质感和色彩的合理巧妙运用，给人产生美感，创造优美和谐的室内外环境。玻璃幕墙的巧妙运用不仅可以增强外墙面的光感效果，虚实结合的手法也给人视觉的享受。

一、抹灰类

抹灰类饰面是用各种加色或不加色的水泥砂浆或石灰砂浆、混合砂浆、石膏砂浆以及水泥石渣等做成的各种饰面抹灰层，又称粉刷，属传统的饰面做法。

抹灰分一般抹灰和装饰抹灰 2 类。水泥砂浆抹灰、混合砂浆抹灰、石灰砂浆抹灰等属于一般抹灰，水刷石、干粘石、斩假石等均属于装饰抹灰。

抹灰施工应分层操作，以确保灰层黏结牢固，避免出现裂缝，达到表面平整的要求。抹灰层一般由底层、中层、面层 3 个层次组成。

底层主要起与基层粘接及初步找平的作用。当基层为砖石墙时，可用水泥砂浆或混合砂浆打底，基层是板条墙时用石灰砂浆做底灰并掺入麻刀或其他纤维。轻质混凝土砌块墙多用混合砂浆或聚合物砂浆。对混凝土墙或湿度大、有防水防潮要求的房间，底灰宜用水泥砂浆，厚度宜为 5~15mm。

中层起进一步找平作用，材料与底层相同，厚度一般为 5~10mm。

面层起装饰作用，要求表面平整、色彩均匀、无裂缝，可以做成光滑、粗糙等不同质感。

抹灰按质量和主要工序划分为普通抹灰、中级抹灰、高级抹灰 3 种标准。其中普通抹灰无中层，厚度不超过 18mm；中级抹灰有 1 层中层，厚度不超过 20mm；高级抹灰有多个中层，厚度不超过 25mm。

在公共活动场所或有防水防潮要求的房间，要做 1.5m 或 1.8m 高的墙裙，内墙与楼地面的交接处，要做 150mm 高的踢脚，内墙阳角包括门窗洞口通常做高 2m 左右的水泥砂浆护角，以保护墙面。

二、贴面类

贴面类装修是指将各种天然石材或人造板、块，通过绑、挂或直接粘贴于基层表面的装修做法，具有耐久性好、装饰性强、易清洗等优点。常用的有花岗岩和大理石等天然石板，水磨石、水刷石、剁斧石等人造石板，以及面砖、瓷砖、锦砖等陶瓷和玻璃制品。

内墙面装修一般选用质地细腻、耐候性差的各种大理石、瓷砖，外墙面装修多选择耐候性好的面砖、锦砖、花岗岩。

天然石板装饰效果好，但加工复杂、价格较贵，多用于高级墙面装修中；人造石板色彩多样，具有天然石板的花纹和质感，且造价低，常见的有水磨石板、仿大理石板等。

贴面类墙面装修常用的施工方法如下。

1. 湿挂石材法

湿挂石材法是在砌墙时预埋镀锌铁钩，在铁钩内立竖筋，间距 500～1000mm，然后按面板的规格在竖筋上绑扎横筋，形成Φ6 钢筋网。石板上端两边钻有小孔，用铜丝或镀锌铁丝穿孔将其绑扎在横筋上。板与墙身间留 30mm 间隙，分 3 层浇灌 1∶2.5 水泥砂浆，每次浇灌高度不宜超过板高的 1/3，第三次灌浆后应与板上皮距 50mm，以便和上层石板的灌浆结合在一起。

2. 干挂石材法

干挂石材法是采用角钢、槽钢作为横竖龙骨，间距要考虑石板规格、结构安全稳定性，必要的需进行专项设计。竖龙骨与墙面上预埋铁件焊接，横、竖龙骨通过螺栓连接在一起。石板上端、下端分别在两侧剔有凹槽，借助凹槽通过连接件将石板与横龙骨连接在一起。石板与墙体间缝隙在 100mm 左右，不需灌浆，所以称干挂法。

3. 砂浆粘贴法或树脂粘贴法

其他材料如陶瓷锦砖和面砖，可直接用水泥砂浆或树脂粘贴于墙面。

三、涂料类

涂料类墙面装修具有造价低、装饰性好、工期短、工效高、自重轻以及操作简单、维修方便、更新快等特点，在住宅建筑中得到广泛应用。涂料按成膜物质不同可分为无机涂料和有机涂料。

1. 无机涂料

无机涂料包括普通无机涂料和无机高分子涂料。普通无机涂料如石灰浆、大白浆、可赛银浆等，多用于标准的室内装修。无机高分子涂料有 JH80-1 型、JH80-2 型、JHN84-1 型、F832 型、HL-82 型、HT-1 型等。无机高分子涂料耐候性好、装饰效果好、价格较高，多用于外墙面和有耐擦洗要求的内墙面装修。

2. 有机涂料

有机涂料按其主要成膜物质与稀释剂不同，有溶剂型涂料、水溶性涂料和乳液涂料 3 类。

溶剂型涂料有传统的油漆涂料、苯乙烯内墙涂料、聚乙烯醇缩丁醛内(外)墙涂料、过氯乙烯内墙涂料等；常见的水溶性涂料有聚乙烯醇水玻璃内墙涂料(106 涂料)、聚合物水泥砂浆饰面涂层、改性水玻璃内墙涂料、108 内墙涂料、ST-803 内墙涂料、JGY-821 内墙涂料等；乳液涂料又称乳胶漆，常见的有乙丙乳胶涂料、苯丙乳胶涂料等，多用于内墙装修。

建筑涂料的施涂方法一般分为刷涂、滚涂和喷涂、弹涂。施涂溶剂型涂料和水溶性涂料时，后涂的必须在前一遍涂料干燥后进行，否则会出现质量问题。

在潮湿或有水作业的房间施涂涂料时，应选用耐洗刷性较好的涂料和耐水性能好的腻子材料(如聚醋酸乙烯乳液水泥腻子)。用于外墙上应选择耐候性好的涂料。

四、裱糊类

裱糊类墙面装修是将各种装饰性的墙纸、墙布、丝锦等装饰材料裱糊在墙面上一种装修做法，常用的有 PVC 塑料壁纸、复合壁纸、玻璃纤维墙布等。裱糊类墙体饰面装饰性强、经济、施工方法简捷高效、更新方便，并且在曲面和墙面转折处粘贴时能顺应基层，获得连续的饰面效果。

墙面应采用整幅裱糊，并统一预排对花接缝，不足一幅的应放在较暗和不明显部位。裱糊的顺序为先上后下、先高后低，应使墙纸长边对准基层上弹出的垂直基准线，用刮板或胶辊赶平压实。阴阳转角应垂直，棱角应分明。阴角处墙纸顺光搭接，阳面处不得有接缝，并应包角压实。

五、铺钉类

铺钉类墙面装修是将各种天然或人造薄板镶钉在墙面上的装修做法，其构造由骨架和面板两部分组成。骨架分木骨架和金属骨架 2 种，采用木骨架时为防火安全，应在木骨架表面涂刷防火涂料。为防止因墙面受潮而损坏骨架和面板，常在立筋前先在墙面上摸一层 10mm 厚的混合砂浆，并涂刷热沥青 2 遍，或粘贴油毡 1 层。

室内墙面一般采用硬木条板、胶合板、纤维板、石膏板及各种吸音板等。硬木条板装修是将各种截面形式的条板密排竖直镶钉在横撑上。胶合板、纤维板等人造薄板可用圆钉或木螺钉直接固定在木骨架上，板间留有 5～8mm 缝隙以保证面板有伸缩的可能，也可用木或金属压条盖缝。石膏板和金属骨架一般用自攻螺钉或电钻钻孔后用镀锌螺钉连接。

六、幕墙

幕墙有玻璃幕墙和板材(如石材、人造板材等)幕墙，在公共建筑中应用广泛。幕墙悬挂在主体结构上，承受风荷载，并通过连接件传到主体结构上，如图 6-27 所示。

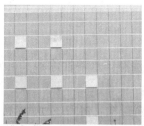

图 6-27　幕墙示例

玻璃幕墙按构造方式不同分有框玻璃幕墙和无框玻璃幕墙。在有框玻璃幕墙中，又有明框和隐框 2 种。近年来又出现了一种点支承玻璃幕墙，即玻璃面板通过点支承装置与其支承结构组成的幕墙。有框玻璃幕墙可现场组装，也可预制装配，而无框玻璃幕墙和点支承玻璃幕墙则只能现场组装。

玻璃幕墙金属边框可用铝合金、铜合金、不锈钢等型材制作。铝型材有实腹和空腹 2

种。空腹型材节约材料，对抗风有利。

　　竖梃通过连接件固定在楼板上，其间留有 100mm 左右空隙，便于施工安装时调差，连接件形状如图 6-28 所示。要考虑竖梃能在上下、左右、前后 3 个方向均可调节移动，所以连接件上的所有螺栓孔都设计成椭圆形的长孔。竖梃与横档通过角形铝铸件或专用铝型材连接，如图 6-29 所示。铝角与竖梃、铝角与横档均用螺栓固定。由于铝合金型材一般的供货长度是 6000mm，但通常玻璃幕墙的竖梃依一个层间高度来划分，即竖梃的高度等于层高。因此，相邻层间的竖梃需要通过套筒来连接，竖梃与竖梃之间应留有 15～20mm 的空隙，以解决金属的热胀问题；考虑到防水，还需用密封胶嵌缝。

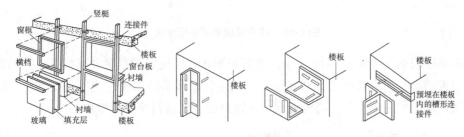

图 6-28　玻璃幕墙连接件示例

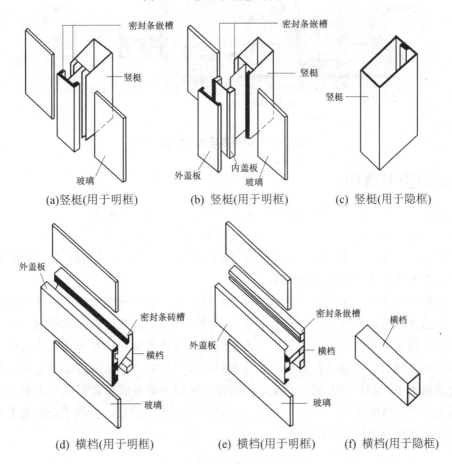

(a)竖梃(用于明框)　　　(b) 竖梃(用于明框)　　　(c) 竖梃(用于隐框)

(d) 横档(用于明框)　　　(e) 横档(用于明框)　　　(f) 横档(用于隐框)

图 6-29　玻璃幕墙铝框型材断面图

隐框幕墙玻璃安装如图 6-30 所示，金属框隐蔽在玻璃背面，需要制作一个从外面看不见框的玻璃板块，然后采用压块、挂钩等方式与幕墙的主体结构连接。

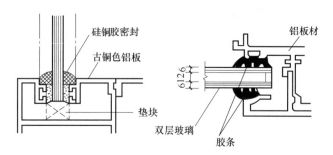

图 6-30　隐框幕墙玻璃安装示例

明框幕墙玻璃安装如图 6-31 所示，玻璃是镶嵌在竖梃、横档等金属框上，并用金属压条卡住。玻璃与金属框接缝处的防水构造处理是保证幕墙防风雨性能的关键部位。接缝构造目前国内外采用的方式有 3 层构造层，即密封层、密封衬垫层、空腔。

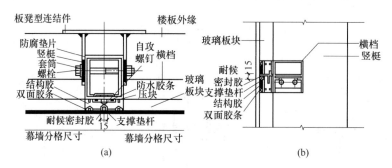

图 6-31　明框幕墙玻璃安装示例

七、墙面变形缝构造

变形缝是在设计时预先将房屋划分成若干个独立的部分，使各部分能够自由变形，互不影响，防止由于温度变化、地基不均匀沉降和地震因素而使建筑物发生裂缝或破坏。这种将建筑物垂直分开的预留缝称为变形缝。变形缝包括伸缩缝、沉降缝和防震缝 3 种，无论哪一种变形缝，都需要墙体处断开。

在建筑施工图中，墙体变形缝处的构造处理不当，会影响变形缝两侧建筑空间的使用功能。虽然伸缩缝、沉降缝、防震缝的作用不同，但墙体处的构造基本相同：墙体在缝处全部断开，保证缝两侧墙体自由变形。为避免变形缝处墙体受外界雨水、冷热空气等自然因素的影响，缝内应填塞沥青麻丝、泡沫塑料等弹性材料，墙面需做盖缝处理。外墙面可采用金属板调节，如镀锌钢板、铝板，内墙面可采用木板条或金属装饰板盖缝，只一边固定在墙上，允许自由变形，如图 6-32 所示。当用金属板盖缝时，为便于金属板上面抹灰处理，常在金属板上加钉钢丝网。

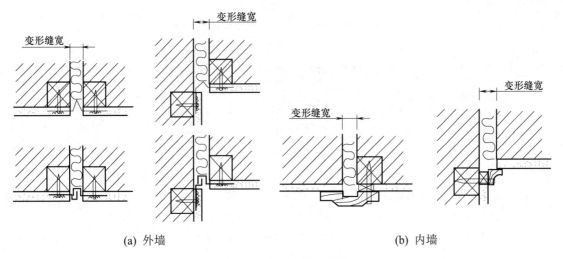

(a) 外墙   (b) 内墙

图 6-32 墙体变形缝构造

归纳总结

1. 复合墙构造方式有外保温、内保温、夹芯保温 3 种。

2. 在正常使用和正常维护条件下，外墙外保温工程的使用年限不少于 25 年。

3. 外保温工程应做好密封和防水构造设计。

4. 隔墙可分为轻骨架隔墙、块材隔墙、板材隔墙 3 类。

5. 变形缝包括伸缩缝、沉降缝、防震缝 3 种；变形缝处墙体断开，需盖缝。

6. 墙面装修有保护作用，美化和装饰作用，改善墙体性能。

实 训

一、结合施工图建筑设计说明，理解该工程外墙保温的方式及内外墙装修做法。

二、结合建筑平面图，明确隔墙设置、类型及厚度。

三、看下图回答问题：

1. 写出图中柱的名称、断面尺寸。

2. 写出该建筑的结构形式？

3. 节能墙体构造方式是哪一种？墙厚是多少？

4. 怎样进行墙体定位与放线？

5. 墙段长度是多少？采用砌块 290mm×190mm×90mm 砌筑方式怎样？

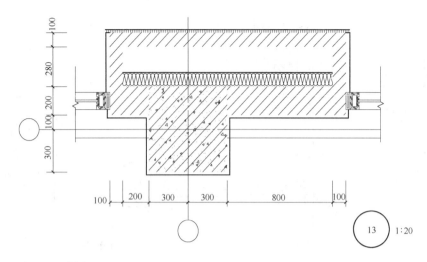

四、看下图回答问题:

1.钢筋混凝土窗台、框架梁是否热桥部位?如何阻断热桥?

2.外墙构造方式是哪一种?厚度是多少?

3.外饰面材料有贴面砖、涂料2种,请指出涂料使用的部位?

4.女儿墙厚度是多少?是否采取保温措施?

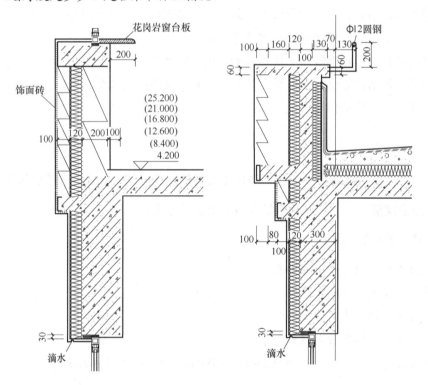

项目七　楼地层施工图识读

教学目标

知识目标：掌握楼地层构造组成，掌握钢筋混凝土楼板的形式，理解阳台、雨篷构造要点，理解楼地层各部分作用，了解楼地面装修做法。

能力目标：熟练识读楼地层构造做法，能够发现其中的缺陷和不足，提出改进的意见。

教学重点：楼地层防水、防潮、隔声等处理方式。

教学难点：现浇钢筋混凝土预应力空心楼板应用。

教学建议及其他说明：识图与实物结合，加深对施工图的理解；实际勘察已建工程，拍摄实景照片。

任务一　认知楼地层

楼地层是房屋的重要组成部分，是楼板层和地坪层的简称，是划分房屋竖向空间的水平构造。楼板层，又称楼面，承受其上的全部荷载，并向下传递给墙或柱；地坪层又称地面，位于房屋建筑最下部，与土壤直接接触，是房屋建筑与土壤之间的分隔构造，承受其上的全部荷载，并均匀地传给下面的地基(夯实土层)。

楼地层是供人们在上面活动的构造层，它们具有基本相同的构造，都有面层、结构层、附加功能层；但由于所处位置不同，楼板层还包含有顶棚。它们的面层是相同的，不过结构层、附加功能层有所区别：楼板层的结构层是楼板，地坪层的结构层为垫层；楼板层有隔声等功能要求，地坪层有防潮、保温等要求。楼地层的构造组成如图 7-1 所示。

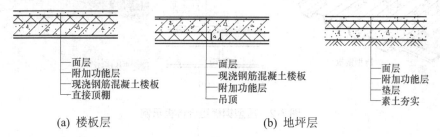

(a) 楼板层　　　　　　　　　　(b) 地坪层

图 7-1　楼地层的构造组成

一、面层

面层是人们日常工作、生活直接接触的部位，直接承受各种物理和化学作用。当建筑环境的使用性质发生变化时，面层的做法也会有所改变，如居住或人们长时间停留的房间应有较好的蓄热性和弹性，浴室、厕所要求防滑、耐潮湿、不透水，厨房要求防水、耐火，实验室要求耐酸碱、耐腐蚀等。面层应具有一定的强度和耐久性，承受并传递荷载，保护结构层而避免人为损坏，同时又具有装饰美化室内、便于清洗的作用。

根据面层材料不同有水泥砂浆楼地面、水磨石楼地面、花岗石楼地面、细石混凝土楼地面、地砖楼地面等，按照面层材料和做法不同可归纳为整体面层楼地面，如水泥砂浆、细石混凝土、现制水磨石、彩色耐磨混凝土楼地面；块材面层楼地面，如防滑彩色釉面砖、磨光花岗石板等块材和板材；木材面层楼地面，如软木楼地面、橡胶软木楼地面、复合木地板楼地面，等等。

二、结构层

结构层是楼板层、地坪层起承重作用的构件，承受楼地层传来的各种恒荷载及活荷载，并将其传递给墙柱或地基。

楼板层的结构层为楼板，包括梁和板；地坪层的结构层为垫层。垫层应具有一定的强度；楼板应具有足够的强度和刚度，才能保证结构安全和正常使用，同时楼板还对墙身起水平支撑作用，能够增强房屋刚度和整体性。足够的强度是指楼板能够承受其上的使用荷载和自身重量，足够的刚度是指楼板的变形在允许范围内。此外，楼板还应满足隔声、防火、热工、防水及经济等多方面的要求。

楼板按材料不同有木楼板、钢筋混凝土楼板、钢楼板、压型钢板组合楼板等。木楼板强度较低，易腐蚀、耐久性差、易燃，应用越来越少；钢楼板强度高、自重轻，但用钢量大，防火性能差，造价高。目前应用最广的是钢筋混凝土楼板。压型钢板组合楼板是在型钢梁上铺设压型钢板，再整浇混凝土而成，如图7-2所示。压型钢板既是混凝土的永久性模板，又可以承受拉力，多用在钢结构建筑中。

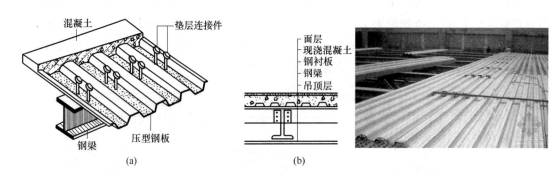

图7-2　压型钢板组合楼板示例

垫层按材料性能不同有刚性垫层和非刚性垫层。刚性垫层通常采用低强度等级混凝土，如 60～100mm 厚 C20 细石混凝土；非刚性垫层，如 50mm 厚砂垫层、80～150mm 厚碎石灌浆、50～70mm 厚石灰炉渣、70～120mm 厚三合土(石灰、炉渣、碎石)。刚性垫层有足够的整体刚度，受力后不易产生变形，主要用于整体面层和小块材面层的地坪层。非刚性垫层多用作刚性垫层的辅助层。

三、附加功能层

附加功能层是为满足某些特殊使用要求而设置的构造层，如防水层、保温层、隔声层和管道敷设层等。节能建筑地坪层要求设保温层，厨房、卫生间等楼地层要求设防水层，宾馆等建筑的楼板层为隔绝固体撞击声而设置隔声层，管线敷设层是为设备的水平暗管线而设的构造层。

四、顶棚层

楼板层下面部分还需设置顶棚，用来保护楼板、装饰室内空间、安装灯具及满足室内特殊使用要求等。根据其构造不同有直接顶棚和吊顶，直接顶棚是在楼板底直接抹灰、喷刷、贴面；吊顶是悬吊的顶棚，由吊筋、骨架和饰面板材组成，吊筋将骨架与楼板或屋面板连接在一起，骨架用来固定面层。

楼板层隔声主要是针对固体传声，即步履声、移动家具对楼板的撞击声、洗衣机振动声等。由于声音在固体中传递时声能衰减很少，所以固体传声比空气传声的影响更大。隔绝固体传声的方法是在楼板层上铺设弹性面层，减弱对楼板的撞击，如铺设地毯、塑料等；也可结合室内空间的要求，在楼板下设置吊顶，利用楼板与顶棚间空气层减弱声能。隔声要求高的房间，还可在顶棚上铺设吸声材料加强隔声效果。

《住宅建筑构造》(11J930)中列举了楼地面做法。节能地面构造做法示例如图 7-3 所示；楼面构造做法示例如图 7-4 所示。

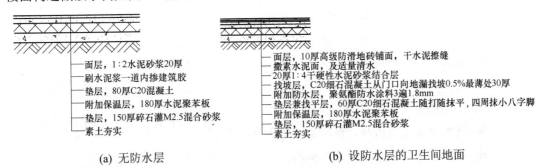

(a) 无防水层

面层，1:2水泥砂浆20厚
刷水泥浆一道内掺建筑胶
垫层，80厚C20混凝土
附加保温层，180厚水泥聚苯板
垫层，150厚碎石灌M2.5混合砂浆
素土夯实

(b) 设防水层的卫生间地面

面层，10厚高级防滑地砖铺面，干水泥擦缝
撒素水泥面，及适量清水
20厚1:4干硬性水泥砂浆结合层
找坡层，C20细石混凝土从门口向地漏找坡0.5%最薄处30厚
附加防水层，聚氨酯防水涂料3遍1.8mm
垫层兼找平层，60厚C20细石混凝土随打随抹平，四周抹小八字脚
附加保温层，180厚水泥聚苯板
垫层，150厚碎石灌M2.5混合砂浆
素土夯实

图 7-3　节能地面构造做法示例

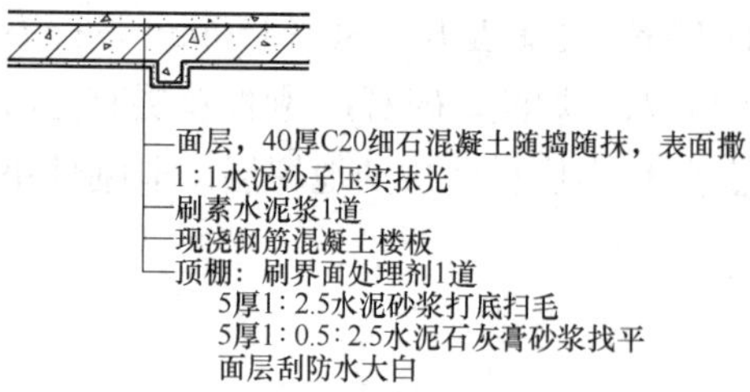

面层，40厚C20细石混凝土随捣随抹，表面撒
1:1水泥沙子压实抹光
刷素水泥浆1道
现浇钢筋混凝土楼板
顶棚：刷界面处理剂1道
5厚1:2.5水泥砂浆打底扫毛
5厚1:0.5:2.5水泥石灰膏砂浆找平
面层刮防水大白

面层，10厚高级防滑地砖铺面，干水泥擦缝
撒素水泥面，及适量清水
20厚1:4干硬性水泥砂浆结合层
找坡层，C20细石混凝土从门口向地漏找坡0.5%最薄处30厚
附加防水层，聚氨酯防水涂料3遍1.8mm
找平层，20厚1:3水泥砂浆，四周抹小八字脚
刷素水泥浆一道
现浇钢筋混凝土楼板

(a) 无防水层 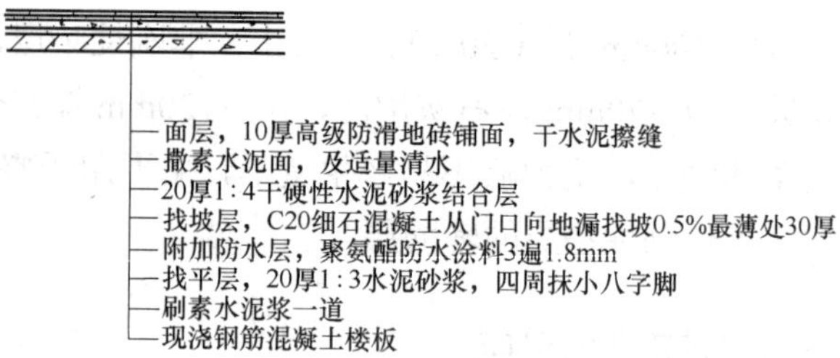   (b) 设防水层的卫生间楼面

图 7-4　楼面构造做法示例

归纳总结

1. 楼地层是划分房屋建筑竖向空间的水平构件，是楼板层和地坪层的简称。

2. 楼板层由面层、结构层(楼板)、顶棚层、附加功能层组成；地坪层由面层、结构层(垫层)、附加功能层、基层(夯实土)组成。

3. 楼板层隔声主要是隔绝固体声；采取的措施有铺设弹性面层、设置吊顶、吊顶上铺设吸声材料，以面层处理效果最好。

4. 附加功能层是为满足防水、防潮、保温、隔声等而设置的构造层。

5. 楼板应具有足够的强度和刚度，满足隔声、防火、热工等使用要求。

实　训

一、选择题

1. 下列(　　)措施不能有效隔绝楼板固体传声。

　　A. 设弹性面层　　　　B. 设吊顶　　　　C. 设吸声层　　　　D. 采用实心楼板

2. 楼板层的构造组成有(　　)。

　　A. 附加功能层、面层、结构层、顶棚层

　　B. 面层、结构层、垫层、顶棚层

　　C. 面层、附加功能层、垫层、基层

　　D. 附加功能层、面层、结构层、基层

3. 地坪层的构造组成有(　　)。

　　A. 附加功能层、面层、结构层、顶棚层

　　B. 面层、结构层、垫层、顶棚层

　　C. 面层、附加功能层、垫层、基层

　　D. 附加功能层、面层、基层

4.(　　)承受上部的全部荷载，并传递给墙或柱的水平构件。

　　A. 楼板层　　　　B. 地坪层　　　　　C. 面层　　　　D. 楼板

5. 地坪层是指承受其上部的全部荷载，并传递给下部(　　)的构造。

　　A. 楼板　　　　　B. 顶棚　　　　　C. 垫层　　　　　D. 地基

二、用 AutoCAD 软件绘制图 7-3 中节能地面构造做法。

任务二　钢筋混凝土楼板类型

钢筋混凝土楼板是目前房屋建筑中应用最广泛的一种楼板形式，具有强度高，能够承受较大荷载；刚度大，不易变形；耐火性能好，可用于各耐火等级的建筑；便于工业化生产和机械化施工，降低作业人员劳动强度；取材方便，造价较低等优点，但自重较大，容易出现裂缝。

钢筋混凝土楼板按照施工方法不同可分为现浇式、装配式、装配整体式三种。现浇钢筋混凝土楼板与墙、梁连接整体性好，刚度大，有利于抗震；梁板布置灵活，能适应各种不规则形状及预留孔洞等特殊要求的建筑，但施工过程中模板耗用量大，进度慢。装配式钢筋混凝土楼板虽然能够节省模板，改善制作工人的劳动条件，加快施工进度，但楼板的整体性较差，刚度较差。装配整体式钢筋混凝土楼板则既可以节省模板，加快施工进度，又能增强楼板与其他构件连接的整体性，综合了现浇和预制钢筋混凝土楼板的优点。

钢筋混凝土楼板是受弯构件，在荷载作用下，下部受拉，上部受压，中和轴附近单位面积上的荷载较小，所以为减轻板的自重，常将板做成空心板或槽形板。

一、现浇式钢筋混凝土楼板

现浇式钢筋混凝土楼板是在施工现场支护模板，绑扎钢筋，并整体浇灌混凝土，经养护而成，适用于有抗震设防要求及防水要求较高及有管道穿过的房间。按其结构形式不同有肋梁楼板、井式楼板、无梁楼板，如图 7-5 所示。

1. 肋梁楼板

肋梁楼板由板、次梁、主梁现浇而成，如图 7-5(a)、图 7-5(b)所示。通常情况下，肋梁楼板在纵横 2 个方向都设置梁。根据板的受力情况不同有单向板肋梁楼板和双向板肋梁楼板。单向板，可以认为短跨方向承受荷载，长跨方向受力较小，甚至可以忽略；双向板，即 2 个方向都受力。

四边支撑的板应按下列规定计算：当长边与短边长度之比小于或等于 2.0 时，应按双向板计算；当长边与短边长度之比大于 2.0 但小于 3.0 时，宜按双向板计算；当按沿短边方向受力的单向板计算时，应沿长边方向布置足够数量的构造钢筋；当长边与短边长度之比大于或等于 3.0 时，可按沿短边方向受力的单向板计算。

肋梁楼板布置应综合考虑建筑物的使用要求、房间大小及形状、荷载作用情况等因素。一般主梁沿房间短跨方向布置，次梁垂直于主梁，如果房间短跨不大，也可只沿短跨方向布置一种梁。主梁、次梁及墙或柱应有规律布置，做到上下对齐，以便传力直接，受力合理；梁避免支承在门窗洞口上；一般情况下，单向板的经济跨度为1.7～2.5m，不宜大于3m，双向板短边跨度宜小于4m，方形双向板宜小于5m×5m；次梁的经济跨度为4～6m，主梁的经济跨度为5～8m；主梁高度为跨度的1/14～1/8，宽度为高度的1/3～1/2；次梁的高度为跨度的1/18～1/12，宽度为高度的1/3～1/2。梁高包括板厚。主梁的跨度即为柱的间距，次梁的跨度为主梁的间距，板的跨度为次梁的间距。由于肋梁楼板中板部分混凝土用量占50%～70%，因此为减轻自重，板厚宜取薄些。双向板厚度不小于80mm，一般为80～160mm；单向板厚度不小于60mm，一般为70～100mm；肋间距小于等于700mm的密肋板，厚度不小于40mm，肋间距大于700mm时，厚度不小于50mm。

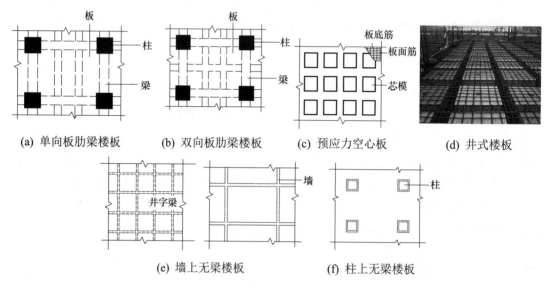

(a) 单向板肋梁楼板　(b) 双向板肋梁楼板　(c) 预应力空心板　(d) 井式楼板

(e) 墙上无梁楼板　　　　(f) 柱上无梁楼板

图7-5　现浇钢筋混凝土楼板类型

现浇预应力空心板(XKB)，可认为是肋梁楼板的特例，如图7-5(c)、图7-5(d)所示，可有效降低层高，减轻自重，减少结构混凝土和钢筋用量，降低地震作用等；在使用功能上可以实现大跨度，提高隔声、隔热效果。

2. 井式楼板

当肋梁楼板2个方向的梁等间距布置、梁高相同而不分主次、同位相交呈井字形时，称为井式楼板。井式楼板是肋梁楼板的一种特例，如图7-5(e)所示。井式楼板为双向板肋梁楼板。

井式楼板宜用于正方形平面，也可用于长短边之比不大于1.5的矩形平面。梁与墙体可正交放置，也可斜交放置。井式楼板中板的跨度在3.5～6m，梁的跨度可达20～30m，梁高度不小于跨度的1/15，宽度为梁高的1/4～1/2，且不少于120mm。由于井式楼板底部的井格梁整齐规整，图案美观，有装饰效果，并且由于2个方向的梁互相支撑，为创造较大的建筑空间创造了条件，可以用于较大的无柱空间，同时还可以形成艺术效果很好的顶棚。

3. 无梁楼板

无梁楼板为平板直接支承在墙或柱上，不设梁，分别称为墙上无梁楼板和柱上无梁楼板，如图 7-5(f)、图 7-5(g)所示。墙上无梁楼板，又称板式楼板，是最简单的一种形式，按支承和受力情况分为单向板和双向板。柱上无梁楼板是一种双向受力的板柱结构，为了提高柱顶处平板的受冲切承载力，往往在柱顶设置柱帽。无梁楼板采用的柱网通常为正方形或接近正方形，常用的柱网尺寸为 6m 左右。采用无梁楼板顶棚平整，有利于室内的采光、通风，视觉效果较好，且能减少楼板所占的空间高度。柱上无梁楼板最小厚度通常为 150mm，且不小于板跨的 1/35～1/32。墙上无梁楼板常用于砖混结构开间不大的房间，如住宅的卧室、厨房、卫生间及公共建筑的走廊等；柱上无梁楼板多用于商场、仓库、多层车库等建筑内。

柱上无梁楼板抗侧向刚度较差，当层数较多或有抗震要求时，宜设置剪力墙，形成板柱—剪力墙结构。

二、装配式钢筋混凝土楼板

装配式钢筋混凝土楼板是指由预制构件通过一定的方式连接装配而成，预制构件可在加工厂或施工场地外预先制作，然后运到施工现场进行安装。

装配式钢筋混凝土楼板按照其应力状况不同有预应力和非预应力 2 种。所谓预应力是指构件受外力荷载作用前，预先人为地对其施加应力，由此产生的预应力状态用以抵消或减少外荷载所引起的应力。和非预应力构件相比，预应力构件可省钢材 30%～50%，节约混凝土 10%～30%；减少截面尺寸，减轻自重；提高承载力，减少挠度。装配式钢筋混凝土楼板多为预应力构件。

装配式钢筋混凝土楼板根据其截面形式不同有平板、槽形板、空心板 3 种常用类型，如图 7-6 所示。

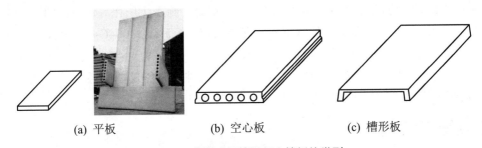

(a) 平板   (b) 空心板   (c) 槽形板

图 7-6 装配式钢筋混凝土楼板的类型

装配式钢筋混凝土楼板的长度应与房屋的开间或进深一致，为扩大模数 3m 的整数倍数；板的宽度根据制作、吊装和运输条件及有利于板的排列组合确定，一般为 1m 的整数倍数；板的厚度尺寸须经结构计算确定，一般为 1/10m 的整数倍数。

(一)板的类型

1. 平板

平板制作简单，上下表面平整，但自重较大，隔声效果较差，常用于跨度较小的房间，

如过道、卫生间、厨房等,也可用于阳台板、雨篷板、盖板等处。

板的跨度一般不超过 2.4m,宽度为 500~900mm,厚度可取跨度的 1/30,一般为 60~80mm。

2. 槽形板

槽形板是一种梁、板合一的预制构件,是在平板的两侧设有边肋,边肋相当于小梁,板上的荷载主要由边肋承担。

槽形板按照板的应力状况不同有普通型和预应力 2 种类型。预应力槽形板的厚度较薄,仅有 25~30mm,宽度为 500~1200mm,跨度通常为 3~6m,板肋高为 120~240mm。槽形板具有减轻自重、节省材料、便于在板上开洞等优点,但隔声效果差。各地区制定了建筑标准设计图集,如《钢筋混凝土槽形板》(辽 94G310)。

为了提高槽形板的刚度,在板的两端常设端肋封闭。槽形板的搁置方式有 2 种,一种是板肋在上的倒置式;另一种是板肋在下的正置式。正置式槽形板受力合理,但板底不平整,也不利于室内采光,通常需要设置吊顶增加美观和隔声效果,可用于厨房、卫生间等处楼板;倒置式槽形板虽然板底平整,但受力不太合理,楼面需要进行特别处理,槽内可填充保温隔声材料提高板的保温隔声能力,可用于有保温隔声要求的楼板。

3. 空心板

空心板也是一种梁、板合一的预制构件,其结构计算理论与槽形板相似,二者的材料消耗也相近,但空心板上下板面平整,且隔声效果优于槽形板、实心平板,因此是目前应用较普遍的一种装配式楼板形式。

空心板的孔洞有矩形、圆形、椭圆形等,矩形孔较为经济但抽孔困难;圆形孔制作方便,使用较广。根据板的宽度,孔数有奇数孔和偶数孔,多采用奇数孔。空心板也有普通型和预应力 2 种。预应力空心板具有厚度小、自重轻、施工工厂化等优点,应用广泛。各地区制定了建筑标准设计图集,如《预应力混凝土空心板》(辽 2004G401—1)。

目前我国预应力空心板的跨度可达到 6m、6.6m、7.2m 等,板的厚度为 120~300mm。空心板安装前,应在板端圆孔内填塞 C15 混凝土短圆柱,避免板端被压坏。

空心板上不宜任意开洞,如需开洞,应在板制作时预留。

(二)板的布置

板的布置应根据房间的平面尺寸、使用要求确定铺板范围,并尽可能减少板的规格种类,因为板的规格多,不但加工制作麻烦,同时施工较复杂,容易搞错。

确定板的规格应首先以房间的短边为板跨,如走廊等狭长空间,首先可沿走廊横向铺板,不仅板跨小,板厚小,而且板底平整,如图 7-7(a)所示;也可采用与房间开间尺寸相同的预制板沿走廊纵向铺设,但需设梁支承,如果板底不做吊顶时,板底梁外露,如图 7-7(b)所示。

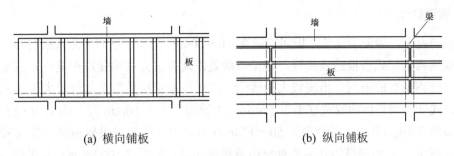

(a) 横向铺板   (b) 纵向铺板

图 7-7 板的布置方式

(三)板的细部构造

1. 板的搁置长度及锚固要求

预制板搁置在墙上或梁上时,应保证有一定的搁置长度:搁置在梁上时应不小于 60mm;搁置在墙上时应不小于 90mm;铺板前,应先在墙或梁上用 10mm 厚 M5 水泥砂浆坐浆,使板与墙或梁有较好的联结,同时也使墙体受力均匀。

板搁置在梁上一般有 2 种方式:一种是板直接搁置在梁顶上;另一种是板搁置在花篮梁或十字梁上,如图 7-8 所示。

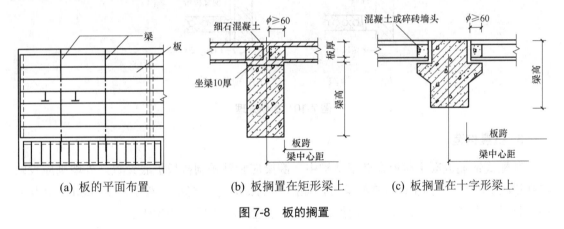

(a) 板的平面布置   (b) 板搁置在矩形梁上   (c) 板搁置在十字形梁上

图 7-8 板的搁置

为了加强装配式钢筋混凝土楼板的整体刚度,特别是在抗震设防地区或处于地基条件较差的建筑,应在板的支承端设置锚固钢筋,每缝一根Φ6,如图 7-9 所示。

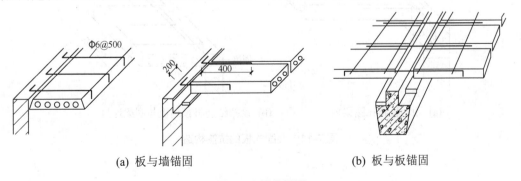

(a) 板与墙锚固   (b) 板与板锚固

图 7-9 板的锚固

2. 板缝处理

在板铺设时，为便于安装，板间应留有 10～20mm 缝隙，缝隙内灌入细石混凝土并捣实，可以加强装配式楼板的整体性，避免板缝处出现裂缝而影响使用和美观。但是在板排列时往往受到板宽的限制，出现较大的缝隙。这时可根据板的数量和缝隙大小，采用调整板缝的方式处理调整后的缝宽宜小于 50mm：当缝隙不大于 50mm 时，用 C20 细石混凝土灌实，如图 7-10(a)所示；当缝隙为 50～120mm 时，可在缝隙内设置钢筋再灌混凝土，如图 7-10(b)所示；也可将缝留在靠墙处，沿墙挑砖填缝，如图 7-10(c)所示；当缝隙为 120～200mm 时，可采用钢筋骨架现浇板带处理，如图 7-10(d)所示，如为空心板，可将板带设在墙边或需穿管的部位；当缝隙大于 200mm 时，调整板的规格。

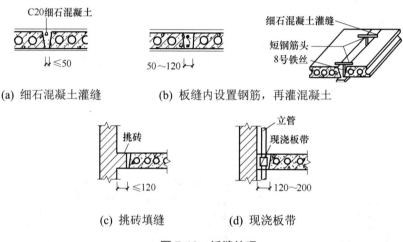

(a) 细石混凝土灌缝　　(b) 板缝内设置钢筋，再灌混凝土

(c) 挑砖填缝　　(d) 现浇板带

图 7-10　板缝处理

3. 抗震构造

装配式钢筋混凝土楼板在砖混结构中，圈梁应紧贴预制楼板板底设置，外墙则应设缺口圈梁(L 形梁)，将预制板箍在圈梁内，如图 7-11(a)所示；当板的跨度大于 4.8m，并与外墙平行时，靠外墙的预制板边应设拉结筋与圈梁拉接，如图 7-11(b)所示。

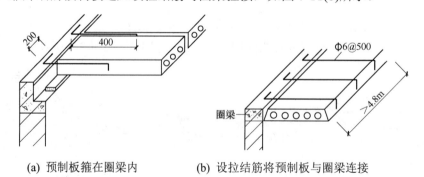

(a) 预制板箍在圈梁内　　(b) 设拉结筋将预制板与圈梁连接

图 7-11　装配式板的抗震构造

4. 隔墙与楼板

当隔墙采用轻骨架或板材等轻质材料时，可将隔墙直接设置在楼板上，但应避免将隔墙的荷载集中在一块板上。如果采用砌筑隔墙，由于其自身重量大，不宜将隔墙直接搁置在楼板上，通常设梁支承隔墙，如图 7-12(a)所示；为使板底平整，也可取梁截面与板的厚度相同，即相当于在现浇板内设加强筋或在板缝内配筋，如图 7-12(b)、图 7-12(c)所示；当楼板为槽形板时，可将隔墙搁置在板的纵肋上，如图 7-12(d)所示。

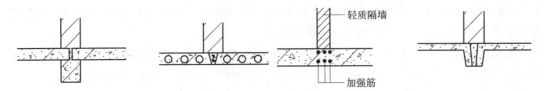

(a) 设梁支承隔墙　　(b) 隔墙设在板缝处，缝内配筋　(c) 现浇板内设加强筋　(d) 槽形板纵肋支承隔墙

图 7-12　隔墙处楼板的处理

三、装配整体式钢筋混凝土楼板

装配整体式钢筋混凝土楼板是指由预制部件通过一定的方式加以连接，并现场浇筑混凝土而形成的整体楼板。

1. 密肋填充块楼板

密肋填充块楼板是用间距较小的小梁(即密肋)作为楼板的承重部分，其间用空心砖或轻质砌块填充，再现浇混凝土板而成的装配整体式楼板。密肋小梁有现浇和预制 2 种。若采用预制小梁，适宜采用倒 T 形断面，便于搁置填充块；若采用现浇小梁，则小梁和混凝土板整浇，如图 7-13 所示。

填充块在上表面和与肋接触的部位带有凹槽，以便与现浇部分咬接牢固，提高楼板的整体性。填充块既可起到模板作用，也有利于铺设管道。肋的间距及高度应与填充块的尺寸配合，通常肋的间距小于等于 700mm，一般为 300～600mm，肋的跨度为 3.5～4m，不宜超过 6m，板的厚度为 50mm 左右。

密肋填充块楼板板底平整，有较好的隔声、保温、隔热效果，而且由于肋间距小，截面尺寸不大，楼板结构所占空间较小，常用于学校、住宅、医院等建筑中。

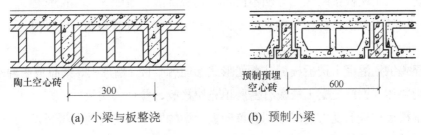

(a) 小梁与板整浇　　　　　　(b) 预制小梁

图 7-13　密肋填充块楼板

2. 叠合式楼板

叠合式楼板是预制混凝土薄板(预应力)与现浇混凝土叠合而成的装配整体式楼板。预制混凝土薄板为永久模板并承受施工荷载,薄板上表面通常采取刻槽或露出三角形钢筋与现浇混凝土结合,整体性较好,但施工麻烦,如图 7-14 所示。刻槽直径 50mm,深 20mm,间距 150mm。

预应力钢筋混凝土薄板内以高强钢丝作为预应力筋,承受楼板及其上荷载;现浇叠合层只需配置少量的支座负弯矩钢筋。所有楼板层中的管线均预埋在叠合层内。叠合式楼板板底平整,可直接喷浆或涂刷涂料、粘贴壁纸。

叠合楼板跨度一般为 4~6m,最大可达 9m,通常以 5.4m 以内较为经济。预应力薄板厚度应根据结构计算确定,通常为 60~70mm,板宽 1.1~1.8m,板间留缝 10~20mm。

现浇叠合层混凝土强度等级为 C20,厚度一般为 70~120mm。楼板的总厚度取决于板的跨度,一般为 150~250mm,以大于等于薄板厚度的 2 倍为宜。

叠合式楼板目前已应用在住宅、宾馆、学校、办公楼等建筑中。

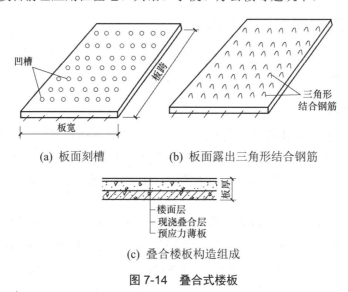

(a) 板面刻槽　　　(b) 板面露出三角形结合钢筋

(c) 叠合楼板构造组成

图 7-14　叠合式楼板

归纳总结

1. 钢筋混凝土楼板按照施工方法不同可分为现浇式、装配式、装配整体式 3 种。

2. 现浇钢筋混凝土楼板按结构形式不同有肋梁楼板、井式楼板、无梁楼板、预应力空心楼板。

3. 装配式钢筋混凝土楼板根据其截面形式不同有平板、槽形板、空心板 3 种常用类型。

4. 装配整体式钢筋混凝土楼板有密肋填充块楼板、叠合式楼板。

5. 肋梁楼板按板的受力情况不同有单向板肋梁楼板和双向板肋梁楼板。

6. 井式楼板是肋梁楼板的特例,宜用于正方形平面,也可用于长短边之比不大于 1.5 的矩形平面。

7. 柱上无梁楼板是一种双向受力的板柱结构，常为正方形或接近正方形。

实 训

1. 井式楼板不宜用于(　　)。
   A. 正方形平面
   B. 长短边之比小于 1.5 的矩形平面
   C. 长短边之比大于 1.5 的矩形平面

2. (　　)属现浇钢筋混凝土楼板，可以形成较大的建筑空间，且有一定的装饰效果。
   A. 井式楼板
   B. 叠合式楼板
   C. 肋梁楼板
   D. 柱上无梁楼板

3. 钢筋混凝土楼板按施工方式不同分为现浇钢筋混凝土楼板、装配式钢筋混凝土楼板和(　　)楼板三种。
   A. 井式楼板
   B. 叠合式楼板
   C. 肋梁楼板
   D. 装配整体式钢筋混凝土楼板

4. 装配整体式钢筋混凝土楼板的特点是(　　)。
   A. 刚度大，不易变形
   B. 强度高，能承受较大荷载
   C. 取材方便，造价低
   D. 便于工业化生产和机械化施工，降低作业人员劳动强度

5. 现浇钢筋混凝土楼板的优点是(　　)。
   A. 适用于平面不规则的建筑，且刚度大
   B. 施工方便，且刚度大
   C. 强度高，且施工方便
   D. 工期短且刚度大

6. (　　)由板、次梁、主梁组成。
   A. 单向板肋梁楼板
   B. 双向板肋梁楼板
   C. 井式楼板
   D. 密肋楼板

7. 现浇肋梁楼板由(　　)现浇而成。
   A. 混凝土、砂浆、钢筋
   B. 柱、次梁、主梁
   C. 板、次梁、主梁
   D. 砂浆、次梁、主梁

8. 根据受力情况不同，现浇肋梁楼板可分为(　　)。
   A. 单向板肋梁楼板、井式楼板
   B. 单向板肋梁楼板、双向板肋梁楼板
   C. 双向板肋梁楼板、无梁楼板
   D. 井式楼板、无梁楼板

9. 现浇钢筋混凝土肋梁楼板，主梁的经济跨度是(　　)，次梁的经济跨度是(　　)。
   A. 5～8m，4～6m
   B. 5～8m，1.7～2.5m
   C. 4～6m，5～8m
   D. 不小于 5m，不宜大于 3m

任务三　雨篷及阳台施工图识读

雨篷、阳台和楼地层一样是房屋建筑水平方向的构件。阳台不仅可提供户外活动场所，对建筑物的外部形象也起着重要作用。雨篷通常设在出入口的上方，起到保护外门免受雨水冲刷和丰富建筑立面的作用。

一、雨篷

雨篷，设置在房屋建筑外墙上，通向室内、屋顶、非封闭阳台、室外楼梯等出入口的上方，如图 7-15 所示。雨篷不但形式多样，而且装饰材料及构造讲究，是建筑立面设计的重要元素之一。

图 7-15　雨篷示例

1. 钢筋混凝土雨篷构造

雨篷按所使用的材料及构造不同可分为现浇钢筋混凝土结构雨篷和钢结构雨篷。钢筋混凝土结构雨篷成本低，构造简单，在住宅、办公楼、学校、医院等民用建筑中得到广泛应用；钢结构雨篷的主要构件是不锈钢和玻璃板，具有轻巧、美观等特点，常结合建筑立面在公共建筑中应用。钢筋混凝土结构雨篷随建筑主体共同施工；钢结构雨篷是在建筑主体完成后，按装饰工程施工。

钢筋混凝土结构雨篷由雨篷板及必要的梁柱组成。雨篷板的支承方式有门洞过梁悬挑板，即悬挑板式雨篷，如图 7-16(a)所示；有门洞过梁悬挑梁板，即悬挑梁板式雨篷，如图 7-16(b)所示，为了板底平整，挑梁可上翻；也有墙或柱支承的，即在入口两侧设墙或柱支承梁板，雨篷外伸尺寸较大时常采用这种，如图 7-15 所示。

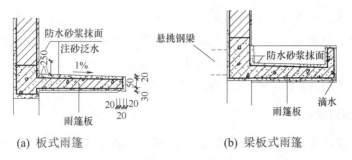

(a) 板式雨篷　　　　　　　　　(b) 梁板式雨篷

图 7-16　悬挑雨篷

　　悬挑雨篷挑出长度一般为 1～1.5m。板面与过梁顶面不在同一标高,比过梁顶面标高低,以防雨水浸入上部墙内。由于雨篷上的荷载不大,所以雨篷板的厚度较薄,不小于 80mm,悬挑雨篷板也可做成根部厚端部薄的变截面形式。

　　雨篷尺度较小时,常采用无组织排水,即雨水沿雨篷边缘自由下落,如图 7-17(a)所示;尺度较大或出于立面处理需要,可采用有组织排水,即雨水在雨篷面汇集,经水舌、雨水管排到地面,如图 7-17(b)所示。有组织排水常将板端用现浇钢筋混凝土或砌砖做一定高度处理,排水口常设在侧面。板面设 1%左右的排水坡度;并抹防水砂浆(15mm 厚 1∶2 水泥砂浆内掺 5%防水剂)进行防水处理,大雨篷也可采用防水卷材或防水涂料等柔性防水处理;在靠墙处做泛水;板底周边做滴水。

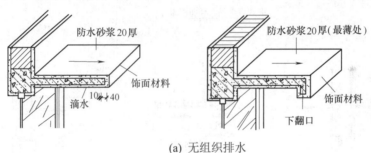

(a) 无组织排水

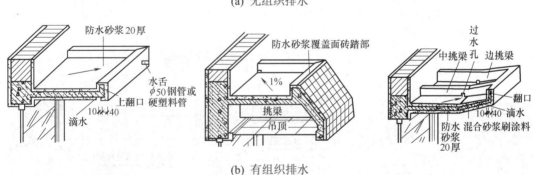

(b) 有组织排水

图 7-17　雨篷排水方式

　　雨篷的形式、尺度(包括长度、宽度)与房屋的使用性质、出入口位置和大小、地区气候特点、立面造型等因素综合确定。雨篷施工图包括建筑施工图、结构施工图两部分,建筑施工图又包括平面图、立面图、节点大样图(以剖面图为主),结构施工图主要是表达雨篷配

筋的断面图。雨篷排水方式及平面尺度在 2 层平面图中表达；立面造型可表达在建筑物立面图中，或详细表达各细部尺寸的大样图中。雨篷结构施工图表达各细部必要的尺寸及配筋，并注意雨篷同一部位尺度的建筑施工图与结构施工图对照阅读。还可按国家标准设计图集《钢筋混凝土雨篷》(03J501-2，03G372)选用。

2. 雨篷详图阅读实例

某电教综合楼雨篷建筑施工详图如图 7-18 所示，该雨篷的结构施工详图在标准层梁平法配筋图的下方给出。结合电教综合楼 2 层平面图中雨篷的长度、宽度尺寸及索引符号，阅读雨篷详图。

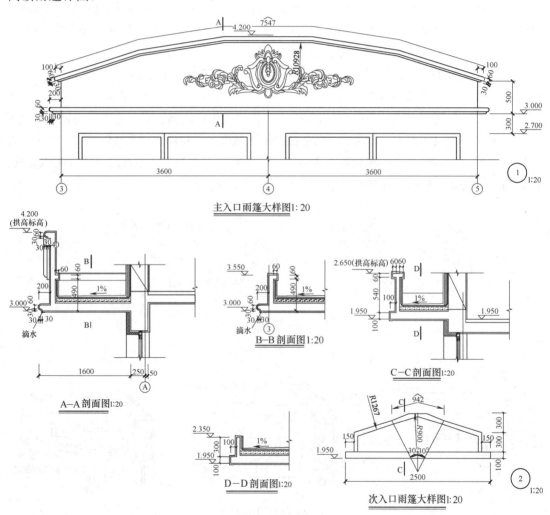

图 7-18 雨篷详图实例

该雨篷详图采用 1：20 比例绘制，内容包括立面图、剖面图。立面图中明确表达了雨篷的立面形状及装饰线脚尺寸和标高；主入口雨篷剖面图反映了雨篷板由框架梁挑出 1600mm，板厚 160mm，板底标高 3.000m，排水坡度 1%，卷材防水、泛水高度 330mm、拱顶标高及各细部尺寸；次入口雨篷剖面图反映了雨篷板由底层楼梯中间平台梯梁 TL-2 挑出 1000mm，板厚 100mm，板底标高 1.950m，泛水高 540mm 和 300mm，排水坡度 1%，卷材防水及各细部尺寸。结合雨篷结构施工详图，明确雨篷板与梁的位置关系及板内配筋情况。有了这些就可以进行雨篷的施工。

二、阳台

阳台是居住建筑中人们与室外联系必不可少的活动场所，也是丰富建筑立面形象的手段之一，如图 7-19 所示。

图 7-19　阳台示例

阳台通常占有 1 个开间长度，如果占有 2 个或 2 个以上开间时，则称为外廊。阳台按其与外墙的相对位置关系分为突出于外墙的挑阳台、外墙以内的凹阳台和半凹半挑阳台，如图 7-20 所示。

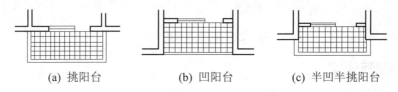

(a) 挑阳台　　　　　　(b) 凹阳台　　　　　　(c) 半凹半挑阳台

图 7-20　阳台与外墙的关系类型

1. 阳台的组成及结构

阳台由板等承重构件和栏杆扶手或栏板组成。

阳台栏杆扶手或栏板是阳台的安全围护构件，承受人们倚扶时的侧推力，应坚固、耐久。栏杆以金属栏杆为主，栏板按使用材料不同有钢筋混凝土和砖砌栏板。栏杆竖向间距应不小于 110mm，以防止儿童跌落，扶手或栏板应达到一定的高度给人们足够的安全感，一般为 1~1.2m，高层建筑不宜小于 1.1m。栏杆的形式要结合建筑立面形象、通风要求、人们心理需求等因素确定。

阳台的恒载和活载全部由钢筋混凝土梁板水平构件支承。板通常是钢筋混凝土楼板的一部分，按施工方式不同有现浇式、装配式或现浇与装配相结合，其中挑阳台的板有墙上梁挑板、楼板直接挑板(挑板式)或设挑梁支承板(挑梁式)3 种方式，如图 7-21 所示。为使阳台板能够抵抗倾覆，保证结构安全稳定，挑板长度不宜过大，一般为 1.0~1.5m，当挑出长度超过 1.5m 时，应采取可靠的防倾覆措施。凹阳台的板为简支板，由两侧的墙支承。半凹

半挑阳台板与挑阳台板处理方式相同。当阳台板采用装配式时，板型与房间楼板一致，板的跨度通常与房屋开间尺寸相同，也可与阳台进深尺寸相同。

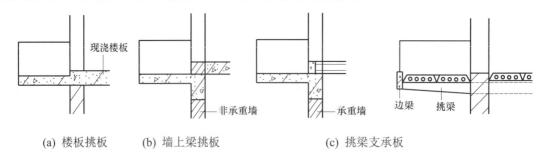

(a) 楼板挑板　　　　(b) 墙上梁挑板　　　　(c) 挑梁支承板

图 7-21　挑阳台板的支承结构

挑梁支承板是从横墙或柱伸出的现浇悬臂梁，挑梁压入墙内的长度一般为悬挑长度的 1.5 倍左右，为防止挑梁端部外露而影响美观，可增设边梁，如图 7-22 所示。挑梁式较挑板式阳台悬挑长度可适当大些。

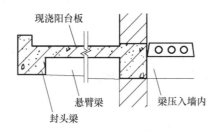

图 7-22　阳台边梁或封头梁

2. 阳台的细部构造

(1) 栏杆或栏板、扶手连接构造。

金属栏杆一般采用圆钢、方钢、扁钢或钢管等。栏杆与阳台板(或边梁)应有可靠的连接，通常在阳台板顶面预埋通长扁钢与金属栏杆焊接，也可采用预留孔洞插接或榫接坐浆等方法。组合式栏杆中的金属栏杆有时需与混凝土栏板连接，其连接方法一般为预埋铁件焊接。金属栏杆常采用木扶手或钢管扶手。

栏板按使用材料有混凝土栏板、砖砌栏板等，如图 7-23 所示。混凝土栏板有现浇和预制 2 种。现浇混凝土栏板通常与阳台板(或边梁)整浇在一起，预制混凝土栏板可预留钢筋与阳台板的后浇混凝土挡水带浇筑在一起，或预埋铁件焊接。

砖砌栏板的厚度一般为 60mm 或 120mm，为加强其整体性，应在栏板顶部设通长现浇钢筋混凝土压顶，并设置 120mm×120mm 钢筋混凝土小构造柱，留出钢筋与栏板和扶手连接。当栏板厚度为 60mm 时，还要在栏板外侧设双向钢筋网片，并与压顶、阳台板及外墙连接牢固。

栏杆与墙连接做法是在砌墙时预留洞，宽 240mm×深 180mm×高 120mm，将压顶伸入锚固。采用栏板时将栏板的上下肋伸入洞内，或在栏杆上预留钢筋伸入洞内，用 C20 细石混凝土填实。

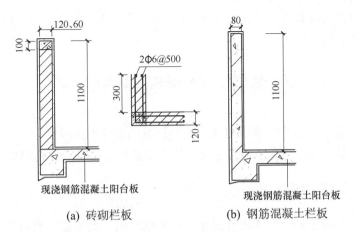

(a) 砖砌栏板   (b) 钢筋混凝土栏板

图 7-23 阳台栏板构造

(2) 阳台排水处理。

下雨时，阳台板上往往会有积水，为避免积水流入室内，应进行排水处理。通常做法是降低阳台地面，一般低于室内地面 60mm 左右，降雨量大的地区还可以适当加大；沿排水方向做 0.5%坡度；阳台板的外缘设挡水带；在一侧或两侧设水舌或水落管(高层建筑)直接将雨水导出，如图 7-24 所示。水舌可采用镀锌钢管或硬质塑料管，并外伸至少 80mm，防止雨水溅到下面的阳台上。

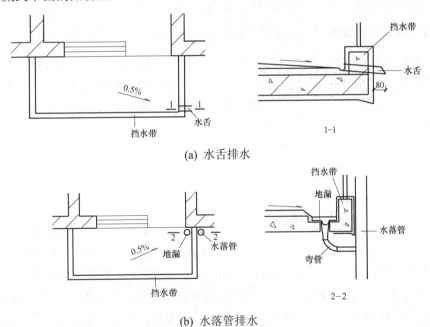

(a) 水舌排水

(b) 水落管排水

图 7-24 阳台排水构造

3. 阳台施工详图阅读

阳台施工图包括建筑施工图和结构施工图两部分。建筑施工图又分为平面图、立面图、节点大样图，平面图表达排水方式及尺度，立面图表达栏杆或栏板形式，节点大样图表达

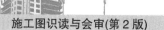

栏杆或栏板高度及各部件连接构造。结构施工图表达装配式阳台板的平面布置图，或现浇阳台板的配筋断面图。

任务四　楼地面装修做法

楼地面是楼板层和地坪层面层的总称，是建筑物重要的组成部分之一，在室内装饰设计中起着十分重要的作用，除了要满足人们使用要求外，还要满足人们精神需求。

一、整体面层楼地面

整体面层楼地面是采用整体浇筑或涂布而无接缝的一类地面，具有施工简便、造价较低的特点，包括水泥砂浆楼地面、细石混凝土楼地面、现浇水磨石楼地面等。

1. 水泥砂浆楼地面

水泥砂浆楼地面在一般民用建筑中应用较多，是在楼板或垫层上直接抹水泥砂浆面层的一种传统整体地面做法，属于低档地面，不耐磨，易起砂，不宜清洗。

水泥砂浆楼地面有单层和双层 2 种做法：单层做法只抹一层 20～25mm 厚 1：2 或 1：2.5 水泥砂浆；双层做法是先抹一层 10～20mm 厚 1：3 水泥砂浆找平层，再抹 5～10mm 厚 1：2 水泥砂浆面层。双层做法虽增加了工序，但不宜开裂。

2. 细石混凝土楼地面

细石混凝土楼地面做法有 2 种：一种是铺一层 30～40mm 厚 1：2：4(体积比)C20 细石混凝土(豆石粒径 5～15mm)，再撒一层干拌 1：1 水泥砂拌合料抹压而成；另一种是随捣随抹做法，即细石混凝土浇捣后，用铁辊压浆，待水泥泛到表面时再撒干水泥一层，然后用铁板抹光而成。

与水泥砂浆楼地面相比，细石混凝土楼地面强度高，耐久性好，不易起砂，干缩性小，但厚度较大。

3. 现浇水磨石楼地面

现浇水磨石楼地面做法是先在基层上用 10～20mm 厚 1：3 水泥砂浆找平，再铺 10～15mm 厚 1：1.5～2 水泥白石子面层，待面层达到一定强度后加水用磨石机磨光、打蜡而成。

为了施工和维修方便，以及地面变形可能引起面层开裂，需用分格条把面层分成若干小块，尺寸约 1000mm，分块形状可以设计成各种图案。常用分格条有铜条、铝条、玻璃条或塑料，嵌条高度同面层厚度，且用 1：1 水泥砂浆固定。嵌固砂浆不宜过高，否则会造成嵌条两侧面层仅有水泥而无石子，影响美观。

现浇水磨石楼地面具有耐磨性好、表面光洁、易清洗、质地美观等优点，常用于公共建筑门厅、走廊等人流量大的场所。

二、块材面层楼地面

块材面层楼地面是将各种块状材料借助胶结材料贴或铺砌在结构层上。常用的胶结材料有水泥砂浆、素水泥浆、聚合物水泥砂浆，常用的块状材料有陶瓷锦砖、陶瓷铺地砖、花岗石板等。陶瓷锦砖块小缝多，主要用于防滑要求较高的卫生间、浴室等地面；陶瓷地砖一般厚6~10mm，有400mm×400mm、300mm×300mm、250mm×250mm、200mm×200mm等规格，块越大缝越少，装饰效果越好；花岗石板材厚度一般为20~30mm，有600mm×600mm、800mm×800mm规格，也有1200mm×1200mm。

块材要求铺贴在整体性、刚性较好的基层上，如细石混凝土或混凝土，且应平整，避免块材使用过程中破损。为此，在铺贴面层板材前需做找平层，一般采用10~20mm厚1：3水泥砂浆或10~30mm厚1：1~1：3干硬性水泥砂浆找平。

块材面层楼地面属于中高档地面做法，具有耐磨损、易清洗、图案丰富、便于维修等优点，但造价较高，工效偏低，一般用于人流量大、装饰及清洁度要求较高的场所，如卫生间地面铺陶瓷锦砖、公共建筑大厅或走廊铺花岗石板等。

三、木材面层楼地面

木材面层楼地面是指表面由木板铺钉或胶合而成的地面，具有弹性好、纹理色泽自然美观、蓄热系数小等优点，但不耐火，易翘曲变形，一般用于住宅、剧院舞台等室内装饰。

木材面层楼地面按照构造方式不同有粘贴式木地板、架空式木地板和实铺式木地板。粘贴式木地板是在结构层上做找平层，然后用黏结材料将木板粘贴在找平层上；架空式木地板是通过地垄墙、砖墩或钢木支架支撑木地板；实铺式木地板是在结构层上固定木搁栅，然后将木地板铺钉在木搁栅上。

四、楼地面变形缝构造

楼地面变形缝的位置和大小应与屋面变形缝、墙体变形缝一致，具体见《变形缝建筑构造》(04CJ01-3)大面积的整体地面还应适当增加伸缩缝。楼地面变形缝从顶棚、结构层到面层全部断开，为了美观和方便使用，应在面层和顶棚加设盖缝板，如图7-25所示，盖缝板形式和色彩应和室内装修协调，并不妨碍构件之间变形需要。缝内常用可压缩变形的金属调节片、沥青麻丝等材料做封缝处理，如图7-26所示。

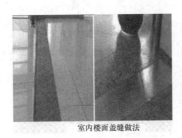

室内楼面盖缝做法

上海浦东国际机场候机楼

图7-25　楼地面变形缝示例

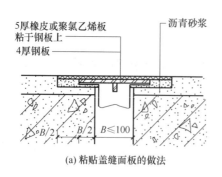

(a) 粘贴盖缝面板的做法

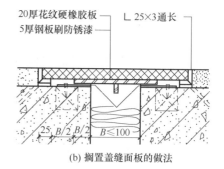

(b) 搁置盖缝面板的做法

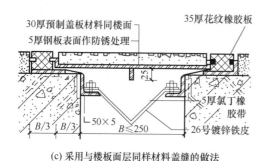

(c) 采用与楼板面层同样材料盖缝的做法

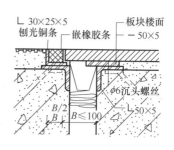

(d) 单边挑出盖缝板的做法

图 7-26　楼地面变形缝盖缝构造

归纳总结

1. 雨篷板、阳台板、楼板层都是房屋建筑水平方向的构件,由面层、结构层(钢筋混凝土板)、顶棚组成。

2. 雨篷的排水方式分为无组织排水和有组织排水 2 种。

3. 雨篷、阳台与墙体根部的防水处理应引起重视。

4. 楼地面按面层材料和做法不同有整体面层楼地面、块材面层楼地面、木材面层楼地面等。

5. 钢筋混凝土结构雨篷有悬挑式和柱式 2 种类型。

实　训

一、选择题

1. 现浇水磨石地面常嵌固分格条(玻璃条、铜条等),其目的是(　　)。

　　A. 防止面层开裂　　　B. 便于磨光　　　C. 面层不起灰　　D. 美观

2. (　　)施工方便,但不耐磨,易起砂。

　　A. 现浇水磨石地面　　　　　　　　　B. 水泥地面

　　C. 木地面　　　　　　　　　　　　　D. 预制水磨石地面

3. 地面按其材料和做法可分为(　　)。

　　A. 水磨石地面,块料地面,塑料地面,木地面

B. 块料地面，塑料地面，木地面，水泥地面

C. 整体地面，块料地面，塑料地面，木地面

D. 刚性地面，柔性地面

4. 下列属整体地面的是(　　　)。

A. 釉面地砖地面，抛光砖地面　　　B. 抛光砖地面，水磨石地面

C. 水泥砂浆地面，抛光砖地面　　　D. 水泥砂浆地面，水磨石地面

5. 钢筋混凝土结构悬挑雨篷有板式和(　　　)2 种。

A. 柱式　　　　B. 梁板式　　　　C. 钢结构　　　　D. 肋梁式

二、绘图表示阳台排水构造。

三、绘图表示梁板式雨篷构造。

四、绘图表示楼地面变形缝构造。

项目八　楼梯施工图识读

教学目标

　　知识目标:掌握《建筑制图标准》(GB/T 50104—2010)中楼梯构造图例,掌握楼梯的构造组成及尺度要求,了解楼梯的类型及细部构造。

　　能力目标:熟练识读楼梯建施详图与结构施工详图,能够找出其中的缺陷和错误;培养辩证思维能力及严谨的工作作风。

　　教学重点:楼梯详图阅读方法。

　　教学难点:楼梯尺度要求;结构构件布置及配筋。

　　教学建议及其他说明:楼梯各建筑施工详图对照阅读;建筑施工详图与结构施工详图综合识读;识图与实物相结合。

任务一　认　知　楼　梯

　　建筑平面设计中的走廊、门厅能够联系建筑物的水平空间;建筑物竖向空间的联系主要有楼梯、电梯、自动扶梯、台阶、坡道等。

　　楼梯是建筑物必备的垂直交通联系方式,用以连通地面与楼面、楼面与楼面、楼面与屋顶间不同标高的平面。楼梯不仅要满足人们日常通行要求,而且在地震、火灾等紧急情况发生时可以满足安全疏散。楼梯是由连续行走的梯级、休息平台和维护安全的栏杆或栏板、扶手以及相应的支托结构组成的,作为楼层之间垂直交通用的建筑部件。

　　楼梯的设计包括建筑设计和结构设计两部分,对应于施工图纸中楼梯的建筑详图和结构详图。在建筑平面图中楼梯的数量、位置应符合《民用建筑设计通则》(GB 50352—2005)、《建筑设计防火规范》(GB 50016—2014)、《教学楼、办公楼等建筑设计规范》中的有关规定,并综合考虑楼梯形式在建筑空间整体效果中的作用进行建筑设计。

一、楼梯的组成

　　楼梯一般由梯段、平台、栏杆扶手3部分组成,如图8-1所示。

图 8-1 楼梯的组成

1. 梯段

梯段，俗称梯跑，1 个梯段为单跑，2 个梯段为双跑。梯段是在 2 个不同标高平台之间起联系功能的倾斜构件，由若干个踏步构成，每个踏步又由互相垂直的踏面(即踏脚的水平面)和踢面(与踏面垂直的平面)组成。

为了减轻上行楼梯的疲劳，增强下行楼梯的安全感，一般来说梯段的踏步数不宜超过 18 级，但也不少于 3 级，因为踏步数太少，行走不便，有时还容易摔倒。

2. 平台

平台是指梯段端部的水平部分。根据所处位置和高度不同有楼层平台和中间平台：楼层平台与楼层地面标高平齐，除兼起着中间平台的作用外，还用来分配从楼梯到达各楼层的人流；中间平台位于相邻 2 个楼层之间，用来改变行进方向及缓解疲劳、稍作休息。

3. 栏杆扶手

栏杆是指高度在人体胸部至腹部之间，用以保障人身安全或分隔空间用的分隔防护构件。绝大多数梯段至少有一侧临空，为了确保行人使用安全，应在临空边缘(梯段和平台边缘)处设置栏杆或栏板。在栏杆或栏板上部供手扶用的连续构件称为扶手。当梯段宽度(梯段边缘或墙面之间垂直于行走方向的水平距离)较大时，非临空面也应加设靠墙扶手(设在墙上)，当梯段宽度很大时，在梯段的中间加设中间扶手。

二、楼梯的类型

楼梯的类型多种多样，按材料不同可分为钢筋混凝土楼梯、钢楼梯、木楼梯、组合材料楼梯；按位置不同可分为室内楼梯和室外楼梯；按楼梯间平面形式不同可分为开敞楼梯间(与楼层连通的楼梯间)、封闭楼梯间(在楼梯间入口处设置门，防止火灾产生的烟和热气进入的楼梯间)、防烟楼梯间(在楼梯间入口处设有防烟前室、开敞式阳台或凹廊等，且通向前室和楼梯间门均为乙级防火门的楼梯间)，如图 8-2 所示；按楼梯的平面形式不同可分为直行单跑楼梯、直行多跑楼梯、平行双跑楼梯、平行双分双合楼梯、折行多跑楼梯、交叉楼梯、剪刀楼梯、弧形楼梯、螺旋楼梯等，如图 8-3 所示。

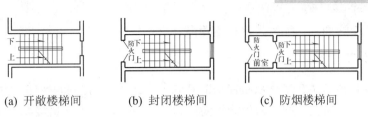

(a) 开敞楼梯间　　(b) 封闭楼梯间　　(c) 防烟楼梯间

图 8-2　楼梯间平面形式

楼梯平面形式取决于楼梯间的平面形状与大小、人流量、平面位置等因素。在民用建筑中应用最多的是平行双跑楼梯。

1. 直行单跑楼梯

图 8-3(a)所示,直行单跑楼梯没有中间休息平台,一般用于层高不大的建筑或作为辅助楼梯。

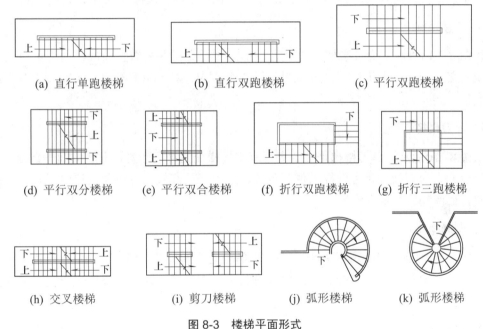

(a) 直行单跑楼梯　　(b) 直行双跑楼梯　　(c) 平行双跑楼梯

(d) 平行双分楼梯　(e) 平行双合楼梯　(f) 折行双跑楼梯　(g) 折行三跑楼梯

(h) 交叉楼梯　(i) 剪刀楼梯　(j) 弧形楼梯　(k) 弧形楼梯

图 8-3　楼梯平面形式

2. 直行多跑楼梯

图 8-3(b)所示为直行多跑楼梯是直行单跑楼梯的延伸,增设了中间休息平台,将一个梯段变为多个梯段。一般为双跑梯段,适用于层高较大的建筑。

由于直行楼梯进深大,两端楼层平台常与走廊连接在一起,在公共建筑中多布置在大厅。由于直行楼梯上下通行缺乏回转的连续性,需要较大的回转空间,不仅增加了交通面积,也延长了人流行走的距离。

3. 平行双跑楼梯

如图 8-3(c)所示,平行双跑楼梯是最常用的楼梯形式之一。与直跑楼梯相比,进深较小,回转连续，节约交通面积，缩短人流行走距离。

4. 平行双分双合楼梯

平行双分双合楼梯是在平行双跑楼梯的基础上产生的。平行双分楼梯，如图 8-3(d)所示，第一梯段在中部，然后由中间平台处分别向两边各上一梯段到上一层楼面。平行双合楼梯，如图 8-3(e)所示，第一梯段分别在左右两端，然后由中间平台经中部第二梯段到上一层楼面。平行双分楼梯对行人分流起导向作用。平行双分双合楼梯多布置在人流量较大的公共建筑大厅，并作为主要使用楼梯。

5. 折行多跑楼梯

折行多跑楼梯中常见折行双跑楼梯，如图 8-3(f)所示，折行三跑楼梯，如图 8-3(g)所示。折行角度可以是 90°，也可大于或小于 90°。折行多跑楼梯梯井宽度较大，要注意安全防护，多布置在视线宽阔的影剧院、体育馆等建筑的门厅中。大梯井还可以作为电梯井利用。

6. 交叉楼梯

如图 8-3(h)所示，交叉楼梯是 2 个直行单跑楼梯交叉并列布置而成，适用于层高较小的建筑。交叉楼梯为上下楼层的人流提供了 2 个方向，对于空间开敞、楼层人流多方向进入有利。

7. 剪刀楼梯

如图 8-3(i)所示，剪刀楼梯是 2 个直行双跑楼梯交叉平列布置，并在中间平台处连通，中间平台为人流变换行进方向提供便利条件，适用于层高较大且楼层人流可以多方向选择的建筑，如商场、多层食堂等。

8. 弧形楼梯

如图 8-3(j)所示，弧形楼梯围绕一个较大的轴心空间旋转，但没有构成水平投影圆，只是一段弧环，并且曲率半径较大。采用扇形踏步，内侧宽度较大，可以通行较多的人流。多布置在公共建筑的门厅，具有明显的导向性和曲线美造型。

9. 螺旋楼梯

如图 8-3(k)所示，螺旋楼梯也是围绕一轴心空间旋转，但平面呈圆形，中间平台和踏步均为扇形平面。踏步内侧宽度小，且坡度较陡，行走时有不安全感。螺旋楼梯不能作为主要人流交通，不宜用于疏散。只有上下两级踏步所形成的平面角度不超过 10°，且离扶手 0.25m 处踏步宽度超过 0.22m 时，螺旋楼梯才可以用于疏散。

归纳总结

1. 楼梯由 3 部分组成：梯段、平台、栏杆扶手。
2. 楼梯间平面形式有开敞楼梯间、封闭楼梯间、防烟楼梯间。

3. 平行双跑楼梯是最常用的楼梯形式之一。

4. 螺旋楼梯不能作为主要人流交通，不宜用于疏散。

5. 平台是指梯段端部的水平部分，分楼层平台和中间平台。

6. 梯段是联系两个不同标高平台的倾斜构件。

实　训

1. 适于楼层人流多方向选择的楼梯平面形式是(　　　)。

　　A. 螺旋楼梯　　　　　　　　　　　　B. 直行多跑楼梯

　　C. 剪刀楼梯　　　　　　　　　　　　D. 平行双分楼梯

2. 不宜作为疏散楼梯的是(　　　)。

　　A. 交叉楼梯　　　　B. 剪刀楼梯　　　　C. 直行单跑楼梯　　　D. 螺旋楼梯

3. 下列(　　　)项不是楼梯的组成部分。

　　A. 梯段　　　　　　B. 平台　　　　　　C. 栏杆扶手　　　　　D. 门窗

4. 联系不同标高平台之间的倾斜构件是(　　　)。

　　A. 梯段　　　　　　B. 中间平台　　　　C. 楼层平台　　　　　D. 扶手

5. 起安全防护作用的构件是(　　　)。

　　A. 梯段　　　　　　B. 中间平台　　　　C. 楼层平台　　　　　D. 栏杆扶手

6. 在住宅及公共建筑中，应用最广的楼梯形式是(　　　)。

　　A. 直跑楼梯　　　　B. 双跑平行楼梯　　C. 双跑直角楼梯　　　D. 扇形楼梯

7. 在楼梯组成中供行人间歇和转向作用的是(　　　)。

　　A. 楼梯段　　　　　B. 中间平台　　　　C. 楼层平台　　　　　D. 栏杆扶手

任务二　楼梯的设计要求与尺度

一、楼梯的设计要求

　　楼梯的数量、位置、宽度、楼梯间形式应满足使用方便和安全疏散的要求。《建筑设计防火规范》(GB 50016—2014)、《民用建筑设计通则》(GB 50352—2005)及其他单项建筑设计规范对楼梯均做了明确规定。

1. 疏散楼梯的数量及要求

　　公共建筑内的每个防火分区、一个防火分区内的每个楼层，其安全出口数量应经计算确定，且不应少于 2 个。

　　疏散用的楼梯间应符合下列规定：楼梯间应能天然采光和自然通风，并宜靠外墙设置；楼梯间内不应有影响疏散的凸出物或其他障碍物；楼梯间内不应敷设可燃气体管道；居住建筑的楼梯间内不应设置可燃气体计量表，当必须设置时可燃气体计量表应采取防火保护措施。

除通向避难层错位的楼梯外，疏散楼梯间在各层的位置不应改变，首层应有直通室外的出口。

疏散楼梯和走道上的阶梯不应采用螺旋楼梯和扇形踏步，但踏步上下两级所形成的平面角不超过 10°，且每级离扶手 0.25m 处的踏步宽度超过 0.22m 时，可不受此限。

地下室、半地下室的楼梯间，在首层应采用耐火极限不低于 2.00h 的隔墙与其他部位隔开，并应直通室外；当必须在隔墙上开门时，应采用隔热类防火门。

地下室或半地下室与地上层不应共用楼梯间，当必须共用楼梯间时，应在首层与地下或半地下层的出入口处，设置耐火极限不低于 2.00h 的隔墙和乙级的防火门隔开，并应有明显标志。

2. 楼梯位置

楼梯与建筑出入口连接紧密，标志明显，而且有利于交通疏散。楼梯间底层一般均设直接对外出口。民用建筑的安全出口应分散布置。每个防火分区、一个防火分区的每个楼层，其相邻 2 个安全出口最近边缘之间的水平距离不应小于 5m。防火分区是指在建筑内部采用防火墙、有一定耐火极限的楼板及其他防火分隔设施分隔而成，能在一定时间内防止火灾向同一建筑的其余部分蔓延的局部空间。

二、楼梯的尺度

1. 楼梯的坡度

楼梯的坡度是指楼梯段与水平面倾斜的角度,实际应用中均由踏步高宽比决定。楼梯坡度小，踏步平缓，行走舒适，但楼梯间水平投影面积大，在建筑面积一定的情况下使用面积减少，影响建筑的经济性。踏步高宽比应根据人流行走舒适度、安全性及楼梯间尺度等因素合理选择，常用坡度为 1:2 左右。对人流量大且集中的建筑，如医院、商场等，楼梯的坡度应小些；对人流量小且分散的建筑，如住宅，楼梯的坡度可以大些，有利于节省公共楼梯间面积。

楼梯的允许坡度范围在 20°～45°，一般应控制在 38° 以内，通常认为 30° 是楼梯的适宜坡度。楼梯坡度小于 20° 时，踏步平缓，为便于施工，宜采用坡道形式；坡度大于 45° 时，踏步陡，人们已经不能正常安全行走，需要借助扶手攀爬，称为爬梯。坡道、爬梯的设置在民用建筑中不多见，一般在通往屋顶、电梯机房等局部区域时使用爬梯。

2. 梯段尺度

梯段尺度包括梯段宽度和梯段水平投影长度。

梯段宽度是指墙面至扶手中心线或扶手中心线之间的水平距离。梯段宽度除应满足防火规范的规定外，供日常主要交通用的楼梯梯段宽度应根据建筑物使用特征按紧急疏散时通行人流股数确定。每股人流按 550mm+(0～150)mm 考虑，其中(0～150)mm 为人流行进中人体摆动幅度，公共建筑人流众多的场所应取上限。通常情况下，主要楼梯梯段宽度应至少满足两股人流通行，两股人流通行时梯段宽度为 1100～1400mm，三股人流通行时为

1650～2100mm。非主要通行的楼梯，应满足单人携带物品通过的需要，梯段净宽一般不应小于900mm。

同时各单项建筑设计规范对楼梯段宽度做了明确规定，如住宅梯段净宽度不小于1.1m，一般的公共建筑梯段净宽度不小于1.3m，医院建筑主楼梯的梯段宽度不应小于1.65m等。

梯段水平投影长度与踏面宽度、楼梯间进深有关。梯段水平投影长度L=踏面宽$b×(N-1)$，N为梯段踏步数。

3. 踏步尺度

楼梯踏步是由踏面和踢面组成，踏步尺度包括踏步宽和踏步高。踏步宽即踏面宽，踏步高即踢面高，踏面宽和踢面高决定了楼梯的坡度。踏步尺寸一般根据经验公式确定：

$$2h+b=600mm \text{ 或 } b+h=450mm$$

式中：h——踏步高度；

　　　b——踏步宽度；

600mm——妇女及儿童跨步长度。

踏步高度，成人以150mm左右为宜，不应高于175mm；踏步宽度，以300mm左右为宜，不应小于250mm。踏步常用尺寸如表8-1所示。

表8-1　踏步常用尺寸　　　　　　　　　　　　　　　单位：mm

名　称	住　宅	幼儿园	学校、办公楼	医　院	剧院、会堂
踏步高 h	150～175	120～150	140～160	120～150	120～150
踏步宽 b	260～300	260～280	280～340	300～350	300～350

为了行走舒适，踏面宽度尽可能大些，但踏面过宽，梯段长度增加，楼梯间进深加大。在楼梯间进深一定的情况下，加大踏面宽度受到一定的限制，通常做法是加做踏步檐，将踏步出挑20～30mm来增加踏步的有效尺寸，如天然花岗石踏步、水磨石踏步；也可以使踢面倾斜，如图8-4所示。

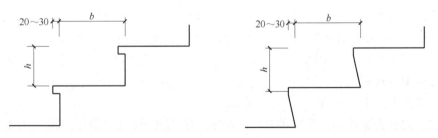

图8-4　踏步出挑形式

4. 平台宽度

楼梯平台宽度是指最末踏步前缘线到墙内边的距离，分为中间平台宽度和楼层平台宽度。对于多跑非直行楼梯，由于平台连接2个梯段，为保证通行的人流股数不变，梯段改变方向时，扶手转向端处的平台最小宽度不应小于梯段宽度，并不得小于1.2m。当有搬运

大型物件需要时应适量加宽。对于多跑直行楼梯，中间平台宽度等于梯段宽度，并不小于1.00m。

楼层平台宽度应大于中间平台宽度，以便人流分配和停留。

5. 梯井宽度

梯井是指两梯段临空一侧的竖向空间，从底层到顶层全部贯通。梯井宽度即两梯段之间的水平净距。在平行双跑楼梯中可不设梯井，但考虑到梯段施工过程中安装模板及平台转弯缓冲的需要，常常设梯井。为保证使用安全，梯井宽度一般在60~200mm，60mm刚好可以施工支模。公共建筑的疏散楼梯梯井不宜小于150mm，以便消防水管能够直接拉上去。《民用建筑设计通则》(GB 50352—2005)规定，托儿所、幼儿园、中小学及少年儿童专用活动场所的楼梯，梯井净宽大于0.20m时，必须采取防止少年儿童攀滑的措施，楼梯栏杆应采取不易攀登的构造，当采用垂直杆件做栏杆时，其杆件净距不应大于0.11m。

6. 栏杆扶手高度

梯段栏杆扶手高度是从踏步前缘线至扶手中心线的垂直距离，与人体重心高度有关。室内楼梯扶手高度不宜小于0.90m，靠楼梯井一侧水平扶手长度超过0.50m时，其高度不应小于1.05m。供儿童使用的楼梯应在500~600mm处增设扶手。室外楼梯栏杆高度不应小于1.10m。

楼梯栏杆是楼梯的安全设施，应具有一定的强度和抵抗侧推力的能力，同时栏杆对室内空间有一定装饰效果。对于住宅、托儿所、幼儿园等儿童活动场所的楼梯栏杆垂直杆件间净空不应大于110mm。

7. 净空高度

楼梯的净空高度包括楼梯段之间的净空高度和平台过道处的净高，应满足人流通行和搬运家具的要求。梯段净高为自踏步前缘(包括最低和最高一级踏步前缘线以外0.30m范围内)量至上方突出物下缘间的垂直高度。平台过道处的净高是指平台过道地面至上方突出物下缘间的垂直高度。《民用建筑设计通则》(GB 50352—2005)中规定，楼梯平台上部及下部过道处的净高不应小于2.0m，梯段净高不宜小于2.20m，如图8-5所示。

当平行双跑楼梯底层中间平台下设通道出入口时，为保证平台下净高满足通行要求，一般采用以下方式解决。

(1) 提高中间平台标高。

底层等跑梯段调整为长短跑梯段，起步第一跑为长跑，第二跑为短跑，提高中间平台标高，如图8-6(a)所示。这种方式在楼梯间进深较大、底部楼层平台较宽时采用。

(2) 局部降低底层中间平台下地坪标高。

局部降低底层中间平台下地坪标高，使其低于底层室内地坪±0.000，但仍要高于室外地坪标高，如图8-6(b)所示，以防雨水内溢。这种处理方式可使楼梯始终保持等跑梯段，统一构件规格，但单一降低局部地坪标高会提高±0.000标高的绝对值，增加填土方量。

图 8-5　楼梯净空高度

(3)　减少或取消中间平台下突出物。

平台下突出物是指楼梯梁，楼梯梁承担梯段传来的荷载。减少楼梯梁的高度可以提高净高，但这种方式调整幅度很小。取消底层中间平台下的楼梯梁，将梯段与中间平台调整为折板式梯段，是常采用的方式。

(4)　综合以上 3 种方式。

在采取长短跑梯段的同时，降低底层中间平台下地坪标高，取消底层中间平台下楼梯梁。3 种处理方式兼顾，达到底层平台下作为通道的净高要求，如图 8-6(c)所示。

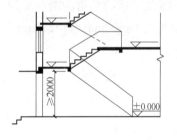
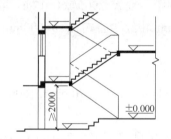
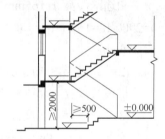

(a) 底层梯段长不等　　　　　(b) 底层梯段长相等，局部降低地坪　　　　　(c) 底层梯段长不等，局部降低地坪

图 8-6　底层中间平台下作出入口时的处理方式

三、楼梯尺度设计

楼梯设计包括根据建筑物的功能要求以及人流情况，并结合防火规范，确定楼梯的总宽度及数量，在平面图中布置楼梯的位置，然后选择合适的楼梯形式及楼梯间的尺度，最后进行楼梯尺度设计。楼梯尺度设计是在已经确定建筑物层高、楼梯间开间和进深的条件下的细部设计，具体步骤如下。

(1)　根据建筑物的使用功能，初步选定踏步高度 h，确定踏步数量 N：

$$N = H/h，H \text{ 为层高}$$

当采用等跑楼梯时，N 应为偶数，即 $N=2n$，n 为每一梯段踏步数；如果不是偶数或不能整除，再重新调整踏步高，然后由经验公式 $2h+b=600\text{mm}$，确定踏步宽度 b。

(2) 计算梯段长度 L:

$$梯段长度\ L=(梯段踏步数\ n-1)\times 踏步宽度\ b$$

(3) 确定梯段宽度 B:

$$梯段宽度\ B=(楼梯间开间-梯井宽-定位轴线到墙内缘距离\times 2)/2$$

(4) 初步确定中间平台宽度 D_0:

$$取中间平台宽度\ D_0 \geqslant 梯段宽度\ B$$

(5) 计算楼层平台宽度 D:

$$楼层平台宽度\ D=楼梯间进深-中间平台宽度\ D_0-梯段长度\ L$$

一般地,楼层平台宽度 $D \geqslant$ 中间平台宽度 $D_0 \geqslant$ 梯段宽度 B。

(6) 验算楼梯净空高度:

楼梯净空高度应满足规范要求,不符合要求时应调整初选的踏步数量和尺寸,直到满足要求为止。

(7) 绘制楼梯平面图及剖面图。

例 已知某单元式住宅层高为2.9m,楼梯间开间为2.7m,进深为5.4m,楼梯间墙厚为240mm,定位轴线居中,室内外高差-0.600m,底层中间平台下设出入口。试设计一个平行双跑楼梯。

【解】(1) 确定踏步尺寸。

初选踏步高 h=165mm,则踏步数 N=2900/160=17.6,取 N=18级,则调整后的踏步高为 h=2900/18=161.11mm,取161mm。由经验公式 $2h+b$=600mm 得踏步宽 b=600mm-2h=278mm,取270mm。

(2) 计算梯段长度 L。

梯段长度 L=(梯段踏步数-1)$\times b$=(9-1)$\times$270mm=2160mm。

(3) 计算梯段宽度。

梯井宽度取60mm,则梯段宽度 B=(2700-240-60)/2mm=1200mm。

(4) 确定中间平台宽度 D_0。

取中间平台宽度 D_0=B=1200mm。

(5) 确定楼层平台宽度 D。

楼层平台宽度 D=楼梯间进深-梯段长度-中间平台宽度-定位轴线到墙内缘距离$\times$2=(5400-2160-1200-120$\times$2)mm=1800mm$>B$=1200mm,且满足入户开门要求。

(6) 底层中间平台下设出入口的处理方式。

平台梁高一般取350mm,梁下净高:

H=(161.11$\times$9-350)mm=(1450-350)mm=1100mm$<$2000mm,不满足要求。

解决途径:

① 室内外高差为600mm,底层中间平台下局部降低地面标高为-0.450m,设三级台阶,每阶高150mm,余下100mm设在入口台阶处。

② 再将中间平台提高,使底层第一梯段为长跑,踏步数为 n_1,同时取消平台梁,平台板厚度取为200mm,则由(161.11n_1+450-200)mm$\geqslant$2000mm,得:$n_1 \geqslant$10.8,取11级,则

第二梯段为短跑 n_2=18-11=7 级。

这时，底层第一梯段长度 L=(11-1)×270mm=2700mm。

底层楼层平台宽度 D=(5400-2700-1200-240)mm=1260mm＞B=1200mm，且满足入户开门要求。

底层中间平台下净高 H=(11×161.11+450-200)mm=2022mm＞2000mm，满足净高要求。

(7) 完成楼梯各平面图和剖面图绘制。

归纳总结

1. 楼梯的数量、位置、宽度、楼梯间形式应满足使用方便和安全疏散的要求。

2. 防火分区是指在建筑内部采用防火墙、有一定耐火极限的楼板及其他防火分隔设施分隔而成，能在一定时间内防止火灾向同一建筑的其余部分蔓延的局部空间。

3. 公共建筑内的每个防火分区、一个防火分区内的每个楼层，其安全出口数量应经计算确定，且不应少于 2 个。

4. 楼梯平台宽度是指最末踏步前缘线到墙内边的距离，分为中间平台宽度和楼层平台宽度。

5. 梯段栏杆扶手高度是从踏步前缘线至扶手中心线的垂直距离，与人体重心高度有关。

6. 楼梯的净空高度包括楼梯段之间的净空高度和平台过道处的净高，应满足人流通行和搬运家具的要求。

7. 底层中间平台下设出入口时，可采取提高中间平台标高、局部降低平台下地坪标高、减少或取消平台下突出物等措施。

实 训

一、填空题

1. 楼梯一般由(　　)、(　　)、(　　)3 部分组成。

2. 楼梯的栏杆扶手，一般成人不低于(　　)，儿童使用的应在(　　)高度处增设扶手，顶层楼梯平台的水平栏杆高度不小于(　　)。

3. 楼梯间门应朝向(　　)，底层应有(　　)。

4. 楼梯平台处的净高应不小于(　　)，梯段净高不宜小于(　　)。

5. 楼梯中间平台宽度是指(　　)至转角扶手中心线的水平距离。

二、选择题

1. 楼梯构造图例中既标有"上"又标有"下"的为(　　)层楼梯平面。

　　A. 底层;　　　　　　B. 中间层;　　　　　　C. 顶层

2. 单股人流为(　　)。建筑规范对楼梯梯段宽度的限定是住宅(　　)，公共建筑(　　)。

　　A. 600～700mm，≥1200mm，≥1300mm

　　B. 550～700mm，≥1100mm，≥1200mm

C. 550~700mm，≥1200mm，≥1500mm

D. 500~600mm，≥1100mm，≥1300mm

3. 楼梯从安全和适用角度考虑，常采用的较合适的坡度为(　　)。

　　A. 10°~20°　　　　　　　　　B. 20°~25°

　　C. 26°~35°　　　　　　　　　D. 35°~45°

4. 从楼梯间标准层平面图上，不可能看到(　　)。

　　A. 二层上行梯段　　　　　　　B. 三层下层梯段

　　C. 顶层下行梯段　　　　　　　D. 二层下行梯段

5. 下列踏步尺寸不宜采用的宽度与高度为(　　)。

　　A. 280mm×160mm　　　　　　B. 270mm×170mm

　　C. 260mm×170mm　　　　　　D. 280mm×220mm

6. 幼儿扶手高度不应大于(　　)。

　　A. 500mm　　　　B. 600mm　　　　C. 900mm　　　　D. 1000mm

三、绘图题

用 AutoCAD 绘图软件绘制例题中一层平面图、标准层平面图、顶层平面图和剖面图。

任务三　钢筋混凝土楼梯构造

钢筋混凝土楼梯按照施工方式不同有现浇整体式钢筋混凝土楼梯和预制装配式钢筋混凝土楼梯。现浇整体式钢筋混凝土楼梯的梯段和平台整体浇筑在一起，整体性好，有利于抗震；刚度大，不宜变形；可塑性强，能适应各种直线和曲线形式。但这种形式的楼梯施工较复杂，现场湿作业量大，自重大，耗用模板，施工工期较长。现浇整体式钢筋混凝土楼梯广泛应用于抗震要求较高的建筑、特殊异形的楼梯或不具备预制装配楼梯的条件。预制装配式钢筋混凝土楼梯与现浇整体式钢筋混凝土楼梯相比，自重轻，施工速度快，工期短，构配件生产工厂化，质量容易保证；但施工时需要配套的起重设备，成本较高，整体性、抗震性能较差。

一、现浇整体式钢筋混凝土楼梯构造

现浇整体式钢筋混凝土楼梯按照梯段的结构形式不同可分为板式楼梯、梁式楼梯、扭板式楼梯等类型。板式楼梯由梯段板承受上部的全部荷载，并将荷载传递到两端的平台梁上，梯段板下表面平整，如图 8-7(a)所示；梁式楼梯由若干个踏步板承受上部的全部荷载，并将荷载传递到下部的斜梁上，就是说踏步板为一受力构件，由斜梁支承，斜梁又由两端的平台梁和楼层梁支承，如图 8-7(b)所示；扭板式楼梯造型美观，结构占空间少，但板跨度大，受力复杂，结构设计和施工难度较大，一般用于标准高的公共建筑大厅中，如图 8-7(c)所示，不依赖梯段斜梁、平台梁，而是梯段板自身空间受力，扭曲变形并固定在楼层板处。

(a) 板式楼梯　　　　　　　(b) 梁式楼梯　　　　　　　(c) 扭板式楼梯

图 8-7　现浇整体式钢筋混凝土楼梯示例

1. 板式楼梯

板式楼梯是民用建筑中最常用的形式，广泛应用于住宅、办公楼、商场等建筑中，可以是单跑、双跑或多跑，具有受力简单、施工方便等优点。板式楼梯梯段板是斜放的齿形板，支承在平台梁和楼层梁上，底层下段一般支承在地垄梁上；受力筋沿跨度(即两端平台梁斜向距离)布置，跨度大，梯段板厚度也大，自重增加。板式楼梯常用于跨度较小的中小型楼梯，适宜跨度为 3m 左右。

有些建筑要求在底层楼梯中间平台下设出入口，为了满足净高≥2m 要求，常采取局部不设平台梁，将梯段板和平台板合为折板，并由设置在墙内的梯梁支承的方法，增加中间平台下的净空高度，如图 8-8 所示。由于折板跨度大，板厚也较大。

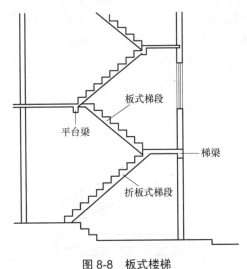

图 8-8　板式楼梯

2. 梁式楼梯

梁式楼梯与板式楼梯相比，荷载直接作用在踏步板上，但由于踏步板的下表面不平整，为折线形，支模困难，所以常做成三角形踏步和板式薄板，再由梯斜梁支承。同时梯斜梁降低了梯段部位的净空高度，只有当楼梯荷载较大或梯段跨度较大时，采用板式楼梯会使板厚很大，配筋量大增，已不再经济时，宜采用梁式楼梯，或对梯段部位没有净高要求的室外楼梯常采用梁式楼梯。

梁式楼梯的梯斜梁有双梁和单梁 2 种。双梁布置在踏步板的两端，可上翻或下翻形成梯帮，如图 8-9 所示。下翻梁在踏步板下，踏步板外露，板底不平整，梁板阴角处易积灰；上翻梁式梯段板底平整，但斜梁占去了梯段一部分宽度，使得梯段有效宽度减少。

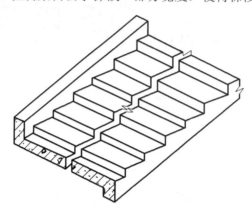

图 8-9　上翻梁与下翻梁

单梁可以设置在踏步板下面的中间位置承担荷载，形成踏步板向两侧悬挑的形式，称为单梁悬臂式楼梯；也可设置在一侧承担部分荷载，再由另一侧墙体承担另一部分荷载。单梁悬臂式楼梯受力合理，为了使悬臂踏步板外形轻巧、美观，常将踏步板断面逐渐向悬臂端减薄，多用在室外露天楼梯。

由于梁式楼梯踏步板的跨度较小，同等条件下梁式楼梯的踏步板厚要比板式楼梯的板厚小。双梁楼梯适用于梯段宽度大、人流量大的大型楼梯。

梁式楼梯的踏步板断面形式有平板式、折板式、三角形板式 3 种，如图 8-10 所示。平板式踏步板的踢面空透，常用于室外楼梯；折板式踏步板踢面未漏空，可加强板的刚度，并避免杂物掉下，常用于室内；由于折板式踏步板板底不平整，支模困难，可采用三角形踏步板，但三角形踏步板混凝土用量和自重均有所增加。

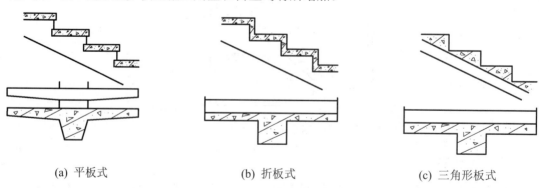

(a) 平板式　　　　　　　　(b) 折板式　　　　　　　　(c) 三角形板式

图 8-10　梁式楼梯踏步板断面形式

二、预制装配式钢筋混凝土楼梯构造

预制装配式钢筋混凝土楼梯按照结构形式不同有梁承式、墙承式、墙悬臂式 3 种类型，按照预制构件的构造组成分为踏步板或梯段(板式或梁式梯段)、平台梁、平台板 3 部分，按照预制构件的尺寸及装配程度可分为小型构件装配式和大、中型构件装配式 2 类。

1. 梁承式楼梯

梁承式楼梯是指梯段由平台梁支承的构造方式，基本构件包括梯段、平台梁、平台板等，如图 8-11 所示。

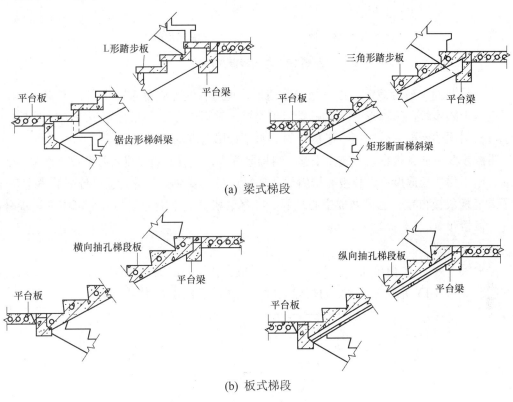

(a) 梁式梯段

(b) 板式梯段

图 8-11　预制装配梁承式楼梯

(1) 梯段

梯段可以是踏步板和梯斜梁组成的梁板式梯段，梯斜梁支承踏步板，而其本身由平台梁支承。梯段也可以是整块或数块带踏步的单向条板，其上下端直接支承在平台梁上。

踏步板断面形式有一字形，正、反 L 形和三角形，如图 8-12 所示。一字形和 L 形踏步板应与锯齿形斜梁配合使用。一字形踏步板的踢面可漏空或填实，仅用于简易楼梯或室内小梯、室外楼梯等。L 形踏步板比一字形踏步板受力合理，为平板带肋形式，但底面呈折线形，不平整。三角形踏步板配合 L 形斜梁，具有梯段底面平整的优点。为了减轻自重，常将三角形踏步板抽孔，形成空心构件。

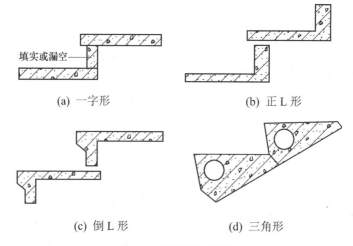

(a) 一字形　　　　　　　　　　　(b) 正 L 形

(c) 倒 L 形　　　　　　　　　　(d) 三角形

图 8-12　踏步板断面形式

梯斜梁断面一般为矩形，也可做成锯齿形，但构件制作较复杂。矩形为等截面，用来搁置三角形踏步板，锯齿形变截面斜梁用于搁置一字形或正、反 L 形踏步板，如图 8-11(a) 所示。梯斜梁的断面有效高度一般按梯斜梁水平投影跨度的 1/12 估算。

带踏步的单向条板梯段，底面平整，结构厚度小，有效断面厚度可按跨度的 Y30～1/20 估算。由于梯段板厚度小，且没有梯斜梁，使平台梁高度减少，增大了平台下的净空高度。为了减轻梯段板自重，也可做成空心构件。在吊装机械起重能力较小时，可将梯段板分解成几块条板预制。

(2) 平台梁

平台梁一般为 L 形截面，梯斜梁或梯段板搁置在挑出的翼缘部分，减少平台梁所占结构空间，如图 8-13 所示。平台梁的构造高度可按梁跨度的 1/12 估算。

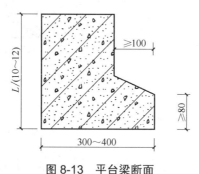

图 8-13　平台梁断面

(3) 平台板

平台板可根据需要采用钢筋混凝土空心板、槽形板或平板。在平台上有管道井时不宜布置空心板。平台板一般平行于平台梁布置，有利于增加楼梯间整体刚度；也可垂直于平台梁布置，如图 8-14 所示。

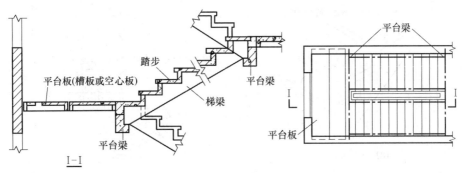

(a) 平台板与平台梁平行布置

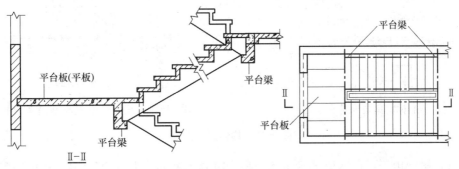

(b) 平台板与平台梁垂直布置

图 8-14 梯段与平台的结构布置

梯段与平台梁的节点处理是构造设计的难点。梯段与平台梁之间有埋步和不埋步 2 种构造方式。埋步是指平台梁被梯段掩埋，不作为一级踏步，不埋步是指平台梁较高，除支承梯段外，还作为一级踏步。梯段不埋步可以减少梯段跨度，但平台梁为变截面梁，占用空间较大，平台梁下净空高度较低。梯段埋步有利于提高平台梁底标高，增加平台梁下净空高度，平台梁为等截面梁。

平行双跑楼梯上下梯段之间有齐步和错步 2 种方式。梯段齐步是指上下梯段起步和末步对齐，梯段错步是指上下梯段起步和末步相错一步或多步。梯段与平台梁的连接一般以上下梯段底线交点作为平台梁牛腿点。

构件连接构造如图 8-15 所示。踏步板与梯斜梁用水泥砂浆坐浆连接，并在梯斜梁上预埋插筋，与踏步板端部预留孔插接，用高强度水泥砂浆填实；梯斜梁或梯段板与平台梁之间的连接，除用水泥砂浆坐浆外，在连接端预埋钢板进行焊接；在楼梯底层起步处，±0.000标高以下，需用砖或混凝土做楼梯斜梁或梯段板基础，也可用平台梁代替梯基。

2. 墙承式楼梯

墙承式楼梯是指预制钢筋混凝土踏步板直接搁置在承重墙上，不需设梯梁和平台梁，也不设栏杆，但在墙上设靠墙扶手。踏步板一般采用 L 形和一字形断面。这种楼梯可节约钢材和混凝土，自重轻，传力直接；但是由于每块踏步板直接安装在墙体内，踏步板端部形状、尺寸需要与墙体材料尺寸吻合，对墙体砌筑速度影响较大，也影响砌体强度。一般用于梯段宽度较小、人流量较少的住宅。

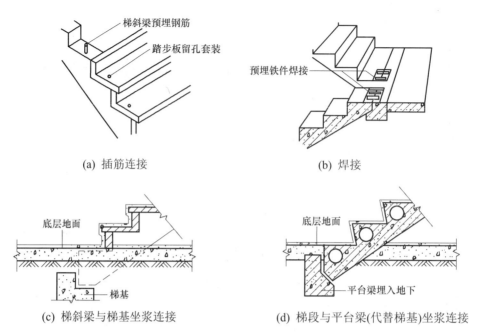

(a) 插筋连接 (b) 焊接

(c) 梯斜梁与梯基坐浆连接 (d) 梯段与平台梁(代替梯基)坐浆连接

图 8-15 构件连接构造

墙承式楼梯由于梯段两侧的承重墙，搬运家具不方便，上下通行阻挡视线，通常在中间墙上开设通视、通光的洞口，如图 8-16 所示；但开设洞口，不利于抗震，施工也较麻烦。

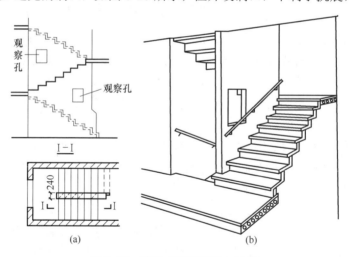

图 8-16 墙承式钢筋混凝土楼梯

3. 墙悬臂式楼梯

墙悬臂式楼梯是指预制踏步板的一端嵌固在楼梯间侧墙上，另一端悬挑，不设平台梁、梯斜梁，也没有中间墙，平台板由楼梯间两侧的墙体承担，如图 8-17 所示。这种楼梯轻巧空透，结构占空间少，但其楼梯间整体刚度较差，不能用于抗震设防的地震区，在住宅建筑中使用较多。

悬臂式楼梯的踏步板悬挑长度一般不大于 1.80m，承重嵌固墙厚度不应小于 240mm。

图 8-17 墙悬臂式楼梯示例

踏步板一般采用正、反 L 形断面，砌入墙体部分均为矩形，并符合墙体模数要求，便于施工。嵌入深度不小于 240mm，砌墙砖强度等级不小于 MU10，砂浆强度等级不小于 M5。由于 L 形踏步板在梯段起步或末步处的踢面漏空，常需填砖处理。

在梯段与楼层平台交接处，由于楼梯间侧墙另一侧支承房间楼板，这样墙体两侧均有构件，位置冲突，需对此块踏步板做特殊处理。

在预制装配式钢筋混凝土楼梯中，也可以把整个梯段和平台预制成一个大型构件，为减轻自重也可以采用空心梯段。整体构件支承在钢支托或钢筋混凝土支托上。其特点是构件数量少、装配化程度高、施工速度快，但需要大型的起重运输设备。

三、楼梯的细部构造

楼梯是建筑物中使用人数最多的建筑构件，踏步面层、栏杆扶手的构造处理直接影响到楼梯的使用安全和美观，应引起足够的重视。

1. 踏步面层及防滑处理

楼梯踏步面层应平整，便于清洁、行走；耐磨，提高耐久性；防滑，保证安全使用。由于楼梯是建筑物中主要交通疏散部件，具有人流导向作用，踏步面层又是受撞击力最频繁的部位，所以踏步面层装修用材标准应不低于楼地面。面层材料一般与门厅或走廊的楼地面面层材料一致。根据造价和装修标准不同，常用的面层材料有水泥砂浆、水磨石、花岗石、地砖等。

由于踏步面层宽度较小，光滑的表面容易使行人滑倒，所以在人流量较大且集中的公共建筑中均应进行防滑处理，通常是在靠近踏步阳角处设置防滑条，同时也可起到保护阳角的作用。在设计标准高的住宅建筑中也可设置防滑条。常用的防滑材料有塑料或橡胶防滑条、金刚砂、金属条(铸铁、铝条、铜条)、带防滑条缸砖等，如图 8-18 所示。防滑条凸出踏步面 2～3mm，还可用缸砖、铸铁、螺纹钢筋等做防滑包口。标准较高的建筑可铺地毯或防滑塑料或橡胶贴面。

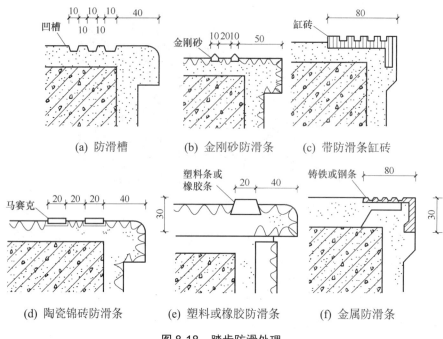

(a) 防滑槽   (b) 金刚砂防滑条   (c) 带防滑条缸砖

(d) 陶瓷锦砖防滑条   (e) 塑料或橡胶防滑条   (f) 金属防滑条

图 8-18　踏步防滑处理

2. 栏杆扶手

栏杆扶手是楼梯上下通行的安全防护设施，也是装饰性较强的建筑构件，对材料、色彩、质感、样式均有较高要求，如图 8-19 所示。楼梯栏杆多采用金属材料制作，如钢材、铝合金型材、不锈钢材等，有空花式、栏板式和混合式等类型。楼梯栏杆需根据材料、装修标准和使用对象不同进行合理选择和设计。

图 8-19　楼梯栏杆扶手示例

1) 栏杆

空花式栏杆以栏杆竖杆作为主要受力构件，是楼梯栏杆的主要形式，具有重量轻、空透轻巧的特点。

在构造设计中栏杆应保证足够的强度抵抗侧向冲击力，可将竖杆与水平杆及斜杆协同工作。栏杆形成的空花尺寸不宜过大，通常控制在 120～150mm，避免不安全感。有儿童使用的住宅、托儿所和幼儿园，栏杆净距不应大于 110mm，并设计成不易攀爬的分格形式。

栏杆竖杆与楼梯段、平台应有可靠的连接，连接方法主要有预埋钢板焊接、预留孔插接、螺栓连接。为了增强美观，常在连接处装设套环。

栏板是用实体材料制作，多采用钢筋混凝土、钢丝网水泥抹灰、有机玻璃、钢化玻璃等。多用于室外楼梯或商场等公共建筑的室内楼梯。

玻璃栏板通常安装在垂直构件上，钢筋混凝土及钢丝网水泥抹灰栏板应与梯段可靠连接。

混合式栏杆是由空花式栏杆与栏板 2 种形式组合而成。

2)　扶手

楼梯扶手常用木材、塑料、金属管材(不锈钢管、铝合金管)制作，其中硬木扶手和塑料扶手具有手感舒适的优点，在室内楼梯中应用最为广泛，金属和塑料扶手常用于室外楼梯。

扶手的断面形式和尺寸既要考虑人体尺度和使用要求，又要考虑与楼梯的尺度关系及加工制作的可能性。

金属管材扶手通常与栏杆竖杆焊接或铆接，焊接时扶手与栏杆竖杆用材一致。木扶手及塑料扶手通常在栏杆竖杆顶部设置通长扁钢与扶手底面或侧面槽口榫接，用木螺钉固定。

楼梯扶手有时必须固定在侧面的砖墙或混凝土柱上，如顶层安全栏杆扶手、靠墙扶手。靠墙扶手与墙面保持 100mm 左右距离。一般在砖墙上留洞，将扶手连接杆件伸入洞内，用细石混凝土嵌固。当扶手与钢筋混凝土墙或柱连接时，一般采取预埋钢板焊接。

归纳总结

1. 钢筋混凝土楼梯按照施工方式不同有现浇整体式钢筋混凝土楼梯和预制装配式钢筋混凝土楼梯。

2. 现浇整体式钢筋混凝土楼梯按照梯段结构形式不同分为板式楼梯、梁式楼梯、扭板式楼梯等类型。

3. 预制装配式钢筋混凝土楼梯按照结构形式不同有梁承式、墙承式、墙悬臂式三种类型。

4. 板式楼梯传力路径：梯段板—平台梁和楼层梁—墙或柱；梁式楼梯传力路径：踏步板—梯斜梁—平台梁和楼层梁—墙或柱。

5. 有儿童使用的住宅、托儿所和幼儿园，栏杆净距不应大于 110mm。

6. 楼梯踏步面层应平整、耐磨、防滑，装修用材标准应不低于楼地面。

实　训

一、选择题

1. 板式梯段由(　　)两部分组成。

　　A. 平台　　　　B. 梯斜梁　　　　C. 梯段板　　　　D. 踏步

2. 梁式梯段由(　　)两部分组成。

　　A. 平台　　　　B. 梯斜梁　　　　C. 踏步板　　　　D. 栏杆扶手

3. 现浇整体式钢筋混凝土楼梯有(　　)、(　　)、扭板式楼梯等类型。

    A. 墙承式　　B. 墙悬臂式　　　　C. 梁式　　　　　　D. 板式

4. 预制装配式钢筋混凝土楼梯有(　　)三种类型。

    A. 墙承式　　B. 墙悬臂式　　　　C. 梁承式　　　　D. 梁板式

5. 板式楼梯的传力路径：荷载—(　　)—平台梁和楼层梁—墙或柱。

    A. 平台　　　B. 梯斜梁　　　　　C. 梯段板　　　　D. 踏步

6. 梁式楼梯的传力路径：荷载—踏步板—(　　)—平台梁和楼层梁—墙或柱。

    A. 平台　　　B. 梯斜梁　　　　　C. 梯段板　　　　D. 踏步

二、分析板式楼梯得以广泛应用的原因。

三、实地考察学校食堂或实习工厂等楼梯构造(如结构形式、传力路径，防滑做法等)，并绘简图说明各部位名称。

任务四　楼梯施工图识读

楼梯详图包括建筑详图和结构详图两部分。楼梯建筑详图主要反映楼梯的平面形式、结构、各部分详细尺寸、材料及做法，是楼梯施工放样的主要依据；楼梯结构详图主要表达楼梯结构构件布置、尺寸及配筋等情况。

一、楼梯建筑详图

楼梯建筑详图包括平面图、剖面图和节点详图。

1. 楼梯平面图

楼梯平面图实际是将建筑平面图中楼梯间部分放大，常采用 1∶50 比例绘制。楼梯平面图一般有底层平面图、中间层平面图和顶层平面图，如果某中间层平面布置不同应专门绘制。由于楼梯平面图是假想用一水平剖切平面沿上行第一梯段剖切开，所以斜折断线始终位于"上"行梯段水平投影上。楼梯的平面形式常见的有平行双跑式、直行单跑或双跑式、平行双分或双合式等。

楼梯间的平面尺寸标注：轴线间尺寸、梯段长度(水平投影长度=踏面宽×踏面数)及宽度、梯段起步尺寸及止步尺寸(即平台宽度)、踏步宽度、梯井宽度，楼梯走向用箭头示意并配合文字"上"、"下"标注。楼梯间平面尺寸有 2 道：外面一道是定位轴线尺寸，即开间、进深，里面一道是细部尺寸，即梯段宽度、梯井宽度或梯段长度、起步尺寸、止步尺寸，其中开间=梯段宽度 1+梯井宽度+梯段宽度 2+2 个定位轴线距墙内缘尺寸，进深=起步尺寸+梯段长度+止步尺寸。

标高(均指完成面)标注：楼地面及中间休息平台部位标高。

底层平面图反映从底层通向二层第一梯段(标注"上")踏步数(水平线数量)，梯段长度

=(踏步数-1)×踏面宽,梯段宽度,栏杆扶手线;从底层通向平台下出入口的台阶或坡道(标注"下")宽度及踏步数或长度。在底层平面图中,注出楼梯剖面图的剖切符号即剖切位置和剖视方向、编号。

2 层平面图反映 2~3 层被剖切到的上行梯段踏步数、梯段长度;2 层到底层的下行梯段踏步数、梯段长度、梯井、栏杆扶手线。

顶层平面图反映从顶层到屋顶第一梯段("上"行方向)踏步数、梯段长度、梯段宽度、栏杆扶手线;从顶层到下一层梯段("下"行方向)踏步数、梯段长度、梯井、栏杆扶手线。如果楼梯不通向屋顶,则顶层平面图只有下行方向梯段,没有上行梯段,并在楼板平台端部设栏杆扶手作为安全防护;如果楼梯通向屋顶,则要在屋顶平面图中表示楼梯下行梯段,并在楼板悬空平台端部设栏杆扶手作为安全防护。

在楼梯平面图中,每梯段踏面数量均比踏步数量少 1 个,这是因为平面图中梯段的最上面一个踏面与楼面平齐,并入到平台宽度中。

2. 楼梯剖面图

楼梯剖面图是建筑剖面图中楼梯间的局部放大,其剖切位置和投影方向在底层平面图中表示。

楼梯剖面图主要反映楼梯各构件之间连接构造,梯段、平台的形式,踏步、栏杆(或栏板)、扶手的形状和高度。

尺寸标注:各层楼地面标高,中间休息平台标高,梯段高度及其踏步的级数和高度。

3. 节点详图

楼梯的节点详图主要表明栏杆、扶手及踏步的细部构造,通常选用标准图集。

4. 楼梯详图阅读实例

某电教综合楼楼梯建筑详图如图 8-20 所示。

从楼梯 1 层平面图可以看出,该楼梯间平面形式为封闭楼梯间,有一防火门向疏散方向开启。从 1 层通向 2 层的"上"行梯段踏步数为 12 级+1 级=13 级,踏面宽为 280mm,梯段长度为 280mm×12=3360mm,梯段宽度为 1650mm,梯段起步尺寸为 2290mm,止步尺寸为 1800mm,图中可见栏杆扶手线;从 1 层通向平台下入口设一坡道,高度差为 ±0.000m-(-0.300m)=0.300m,坡道长度为 3000mm,宽度为 1750mm,起坡尺寸为 2550mm,止坡尺寸为 1900mm。

从楼梯 2 层平面图可以看出,从 2 层楼面通向 3 层的上行梯段踏步数 10 级+1 级=11 级,踏面宽为 280mm,梯段长度为 280mm×10=2800mm,梯段宽度为 1650mm,梯段起步尺寸为 2850mm,止步尺寸为 1800mm;从 2 层通向 1 层的"下"行梯段踏步数为 8 级+1 级=9 级,梯段长度为 280mm×8=2240mm,梯段宽度也为 1650mm,梯段起步尺寸为 3410mm,止步尺寸为 1800mm;梯井宽 100mm。图中可见封闭的栏杆扶手线。

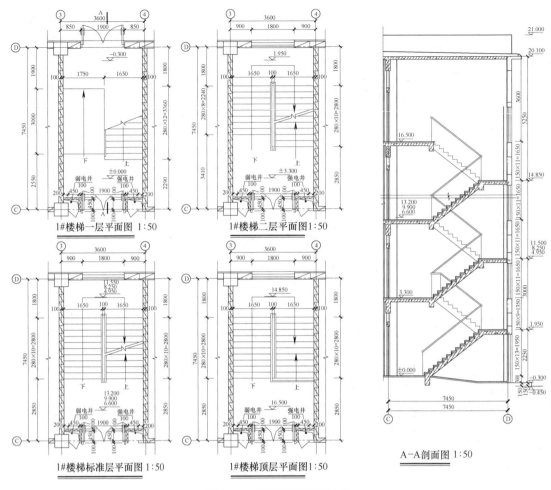

图 8-20 楼梯建筑详图示例

1 层层高 3.300m，之间楼梯踏步数为 13 级+9 级=22 级，2 个梯段的踏步数不等，这在施工中要引起注意。

楼梯标准层(3～5 层)平面图，上下梯段踏步数相同，均为 11 级，梯段长度为 280mm×10=2800mm，起步尺寸为 2850mm，止步尺寸为 1800mm；图中可见梯井宽及栏杆扶手线。

顶层楼梯平面图只有下行方向，并可见栏杆扶手线伸到楼板悬空平台一侧后到墙内，其他梯段长度、宽度、踏步数、起步尺寸、止步尺寸等均与楼梯标准层平面图相同。

2～6 层各层层高均为 3.300m，之间楼梯踏步数为 11 级+11 级=22 级，各梯段长度、起步尺寸、止步尺寸均相同。不同的是 1 层和 2 层之间 2 个梯段与其他梯段在梯段长度、起步尺寸、止步尺寸皆有差别。

楼梯剖面图要结合楼梯 1 层平面图的剖切位置和剖视方向阅读。从 A-A 剖面图可看出这是一个现浇钢筋混凝土板式楼梯，每层有 2 个梯段，梯段及中间休息平台由梯梁支撑，不同的是 1 层通向 2 层的第一梯段与中间休息平台板形成折板式梯段。图中可见踏步位置扶手坡度平行楼梯段坡度，各楼地面及中间休息平台部位标高，踏步数及踢面、梯段高度尺寸，中间休息平台间竖向高度尺寸等。

楼梯详图在建筑设计说明的各部构造中有明确表示：楼梯扶手高度，在踏步位置按踏步前缘算起为 900mm 高，在水平位置为 1050mm 高；楼梯扶手做法见 99SJ403 第 23 页 1 节点，为不锈钢管扶手栏杆；靠墙扶手选用 99SJ403 第 69 页 14 节点；踏步防滑条构造做法见 99SJ403 第 65 页 17 节点。

二、楼梯结构详图

楼梯结构详图包括各层楼梯结构平面布置图、剖面图及梯柱、梯梁、梯板等结构构件详图。某电教综合楼现浇板式钢筋混凝土楼梯结构详图，如图 8-21 所示。

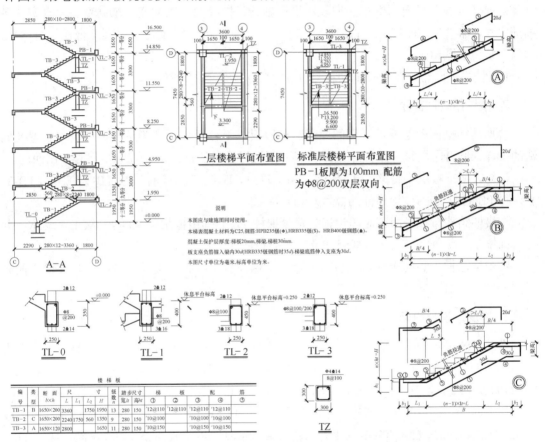

图 8-21　集电教综合楼现浇板式钢筋混凝土楼梯结构详图示例

1. 楼梯结构平面布置图

楼梯结构平面布置图一般包括 1 层平面布置图、标准层平面布置图。1 层楼梯平面布置图是假想用一水平剖切平面沿楼梯间 2 层楼板上表面剖切开，移去剖切平面以上的部分，将余下部分即 1 层楼梯向水平投影面投影得到的投影图。标准层楼梯平面布置图的剖切平面位于 3 层及以上楼板上表面处，表达标准层间楼梯结构构件布置。图中可见平台板 PB、梯梁 TL、梯段板 TB 及梯柱 TZ、框架柱 KZ、框架梁 KL 或墙等平面布置关系。由于梁被板遮挡，为不可见部分，图中用双虚线表示；柱、剪力墙为可见部分，用粗实线表示；梯段板用对角线表示。

结合标准层梁平法施工图可知，楼梯间ⓒ、①轴框架梁 KL-2，③轴梁 KL-4，④轴梁 L-2，楼层平台梁 L-3，中间平台板由梯梁 TL-1、TL-3 支承，但 1 层中间平台板与梯板 TB-1、TB-2 合为折板，并入梯板 TB，由梯梁 TL-0、TL-2 和梁 L-3 支承，其中梯梁 TL-0 长度与梯段宽度相同，为 1650mm。

梯梁 TL-1 由梯柱 TZ 支承，梯梁 TL-2、TL-3 由梯柱 TZ 和框架柱 KZ-1 支承。梯段板共有 3 个类型，即 TB-1、TB-2、TB-3、TB-1、TB-2 为 1 层楼梯板，TB-3 为标准层楼梯板。图中可见标准层梯梁 TL-1、L-3 各为一级踏步。

楼梯结构布置平面图中标注梯段水平投影长、梯段宽、踏面宽、梯井宽、平台宽等各细部尺寸，梯梁 TL-0、TL-1、TL-2、TL-3 定位尺寸及各楼层平台板、中间平台板部位标高，均与建筑施工图相同。

1 层楼梯平面布置图中有剖切符号 *A-A*，与 *A-A* 剖面图对照阅读。

2. 楼梯结构剖面图

楼梯结构剖面图是表示楼梯间梯梁、梯段板、平台板、梯柱等承重构件竖向布置及构造的图样。结合 1 层楼梯平面布置图中 *A-A* 剖切符号的位置和剖视方向得到 *A-A* 剖面图。

该图表明了楼层平台梁 L-3，梯梁 TL-0、TL-1、TL-2、TL-3，梯段板 TB-1、TB-2、TB-3，平台板 PB-1，梯柱 TZ 等构件的位置及相互关系。

与楼梯结构布置平面图对照识读，可见梯柱 TZ 分别由框架梁 KL-4 和梁 L-2 支承，并支承梯梁 TL-1。梯梁 TL-0 由基础梁及其上的短柱支承。

图中标注梯段竖向尺寸，平台部位标高，梯段水平投影长度及平台宽，与楼梯平面布置图一致。

3. 详图及设计说明

详图反映了各构件截面尺寸、标高及配筋情况。例如梯梁 TL-0，宽为 250mm，高为 350mm，上部配置 2 根、直径为 12mm、HRB400 级钢筋，下部配置 3 根、直径为 14mm、HRB400 级钢筋，箍筋为直径为 8mm、间距为 200mm、HPB235 级钢筋；梁顶标高±0.000，与 1 层地面平齐；下部由基础梁支承。梯段板 TB-1 与梯梁 TL-0 连接高度的计算：梯段板 TB-1 厚度 200mm÷梯板 TB-1 倾角的余弦=200mm÷0.686=291.5mm。同理可确定梯梁 TL-1 与梯段连接高度。

梯梁 TL-2 截面尺寸为 250mm×450mm，与梯段板 TB-1 下端平齐。已知梯段板 TB-1 厚为 200mm，这样梯梁 TL-2 顶比梯段板 TB-1 面高出 450mm-200mm=250mm，与所标注的"休息平台标高+0.250"一致。

梯梁 TL-3 截面尺寸为 250mm×400mm，已知梯梁 TL-3 顶比平台板 PB-1 面高出为 250mm，又已知平台板 PB-1 厚为 100mm，所以梯梁 TL-3 底比平台板 PB-1 底凸出：400mm-250mm-100mm=50mm。

梯柱 TZ，截面尺寸为 300mm×300mm，纵向 4 根、直径为 14mm、HRB335 级钢筋，

箍筋直径为 8mm、间距为 100mm、HPB235 级钢。

从节点 A、B、C 详图可以看出各梯段板板底纵向受力钢筋、横向分布钢筋及两端支座处钢筋的配置情况，从楼梯板表可知其细部构造，其中节点 A、节点 B、节点 C 分别与梯段板 TB-3、TB-1、TB-2 对应。例如梯段板 TB-1，厚度为 200mm，跨度为 3360mm+1750mm，底部纵向受力筋直径为 12mm、间距为 110mm、HPB235 级钢，横向分布筋直径为 8mm、间距为 200mm、HPB235 级钢，板两端支座处分别配置有直径为 12mm、间距为 110mm、HPB235 级构造钢筋；梯段板 TB-2，厚度为 200mm，跨度为 2240mm+1750mm+560mm，底部纵向受力筋直径为 10mm、间距为 100mm、HPB235 级钢，横向分布筋直径为 8mm、间距为 200mm、HPB235 级钢，板两端支座处分别配置有直径为 10mm、间距为 100mm、HPB235 级构造钢筋。

通过设计说明可知，梯板、梯梁、梯柱混凝土保护层厚度及板支座负筋锚固长度，梯梁底筋锚固长度，与详图结合可计算任一钢筋长度。

归纳总结

1. 楼梯间开间尺寸与梯段宽度，进深尺寸与梯段水平投影长度、平台宽度。
2. 上下梯段起步和末步是否对齐分为齐步、错步。
3. 封闭楼梯间、防烟楼梯间门均为防火门，开启方向为疏散方向。
4. 楼梯剖面图中平台部位净高应满足不小于 2000mm 的要求，梯段部位的净高应不小于 2200mm。
5. 钢筋混凝土楼梯中有板式梯段(包括折板式梯段)、梁式梯段，受力筋分布是不同的。
6. 楼梯中受力构件，如梯柱、梯梁、楼层梁、梯段板、平台板等尺寸及配筋应满足施工需要。

实　训

识读现浇钢筋混凝土楼梯详图，回答问题:

(1) 楼梯平面形式属于哪种类型？是板式楼梯还是梁式楼梯？开间、进深是多少？

(2) 梯段的踏步数及长度、宽度各是多少？

(3) 平台标高及宽度是多少？

(4) 各构件尺寸及配筋怎样？

(5) 如何进行该楼梯施工测量放线及验线？

(6) 如何进行钢筋的检查与验收？

(7) 计算该楼梯工程量，计算规则: 按设计图示尺寸以水平投影面积计算，不扣除宽度小于 500mm 的楼梯井，伸入墙内部分不计算。其中水平投影面积包括踏步、休息平台、平台梁。

(8) 计算楼梯装修及模板工程量，包括侧面和底面。

(9) 计算栏杆扶手工程量(按实际长度计算)。

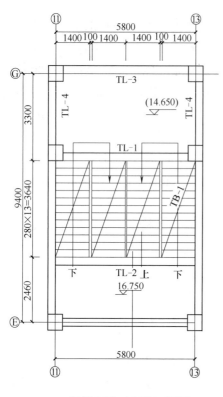

标高12.550～16.750m平面图

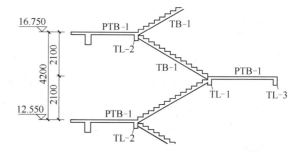

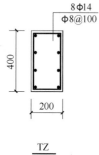

TZ

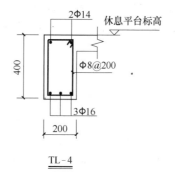

TL-4

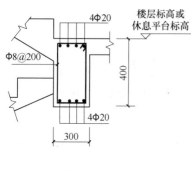

TL-1

TL-2

TL-3

任务五　认知台阶、坡道、电梯、自动扶梯

由于建筑物首层室内地面与室外地面之间设有高度差，因此，为解决高度差带来的垂直交通问题，通常设置室外台阶或坡道，如图 8-22 所示。台阶能够为出入提供方便，坡道的设置主要是考虑车辆及残疾人通行。室内外高度差越大，台阶踏步数越多，坡道水平投影长度也越大。《住宅建筑构造》(11J930)、《建筑无障碍设计》(03J926)中列举了台阶、坡道做法。

(a) 台阶

(b) 坡道

图 8-22　台阶与坡道示例

一、台阶

在建筑设计中，台阶可以起到烘托陪衬建筑物的作用，就其平面形式来说，主要有单面踏步、两面踏步、三面踏步，或者附带花池、栏杆等，应根据建筑规模及周围场地的实际情况进行设计。

1. 台阶尺度

台阶由踏步和平台组成。处于室外的台阶，人流量大，踏步宽度应比楼梯的大些，坡

度比楼梯的小些,会提高行走的舒适感。在台阶与建筑出入口大门之间,常设有一缓冲平台,平台宽度应大于门洞宽度,至少每边宽出 500mm,平台深度不应小于 1000mm,同时需做 1%左右的排水坡度。台阶踏步宽度不应小于 300mm,一般在 300～400mm,踏步高度不应大于 150mm,一般在 100～150mm。

台阶的基本设计要求:人流密集场合台阶高度超过 1.0m 时,宜有护拦设施;影剧院、体育馆观众厅疏散出口门内外 1.40m 范围内不能设台阶踏步;室内台阶踏步数不应少于 2步;室外台阶踏步宜做防滑处理。

2. 台阶构造

绝大多数台阶采用实铺构造,因此因此与室内地坪构造基本相同,包括面层和垫层,如图 8-23 所示。

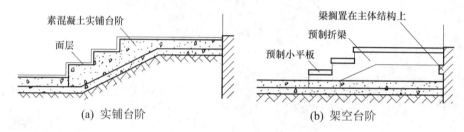

图 8-23　台阶构造

台阶面层易受雨水侵蚀,因此面层材料应防滑、耐久,如缸砖、剁斧石、天然石料等。对于人流量大的建筑,还应在平台处做刮泥槽,刮齿应与人流方向垂直。

台阶垫层应采用抗冻、抗水性能好且质地坚实的材料,常用的有 C10 混凝土、砖石、碎砖或碎石混凝土等。严寒地区的台阶需考虑地基土冻胀因素,可用含水率低的砂石垫层至冰冻线以下。

大多数台阶与建筑主体是断开的,二者之间有变形缝,需加强缝隙节点处理。常见做法是在变形缝内填充沥青麻丝,上端嵌入 10mm 宽的防腐木条。

二、坡道

坡道按照用途不同可分为行车坡道和轮椅坡道。坡道的尺度、构造与台阶相似。坡道坡度与面层材料有关,如图 8-24 所示,一般为 1∶6～1∶12;光滑面层不大于 1∶12;粗糙面层不大于 1∶6;带防滑齿坡道不大于 1∶4。坡度为 1∶10 的坡道较为舒适。

残疾人通行的坡道,坡度不宜大于 1∶12;同时每段坡道的允许高度为 750mm,允许水平长度为 9000mm,当超过规定时应在坡道中部设休息平台,其深度不应小于 1.20m;坡道宽度不应小于 0.9m;坡道在转弯处应设休息平台,其深度不应小于 1.50m;坡道的起点和终点处应留有深度不小于 1.50m 的轮椅缓冲地带;坡道两侧应在 0.9m 高度处设扶手,并保持连续;起点和终点处的扶手应水平延伸 0.3m 以上;坡道临空侧栏杆下端宜设高度不小于 50mm 的安全挡台。

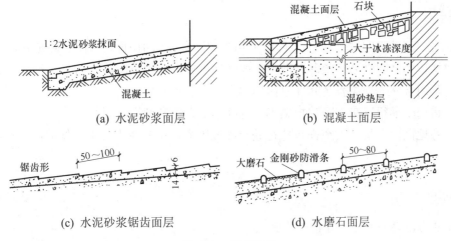

(a) 水泥砂浆面层　　　　　　　　(b) 混凝土面层

(c) 水泥砂浆锯齿面层　　　　　　(d) 水磨石面层

图 8-24　坡道构造

三、电梯

电梯是建筑物重要的垂直交通设施，其安装与调试一般由生产厂家或专业公司负责。不同厂家提供的设备尺寸和安装要求各不相同，土建专业应按照厂家要求进行建筑构件的施工和安装预埋件、预留孔洞。电梯设备主要包括轿厢、平衡重、垂直轨道与支架、提升机械和相关的其他设施。土建方面的建筑构造包括电梯井道、机房和地坑等。电梯井道可采用砖墙或现浇钢筋混凝土墙，墙上设有圈梁或暗梁。电梯机房设在井道的顶部，在建筑屋面以上。机房的尺度应满足布置机械及电控设备的需要，并留有足够的管理和维护空间，比井道面积大。设有电梯的建筑，楼梯需通至屋顶，楼梯间突出屋面，并设有通向机房的外门，宽度不小于 1.20m。

电梯是多层、高层建筑中常见的垂直交通设施。电梯在建筑平面图中的位置一般要结合楼梯布置。

四、自动扶梯

在大型商场、候车楼等公共建筑中，常设置自动扶梯作为垂直交通联系的方式之一。自动扶梯主要是设备安装，需要土建施工配合的部分不多。台阶是指在室外或室内的地坪或楼层不同标高处设置的供人行走的阶梯，用于室内外高差之间和室内局部高差之间的联系。坡道是指连接不同标高的楼面、地面，供人行或车行的斜坡式交通道，多设置在建筑物入口处通行汽车、担架车，在无障碍设计中作为轮椅车的专用交通。

自动扶梯是人流集中的大型商场、火车站、航空港等公共建筑使用的主要交通设施。和电梯一样，自动扶梯在楼板处开洞，设备需要安装和调试。自动扶梯的坡度比较平缓，一般为 30°，由电动机械牵动梯段、踏步连同栏板扶手带一起运转，机房悬挂在楼板下面，并在梯段及楼板下做装饰处理。底层做地坑，上下端处做活动地板以利检修。

归纳总结

1. 建筑空间的竖向组合联系，主要有楼梯、电梯、自动扶梯、台阶、坡道等。

2. 楼梯作为竖向交通和紧急疏散的主要交通设施，使用最广。

3. 台阶用于室内外高差之间和室内局部高差之间的联系。

4. 坡道用于通行汽车、医院担架车、轮椅车的专用交通设施。

5. 严寒地区的台阶、坡道需考虑地基土冻胀因素，可考虑用含水率低的砂石垫层至冰冻线以下。

实 训

1. 室内台阶踏步数不少于(   )步。

 A. 2 B. 3 C. 4 D. 1

2. 室外台阶的坡度比楼梯坡度(   )。

 A. 大 B. 小

3. 人流密集场合台阶高度超过(   )时，宜有护拦设施。

 A. 500mm B. 600mm C. 900mm D. 1000mm

4. 残疾人通行的坡道，坡度不宜大于(   )。

 A. 10 B. 1∶10 C. 1∶12 D. 5%

项目九　门窗施工图识读

教学目标

知识目标：掌握不同类型门窗图例，掌握门窗细部构造做法。

能力目标：熟练识读门窗详图及门窗统计表；培养严谨思维，自觉遵守职业道德。

教学重点：外墙门窗保温构造处理。

教学难点：正确理解门窗尺度。

教学建议及其他说明：识图与实物结合，加深对门窗详图及设计变更的理解。

任务一　门窗的形式与尺度

门和窗是房屋建筑的重要组成部分，外墙上的门和窗也是建筑的围护构件，具有日照、保温、隔热、隔声、防雨、防盗等功能。门的主要功能是交通联系、紧急疏散；窗的主要功能是采光和通风。门和窗的形式、大小、布局应满足有关规范和使用要求，并尽量统一；在构造设计中，应满足开启灵活、关闭严密、坚固耐久、便于维护和清洁，并尽可能符合《建筑模数协调标准》(GB/T 50002—2013)中扩大模数 3m 数列的要求，以降低成本和适应建筑工业化生产的需要。

门和窗按制作材料不同有木门窗、铝合金门窗、塑钢窗、彩板门窗、玻璃门等。钢门窗是由型钢焊接而成的，具有透光率高、坚固不易变形、防火性能高、便于拼装组合等优点，但密闭性能差、保温性能低、耐久性能差、易生锈；铝合金窗是由铝合金型材用拼接件装配而成的，具有轻质高强、美观耐久、耐腐蚀、刚度大、变形小、开启方便等优点，但成本较高，是目前广泛采用的形式；塑钢窗保温隔热、隔声性能好，但易变形；彩板门窗是以彩色的冷轧镀锌板为原料加工而成的，属节能型门窗，是传统钢门窗的换代产品，其强度、隔声、保温、密闭性能均优于铝合金门窗；木门较轻便、密封性能好、经济，应用较广泛；玻璃钢门、无框玻璃门多用于大型建筑和商业建筑的出入口，美观大方，但成本较高。

一、门的开启形式与尺度

1. 门的开启形式

门的开启形式主要有平开门、弹簧门、推拉门、转门、卷帘门等。不同开启方式在建筑施工图中的图例不同，见表3-1建筑构造及配件图例。

平开门是指门扇在水平方向绕一侧铰链轴转动，分单扇和双扇，可以内开，也可外开。平开门构造简单，开启灵活，使用方便，易于维护，是建筑物中使用最普遍的门。

弹簧门的开启方式与普通平开门基本相同，不同的是门扇绕弹簧铰链向内外开启，并经常保持关闭状态。弹簧门使用方便，常用于有自动关闭要求的房间(如卫生间)，也用于建筑物出入口，如教学楼、商业大厦、医院、办公楼等。为避免人流相撞，门扇上应镶嵌玻璃。

推拉门是沿上端或下端固定滑道左右滑行。根据滑道位置不同有上挂式和下滑式。当门扇高度小于4m时，一般做成上挂式推拉门，即在门扇的上部装置滑轮，滑轮吊在门过梁的预埋铁轨(上导轨)上；当门扇高度大于4m时，一般采用下滑式推拉门，即在门扇下部装滑轮，滑轮置于地面的铁轨(下导轨)上。推拉门能够保持垂直状态稳定运行，要求导轨必须平直，并有一定的刚度，同时在导轨另一侧设导向装置。推拉门开启时不占用使用空间，受力合理，不易变形，但构造较复杂，不易关闭严密，适用于空间狭小的房间门，不适用于人流量大的公共建筑。住宅中一般采用轻便下滑式推拉门分隔内部空间。

转门是由2个固定的弧形门套和垂直旋转的门扇组成的，门扇可为3扇或4扇。转门构造复杂，造价高，密闭效果好，常作为寒冷地区公共建筑的外门，对隔绝室外气流有一定的作用。在转门的两侧须另设疏散用平开门。

卷帘门门扇是由一块块连锁金属片条组成的，两端放在固定的滑槽内，开启时卷动上部滚轴将门扇页片卷起，可用电动或人力操作。卷帘门制作、安装较复杂，造价较高，适用于非频繁开启的高大洞口，多用作商业建筑外门及不同防火分区间设置的防火卷帘门。

2. 门的尺度

门的尺度通常是指门洞的宽和高。门作为交通疏散的通道，尺度主要取决于通行疏散、家具搬运、与建筑物比例关系，并符合《建筑模数协调标准》(GB/T 50002—2013)中规定。

在民用建筑中，门的高度一般不宜小于2100mm，上部设有亮子时，可适当提高300～600mm，即门洞高度为2400～2700mm，也就是门扇高加亮子高，再加门框及门框与墙间的缝隙尺寸。大型公共建筑外门高度可根据需要确定。

门扇过宽易翘曲变形，也不利于开启。通常情况下，单扇门的宽度为800～1000mm，双扇门的宽度为1200～1800mm。宽度在2100mm以上时多做成3扇、4扇或双扇带固定扇的门。

为使用方便，一般民用建筑门(木门、铝合金门、钢门)均编制成标准图集，在图上注明类型及有关尺寸，设计时可按需要直接选用，如《铝合金节能门窗》(03J603-2)、《建筑节能门窗》(06J607-1)、《防火门窗》(03J609)。在施工图中常列有门窗明细表，注明门窗编号、洞口尺寸、采用的标准图、数量，以备查阅。

二、窗的开启方式与尺度

1. 窗的开启方式

窗的开启方式主要有推拉窗、平开窗、固定窗、悬窗等，如图 9-1 所示。不同开启方式在建筑施工图中的图例不同，见表 3-1 建筑构造及配件图例。

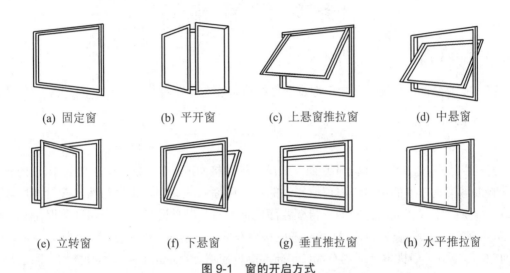

(a) 固定窗　　　　(b) 平开窗　　　　(c) 上悬窗推拉窗　　　(d) 中悬窗

(e) 立转窗　　　　(f) 下悬窗　　　　(g) 垂直推拉窗　　　(h) 水平推拉窗

图 9-1　窗的开启方式

推拉窗扇沿导轨或滑槽滑动，一般采用水平推拉，也有垂直推拉。推拉窗受力合理，开启时不占空间，适用于在较大洞口安装大玻璃窗，常见铝合金推拉窗、塑钢推拉窗；但由于推拉窗始终占有部分洞口面积，夏季通风效果较差。

平开窗是指窗扇绕一侧铰链在水平面内旋转开启，可内开或外开，有单扇、双扇或多扇。平开窗开启灵活，构造简单，制作维护方便，在住宅等民用建筑中使用广泛。平开窗开启占用空间，窗扇面积不宜过大，夏季较推拉窗通风效果好。

固定窗是指无窗扇且不能开启的窗，仅供采光和眺望，不能通风。固定窗构造简单，密闭性好，多与门亮子和开启窗配合使用。

悬窗是指窗扇在竖直面内绕铰链和转轴旋转开启，可分为上悬窗、中悬窗和下悬窗。上悬窗铰链安装在窗扇的上边，一般外开，防雨好，多用作玻璃幕墙上设窗；下悬窗铰链安装在窗扇下边，一般内开，不防雨，通风较好，不能用作外窗，可用于内门上的亮子；中悬窗是在窗扇中间安装水平转轴，开启时窗扇上部向内，下部向外，利于通风、挡雨，常用作大空间建筑的高侧窗。

2. 窗的尺度

窗的尺度通常是指窗洞的宽度和高度，主要取决于房间采光、通风、建筑物立面尺度及造型等，并符合《建筑模数协调标准》(GB/T 50002—2013)要求。一般情况下是根据房屋的使用性质确定采光等级及采光系数(窗洞口面积与室内地面面积之比，即窗地比)，并由此确定洞口面积及洞口的宽度和高度，如居住房间窗地比为 1/10～1/8、教室窗地比为 1/5～1/4、医院手术室窗地比 1/2。

平开窗窗扇高度为800～1200mm，宽度不大于500mm；上下悬窗的窗扇高度为300～600mm，中悬窗窗扇高度不大于1200mm，宽度不大于1000mm；推拉窗高度与宽度均不大于1500mm，窗高超过1500mm时上部应设亮子。一般民用建筑用窗各地均有通用标准图集，可根据需要按所需类型及尺度大小选用，如《隔热断桥铝合金平开窗》(LC-03-001)。

任务二　门窗构造

一、窗的构造

窗一般由窗框、窗扇、五金零件及附件组成。

1. 木窗

1) 窗框

窗框由边框、上框、下框、中竖框、中横框等榫接而成。在窗框上做深度约10～12mm、宽度略大于窗扇厚度的裁口，与窗框接触的窗扇侧面做成斜面。窗框与墙体接触面应裁出灰口，抹灰时用砂浆或油膏嵌缝，窗框背面应涂沥青或其他防腐剂，以保证防腐耐久、防蛀、防止潮湿变形等。窗框断面尺寸：应考虑接榫牢固，一般单层窗的窗框断面为40～60mm，宽为70～95mm，中横框上下均有裁口，断面高度应增加10mm，横框如有披水，断面尺寸应增加20mm。中竖框左右带裁口，应比边框增加10mm厚度。双层窗窗框的断面宽度应比单层窗宽20～30mm。

窗框的安装方法有立口和塞口2种。立口是先立窗框后砌筑窗间墙，窗上下两侧伸出120mm的羊角压砌入墙内。塞口是在砌墙时先留出比窗框四周大30mm的洞口，砌筑完毕后将窗框塞入。窗框可用长铁钉固定在墙内每隔500～700mm设置的防腐木砖上，也可用膨胀螺栓直接固定在砖墙上，每边至少两个固定点。

窗框与墙的相对位置可分为内平、居中、外平3种情况，如图9-2所示。内平即窗框与墙内表面相平，采用较多。安装时框应突出砖面20mm，以便墙面粉刷后与抹灰面相平。框与抹灰面交接处，应用贴脸搭盖，以阻止由于抹灰干缩形成缝隙后风渗入室内，同时可增加美观。

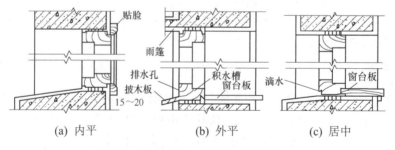

图9-2　窗框在墙中的位置及防水处理

2)　窗扇

常见的窗扇有玻璃扇和纱窗扇。窗扇是由边梃、上下冒头榫接而成，其厚度一致，一般为35～42mm，多采用40mm。纱窗扇的框料厚度可小些，一般为30mm左右。在窗扇上下冒头、边梃和窗芯外侧做深度为8～12mm且不超过窗扇厚度1/3、宽度为10mm的裁口，用每边不少于2个小铁钉将玻璃固定在窗扇上，然后用玻璃密封膏嵌成斜三角。

窗框与窗扇的防水措施：内开窗的下口和外开窗的中横框处，都是防水的薄弱环节，仅设裁口条还不能防水，一般需做披水条和滴水槽，以防雨水内渗；在近窗台处做积水槽和泄水孔，以利于渗入雨水排出窗外。

3)　玻璃的选择与安装

选择玻璃应兼顾窗的使用及美观要求。普通平板玻璃在民用建筑中应用最为广泛。为了保温、隔声需要，可选用双层中空玻璃；需遮挡或模糊视线的，可选用磨砂玻璃或压花玻璃；为了安全可选用夹丝玻璃、钢化玻璃或有机玻璃；为了防晒可采用有色、吸热和涂层、变色等种类的玻璃。玻璃厚度与窗扇分格的大小有关。单块面积小的，可选用薄的玻璃，一般2mm或3mm厚；单块面积较大时，可选用5mm或6mm厚的玻璃。玻璃的安装，应先用小钉将玻璃卡牢，再用油灰嵌固。不受雨水侵蚀的窗扇玻璃，也可用小木条镶钉。

木窗上常用五金零件有铰链、拉手、风钩、插销、铁三角等。

2. 钢窗

钢窗有实腹和空腹2种，是用热轧或冷轧型钢经高频焊接而成的。实腹钢窗一般用于南方地区，空腹钢窗用于寒冷地区。

平开窗在2扇闭合处设中竖框，在关窗时用以固定执手。在洞口墙内预埋铁脚，用螺栓将窗框与铁脚连接固定在一起。安装玻璃时，先在窗扇的边梃、上下冒头、窗棂上钻小孔，玻璃上底灰后用钢丝夹紧玻璃，再用油膏嵌固。钢窗关闭用执手固定，开启时用牵筋固定，合页一般用长脚铰链，以便清洗。

3. 铝合金窗

铝合金窗是以窗框的厚度尺寸来区分各种铝合金窗的称谓，如平开窗窗框厚度构造尺寸为50mm宽，即50系列铝合金平开窗。铝合金窗的最大洞口尺寸、开启扇尺寸与窗的形式、框料用材有关。

窗扇玻璃有普通平板玻璃、浮法玻璃、夹层玻璃、钢化玻璃及中空玻璃等。铝合金窗的安装：一般先在窗框外侧用螺钉固定钢质锚固件，安装时与洞口四周墙上的预埋铁件焊接或锚固在一起；固定铁件一般为厚度不小于1.5mm，宽度不小于15mm的Q235-A冷轧镀锌钢板，除四周离边角不小于150mm设一点外，每边不少于2个，一般间距为400～500mm，不大于600mm；其连接方法有墙上预埋铁件连接、墙上预留孔洞埋入燕尾铁脚连接和金属膨胀螺栓连接，采用射钉固定。铝合金窗框与墙体的连接构造如图9-3所示。

窗框四周的缝隙一般采用软质保温材料填塞，如泡沫塑料条、泡沫聚氨酯条、矿棉毡条和玻璃丝毡条、聚氨酯发泡剂、发泡聚苯乙烯等。填实处用水泥砂浆抹5～8mm深的弧形槽，槽内嵌密封胶。

玻璃是嵌固在铝合金窗料中的凹槽内,并加密封条,如图9-4所示。

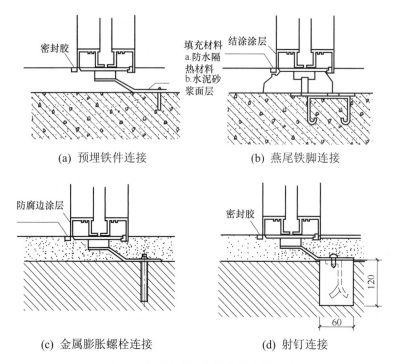

(a) 预埋铁件连接

(b) 燕尾铁脚连接

(c) 金属膨胀螺栓连接

(d) 射钉连接

图9-3 铝合金窗框与墙体的连接构造

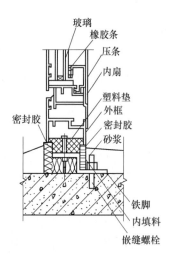

图9-4 铝合金门窗安装节点及缝隙处理

4. 塑钢窗

塑钢窗是以改性硬质聚氯乙烯(简称 UPVC)为主要原料,加上一定比例的稳定剂、着色剂、填充剂、紫外线吸收剂等辅助剂,经挤出机挤出成型为各种断面的中空异型材。经切割后,在其内腔衬以型钢加强筋,用热熔焊接机焊接成型,组装制作成门窗框、扇等,配以橡胶密封条、压条、五金件等附件而制成。

塑钢门窗框与墙体的连接方法有假框法、连接件法、直接固定法。假框法是做一个与塑钢门窗框相配套的镀锌铁金属框，框材厚一般为 3mm，预先将其安装在门窗洞口上，抹灰装修完毕后再安装塑钢门窗。安装时将塑钢门窗送入洞口，靠住金属框后用自攻螺钉紧固。此外，旧木门窗、钢门窗更换为塑钢门窗时，可保留木框或钢框，在其上安装塑钢门窗，并用塑料盖口条装饰。

连接件法是门窗框通过固定铁件与墙体连接，先用自攻螺钉将铁件安装在门窗框上，然后将门窗框送入洞口定位。于定位设置的连接点处，穿过铁件预制孔，在墙体相对位置上钻孔，插入尼龙胀管，然后拧入胀管螺钉将铁件与墙体固定。也可以在墙体内预埋木砖，用木螺钉将固定铁件与木砖固定，如图 9-5(a)所示。这 2 种方法均须注意，连接窗框与铁件的自攻螺钉必须穿过加强衬筋或至少穿过门窗框 2 层型材壁，否则螺钉易松动，不能保证窗的整体稳定性。

直接固定法即在墙体内预埋木砖，将塑钢门窗框送入窗洞口定位后，用木螺钉直接穿过门窗型材与木砖连接，如图 9-5(b)所示。

塑钢门窗固定后，洞口四周缝隙处理和铝合金窗相同。

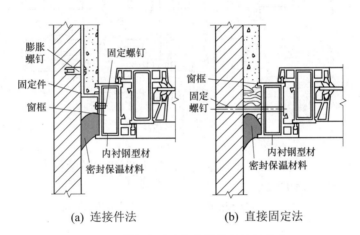

(a) 连接件法　　　(b) 直接固定法

图 9-5　塑钢门窗窗框与墙体的连接节点

二、门的构造

门按功能分为普通门、保温门、隔声门、防火门、防盗门、人防门以及其他特殊要求的门。门一般由门框、门扇、五金零件及附件组成。

1. 普通木门

门框，又称门樘，由上槛、中槛和边框等组成，如图 9-6 所示，多扇门还有中竖框。门框的断面形状和尺寸与窗框类似，如图 9-7 所示，但由于门受到的各种冲撞荷载比窗大，故门框的断面尺寸要适当增加。

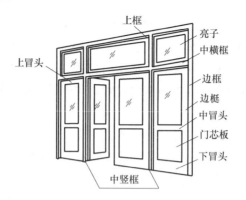

图 9-6 平开木门的组成

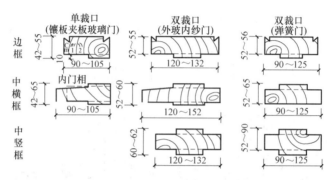

图 9-7 门框的断面形状和尺寸

门扇由上冒头、中冒头、下冒头和边梃等组成。为了通风采光,可在门的上部设亮子,有固定、平开及上、中、下悬等开启形式。

附件指门框与墙间的缝隙常用木条盖缝,称门头线(俗称贴脸)。五金零件有铰链、门锁、插销、拉手、停门器,风钩等。

门框的安装与窗框相同,分立口和塞口 2 种。工厂化生产的成品门,其安装多采用塞口法施工。

门框与墙的位置关系分内平、居中和外平 3 种情况,如图 9-8 所示。一般情况下多做在开启方向一边,与抹灰面平齐,使门的开启角度较大。对于较大尺寸的门,为牢固地安装,多居中设置。

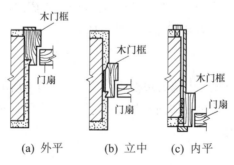

(a) 外平   (b) 立中   (c) 内平

图 9-8 门框在墙洞中的位置

门框的墙缝处理应比窗框更牢固。门窗靠墙一边开背槽，防止受潮而变形，并做防潮处理。门框外侧的内外角做灰口，缝内填弹性密封材料。

门扇按构造不同有夹板门和镶板门。夹板门由骨架和面板组成，骨架通常采用(32～35)mm×(34～36)mm 的木料制作，内部用小木料做成格形纵横肋条，肋距视木料尺寸而定，一般为 300mm 左右。在上部设小通气孔，保持内部干燥，防止面板变形。面板可用胶合板、硬质纤维板或塑料板等，用胶结材料双面胶结在骨架上。门的四周可用 15～20mm 厚的木条镶边，以取得整齐美观的效果。根据功能需要，夹板门上也可以局部加玻璃或百叶，一般在装玻璃或百叶处，做一个木框，用压条镶嵌。

镶板门由骨架和门芯板组成。骨架一般由上冒头、下冒头及边梃组成，有时中间还有中冒头或竖向中梃。门芯板可采用木板、胶合板、硬质纤维板及塑料板等。有时门芯板可部分或全部采用玻璃，则称为半玻璃(镶板)门或全玻璃(镶板)门。与镶板门类似的还有纱门、百叶门等。镶板门门扇骨架的厚度一般为 40～45mm。上冒头、中间冒头和边梃的宽度一般为 75～120mm，下冒头的宽度习惯上同踢脚高度，一般为 200mm 左右。中冒头为了便于开槽装锁，其宽度可适当增加，以弥补开槽对中冒头材料的削弱。

2. 彩板钢门窗

彩板钢门窗是以彩色镀锌钢板经机械加工而成的门窗，具有质量轻、硬度高、采光面积大、防尘、隔声、保温密封性好、造型美观、色彩绚丽、耐腐蚀等特点。彩板钢门窗有带副框和不带副框 2 种，如图 9-9、图 9-10 所示。当外墙面为花岗石、大理石等贴面材料时，常采用带副框的门窗。安装时，先用自攻螺钉将连接件固定在副框上，并用密封胶将洞口与副框及副框与窗樘之间的缝隙进行密封。当外墙装修为普通粉刷时，常用不带副框的做法，即直接用膨胀螺钉将门窗樘子固定在墙上。

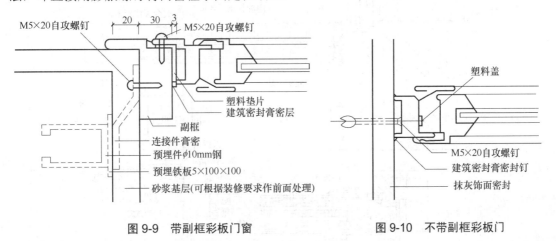

图 9-9　带副框彩板门窗　　　　　图 9-10　不带副框彩板门

3. 保温门窗

在寒冷地区及冷库建筑，为了减少热损失，提高门窗的热阻，建筑标准要求较高时应做保温门窗。保温窗可采用双层窗或单框双玻中空保温窗；保温门采用双层门或双层门心板间填以保温材料，如毛毡、兽毛或玻璃纤维、矿棉等，如图 9-11 所示。

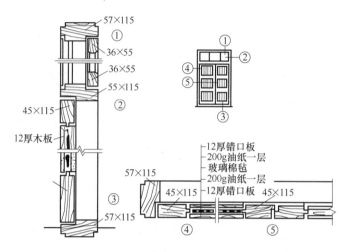

图 9-11　保温门构造

4. 隔声门窗

对录音室、电话会议室、播音室等房间应采用隔声门窗。为了提高门窗隔声能力，除铲口及缝隙需特别处理外，可适当增加隔声的构造层次，如图 9-12 所示；避免门窗框与墙体刚性连接，防止连接处固体传声；当采用双层玻璃时，应选用不同厚度的玻璃。

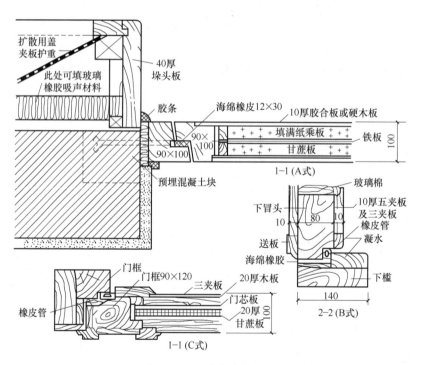

图 9-12　隔声门窗构造

5. 防火门

防火门是用钢质或难燃木质材料、难燃木材制品等制作门框、门扇骨架或门扇面板，门扇内可以填充对人体无毒、无害的防火隔热材料，并配以防火五金配件所组成的具有一定耐火性能的门。

按照《防火门》(GB 12955—2008)规定，防火门按耐火性能(耐火完整性和隔热性)分为隔热防火门(A 类)、部分隔热防火门(B 类)、非隔热防火门(C 类)；按材质分木质防火门(MFM)、钢质防火门(GFM)、钢木质防火门(GMFM)和其他材质防火门(**FM)；按门扇数量分单扇防火门、双扇防火门、多扇防火门。隔热防火门(A 类)是指在规定时间内(≥0.5h 丙级，≥1.0h 乙级，≥1.5h 甲级)能同时满足耐火完整性和隔热性要求的防火门；部分隔热防火门(B 类)是指在规定时间内(≥0.5h)，满足耐火隔热性要求，在规定时间内(≥1.0h)，能满足耐火完整性要求的防火门；非隔热防火门(C 类)是指在规定时间内(≥1.0h)能满足耐火完整性要求的防火门。

平开式防火门由门框、门扇、防火铰链、防火锁等防火五金件构成，以铰链为轴垂直于地面，门扇可以沿顺时针或逆时针单一方向旋转。防火门不仅应具有一定的耐火性能，而且应关闭紧密、开启方便。

断桥隔热铝合金门窗是在内外 2 层铝型材中间填充一种非金属、低导热系数的隔离物，型材间采用隔热条柔性连接，采用双道合成高分子类密封胶条密封，窗扇采用中空玻璃结构，是当今国际流行的绿色型材产品，具有关闭严密，水密、气密性好，保温隔热性能显著等优点。

门窗耗能占建筑耗能的一半以上，因此门窗节能是建筑节能的关键，其节能处理主要是改善材料的保温隔热性能和提高门窗的密闭性能。《绿色建筑评价标准》(GB/T 50378—2014)中就门窗做了相关规定。

三、门窗施工图识读

门窗详图包括选用的门窗标准图集及必要的立面详图、节点详图和门窗明细表。立面详图反映了门窗的形式、尺寸和开启方式；门窗明细表包括类别、编号、洞口尺寸、总樘数、使用部位等，识读时要与建筑平面图、立面图、剖面图认真校对，确保无误。某电教综合楼门窗立面详图示例如图 9-13 所示，门窗明细表示例如图 9-14 所示。

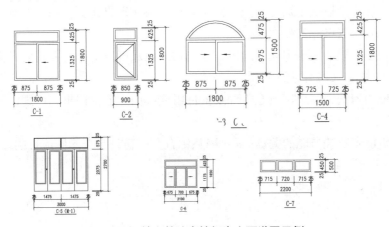

图 9-13 某电教综合楼门窗立面详图示例

类别	门窗编号	洞中尺寸		采用标准图		使用部位	总樘数	备　　　注
		宽	高	图集代号	门窗代号			
普通门	M—1	1500	2700				4	不锈钢门框玻璃门
	M—2	1000	2100				29	成品木门
	M—3	1000	2100				1	成品木门〈无障碍卫生间用〉
	M—4	800	2100				13	成品木门〈卫生间用〉
	M—5	900	2100				2	成品木门〈卫生间用〉
	M—6	1900	2100				6	弹簧成品木门〈双向开启〉
防火门	FM—1	800	2100				1	乙级防火门
	FM—2	1000	2700				1	乙级防火门
	FM—3	450	450				12	丙级防火门
	FM—4	1500	2100				4	甲级防火门
	SFM—1	1900	2000				1	乙级防火、防盗、保温门
窗	C—1	1800	1800	详见门窗立面图			34	单框双玻断桥隔热透明玻璃铝合金推拉窗
	C—2	900	1800	详见门窗立面图			2	单框双玻断桥隔热透明玻璃铝合金平开窗
	C—3	1800	1500	详见门窗立面图			5	单框双玻断桥隔热透明玻璃铝合金推拉窗
	C—4	1500	1800	详见门窗立面图			6	单框双玻断桥隔热透明玻璃铝合金推拉窗
	C—5	3000	2700	详见门窗立面图			1	不锈钢门框玻璃窗
	C—6	2100	1650	详见门窗立面图			1	塑钢推拉窗，窗台高　900
	C—7	2200	500	详见门窗立面图			4	塑钢高窗，窗台高　1600

注: 所有门窗尺寸及规格均应与现场核对无误后方可制作及安装

图9-14　门窗明细表示例

归纳总结

1. 门窗是房屋建筑不可缺少的重要组成部分，门窗的形式、大小、布局与建筑功能、建筑形象、建筑工业化密不可分。

2. 门的尺度主要取决于通行疏散、家具搬运、与建筑物比例关系，并符合《建筑模数协调标准》(GB/T 50002—2013)中规定。

3. 窗的尺度主要取决于采光、通风、建筑物立面尺度及造型，并符合《建筑模数协调标准》(GB/T 50002—2013)中要求。

4. 窗一般由窗框、窗扇、五金零件及附件组成；门一般由门框、门扇、五金零件及附件组成。

5. 门窗节能是建筑节能的关键；断桥隔热铝合金门窗是当今国际流行的绿色型材产品。

实　训

一、选择题

1. 建筑平面图中标注的门窗尺度为(　　)。

    A. 洞口高　　　　　B. 洞口宽　　　　　C. 框高　　　　D. 框宽

2. 建筑施工图中门窗的尺寸为(　　)。

    A. 总尺寸　　　　　B. 定位尺寸　　　　C. 细部尺寸

3. 代号 GFM 是指(　　)。

    A. 钢质防火门　　B. 木质防火门　　C. 钢木质防火门　　　D. 其他材质防火门

4. 木门扇按构造不同有夹板门和(　　)。

    A. 防火门　　　　　B. 镶板门　　　　C. 玻璃门　　　　　D. 断桥隔热门

5. 绿色建筑对节能门窗的要求应符合(　　)规定。

    A. 《建筑节能门窗》　　　　　　B. 《绿色建筑评价标准》

    C. 《防火门》　　　　　　　　　D. 《铝合金节能门窗》

6. 编号相同的门窗,下列哪项是不同的(　　)。

    A. 洞口尺寸　　　B. 使用部位　　　C. 类别　　　　　D. 采用的标准图

7. 不同类型门窗图例在(　　)中有规定。

    A. 《建筑制图标准》　　　　　　B. 《建筑结构制图标准》

    C. 《房屋建筑制图统一标准》　　D. 《绿色建筑评价标准》

二、结合建筑平面图,认真校对门窗布局是否满足通行、通风、采光、疏散要求。

三、结合门窗详图,查看是否满足门窗制作安装需要;认真校核门窗明细表中有关洞口尺寸、数量,选用的标准图施工单位是否具备?

项目十 屋顶施工图识读

教学目标

知识目标：掌握屋顶构造组成及做法，掌握屋顶施工图的阅读方法，了解泛水、屋顶变形缝及防水的基本构造。

能力目标：熟练识读屋顶平面图及详图，能够找出图纸自身的缺陷和错误；培养辩证思维能力，严谨的工作作风。

教学重点：屋顶平面图及构造详图、建筑设计说明阅读方法。

教学难点：正确理解泛水构造要点、热桥部位保温处理。

教学建议及其他说明：列举屋顶渗漏等反面工程案例；实际勘察在建工程屋顶施工，拍摄实景照片。

任务一 认 知 屋 顶

屋顶是建筑物最上部的外围护结构，既承担屋面自重、雪荷载、风荷载、施工荷载、使用荷载，又抵御外界环境如雨雪、太阳辐射、温度变化等不利因素的侵袭。为提高防水层的防水效果，要求具有适应主体结构受力变形和温差变形能力；为减少火灾危害，要求具有阻止火势蔓延性能。屋顶又是组成建筑体量的一部分，其形式对建筑物的造型影响很大，因此屋顶设计还应考虑美观问题。

一、屋顶的组成

由于屋顶既是承重构件，又是围护部件，因此为满足屋顶结构、功能方面的要求，屋顶构造组成具有多种材料叠合、多层次做法的特点。

屋顶通常由结构层、防水层、保温隔热层、顶棚层 4 部分组成，有的还附加非上人屋面保护层和上人屋面的地面面层。

1. 结构层

屋顶的结构层是用来支承屋面的各种荷载，并将这些荷载传递到墙或柱上，与它们共

同构成建筑的受力骨架。屋顶结构层应有足够的强度和刚度,以保证房屋的结构安全,而且考虑到结构层上的防水层耐用情况,不允许有较大的结构变形,否则防水层易开裂。

结构层主要采用钢筋混凝土屋面板、钢筋混凝土屋架、钢屋架、钢网架、彩色钢板等,最广泛采用的是钢筋混凝土屋面板。

钢筋混凝土结构按施工方式不同有现浇钢筋混凝土结构、预制装配式钢筋混凝土结构和装配整体式钢筋混凝土结构3种形式,在民用建筑中最常用的是现浇钢筋混凝土结构。

2. 防水层

防水层是指能够隔绝水向建筑物内部渗透的构造层。

屋顶最基本的功能是防止渗漏。尽管设排水坡度,并采取排水措施,将屋面积水迅速排掉,减少渗漏,但仍要采用不透水的材料及合理的防水构造处理来达到防水目的。

屋顶防水涉及建筑结构形式、防水材料、屋顶坡度、屋面构造处理等综合技术,只有排水与防水结合,并满足屋面防水等级要求,才能达到理想的防水效果。

3. 保温隔热层

保温隔热层是减少屋面热交换、太阳辐射作用的构造层。在寒冷及严寒地区,冬季室内需要供暖,室内外温差较大,要求屋顶要有良好的保温性能,以保持室内温度,避免热量大量散失。在南方炎热地区,夏季室外温度高,在强烈的太阳辐射下,大量的热量会通过屋顶传入室内,影响人们正常的工作和休息,同时使室内制冷的空调费用增加,要求屋顶有良好的隔热性能。

屋顶的保温隔热层通常是采用一定厚度的导热系数小的材料,阻止热量传递。

4. 顶棚层

顶棚层是屋顶结构层下表面的构造层,也是室内空间上部的装修层。顶棚层的主要功能是保护楼板、安装灯具、装饰室内空间及满足室内特殊使用要求。

顶棚层通常采用直接抹灰或吊顶棚两大类,属于装饰装修工程。

此外,复合防水层,指彼此相容的卷材和涂料组合而成的防水层;保护层,指对防水层和保温层起防护作用的构造层;隔汽层,指阻止室内水蒸气渗透到保温层内的构造层;隔离层,指消除相邻2种材料之间黏结力、化学反应等不利影响的构造层;防水附加层,指在易渗漏或易破损部位设置的卷材或涂膜加强层;防水垫层,指设置在瓦材或金属板材下面,起防水、防潮作用的构造层。

如卷材、涂膜屋面的基本构造层次(自上而下):保护层、保温层、防水层、找平层、找坡层、结构层、顶棚层,或保护层、隔离层、防水层、找平层、保温层、找平层、找坡层、结构层、顶棚层。

二、屋顶的类型

屋顶的类型与屋面材料、结构类型、外部形式等因素有关。

(1) 按功能不同有保温屋顶、隔热屋顶、采光屋顶、蓄水屋顶、种植屋顶等。

(2) 按屋面材料不同有瓦屋顶、金属屋顶、玻璃屋顶等。

(3) 按结构类型不同有平面结构(如梁板结构、屋架结构)、空间结构(如折板、壳体、网架、悬索薄膜)。

(4) 按外部形式不同有平面屋顶、曲面屋顶,平面屋顶包括平屋顶、坡屋顶。

(5) 按屋面防水材料性能不同有柔性防水屋面和刚性防水屋面,柔性防水屋面包括卷材防水屋面、涂膜防水屋面。

刚性防水屋面是以防水细石混凝土作为防水层的屋面,与柔性防水屋面相比,具有构造简单、施工维修方便、造价低等特点,但自重大,对温度变形及结构变形的适应性差,易开裂渗水,不适用于设有松散材料保温层及受较大振动或冲击的建筑屋面。

常见屋顶的类型如图 10-1 所示。

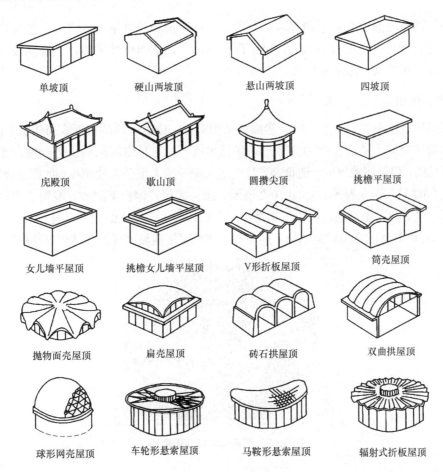

单坡顶　　硬山两坡顶　　悬山两坡顶　　四坡顶

庑殿顶　　歇山顶　　圆攒尖顶　　挑檐平屋顶

女儿墙平屋顶　　挑檐女儿墙平屋顶　　V形折板屋顶　　筒壳屋顶

抛物面壳屋顶　　扁壳屋顶　　砖石拱屋顶　　双曲拱屋顶

球形网壳屋顶　　车轮形悬索屋顶　　马鞍形悬索屋顶　　辐射式折板屋顶

图 10-1　屋顶的类型

1. 平屋顶

平屋顶是民用建筑中广泛采用的一种屋顶形式。从外部形式看,平屋顶并非没有排水坡度,只是坡度较小,一般把坡度小于 5%的平面屋顶称为平屋顶,常用坡度为 2%～3%。

就大量性民用建筑而言,一般采用砖混结构或框架结构、框架剪力墙结构,结构空间

与建筑空间为矩形,采用与楼层基本相同的屋顶结构即平屋顶。平屋顶易于协调建筑与结构的统一关系,较为经济合理。平屋顶具有构造简单、施工维修方便等优点,可用作屋顶花园、室外露台、停机坪等。

2. 坡屋顶

坡屋顶是古建筑常用的屋顶形式,是现代住宅建筑的主流。由于其排水坡度较大,水流速快,排水优于防水,发生渗漏概率小;即使在现代公共建筑中考虑建筑风格、景观环境要求,也常采用坡屋顶。

坡屋顶是指坡度大于10%的平面屋顶,一般为20°～30°。坡屋顶的屋面防水材料多为瓦材,如沥青瓦、彩色混凝土瓦等。瓦材块小,互相搭接,适应基层变形能力强,不宜渗漏。

平面屋顶按坡面的数量不同有单坡屋顶、双坡屋顶和四坡屋顶。它们与建筑物进深尺度和排水方式有关。当进深不大时,可采用单向排水,选用单坡屋顶;当进深较大时,可采用双向或四周排水,选用双坡或四坡屋顶。

3. 曲面屋顶

曲面屋顶是指薄壳、悬索、网架等屋顶结构形式。这类屋顶结构形式与建筑空间独特,形成结构覆盖空间,体现新型的建筑形式和艺术特色。这种空间结构受力合理,能够充分发挥材料性能,但施工难度大,造价高,常用于大跨度的大型公共建筑中,如国家体育场(俗称"鸟巢")建筑顶面呈鞍形,如图10-2所示,由巨大门式钢桁架组成,取消了原设计的可开启屋顶,主看台采用钢筋混凝土框架剪力墙结构,与大跨度钢结构完全脱开;国家游泳中心(水立方)采用多面体空间钢架结构,屋顶及外墙均采用四氟乙烯新型环保节能的膜材料。

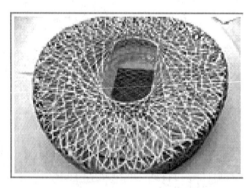

图10-2 国家体育馆曲面屋顶

归纳总结

1. 屋顶具有防水、保温隔热、阻止火势蔓延、美观等功能性特点。

2. 屋顶按结构类型不同,分为平面结构屋顶和空间结构屋顶。

3. 平屋顶是指坡度小于5%的平面屋顶;坡屋顶是指坡度大于10%的平面屋顶。

4. 屋顶的构造主要有结构层、防水层、保温隔热层、顶棚层。

任务二 屋顶的排水与防水

一、屋顶排水

屋顶排水设计包括排水坡度和排水方式。

1. 排水坡度

屋顶排水坡度的表示方法有角度法、斜率法和百分比法。角度法适用于坡度较大的坡屋顶，斜率法可用于平屋顶或坡屋顶；百分比法主要用于坡度较小的平屋顶。

确定屋面排水坡度应综合考虑防水材料尺寸、当地年降雨量、是否上人活动、排水路线长短等因素。防水材料尺寸小，接缝多，容易产生渗漏，要求屋面应有较大的排水坡度，以便将屋面积水迅速排除；防水材料尺寸大，接缝少且严密，使防水层形成一个封闭的整体，屋面的坡度可以小些。坡屋顶防水材料多为瓦材，平屋顶防水材料多为卷材。当地年降雨量大，屋面渗漏的可能性大，屋面坡度应适当加大。南方多雨地区屋面坡度较大，北方少雨地区屋面坡度较小。另外屋面有上人活动、屋顶蓄水、屋面排水路线较长等，屋面的坡度可适当小些；反之，可取较大排水坡度。

屋面排水坡度的形成应构造做法合理，满足室内空间的视觉要求；结构经济，施工方便；不过多增加屋面荷载，减轻自重等。坡度的形成有材料找坡和结构找坡 2 种方式，如图 10-3 所示。

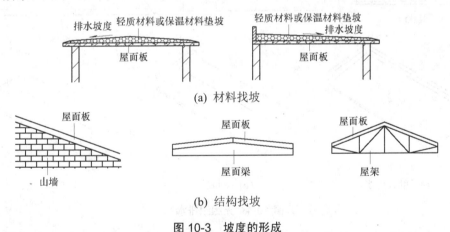

(a) 材料找坡

(b) 结构找坡

图 10-3 坡度的形成

(1) 材料找坡。

材料找坡是在水平的屋面板上采用轻质、吸水率低、有一定强度的材料垫置形成坡度。常用的找坡材料有水泥焦渣、石灰炉渣、陶粒混凝土、珍珠岩混凝土、泡沫混凝土等，设保温层的屋面找坡层可兼做保温层。材料找坡适用于坡度较小、跨度不大的平屋顶，最薄处厚度一般不小于 30mm，坡度宜为 2%。

(2) 结构找坡。

结构找坡是利用倾斜的屋面板形成排水坡度，即屋面板一边抬高。坡屋顶都是结构找

坡;平屋顶可以采用结构找坡,但由于其坡度较小,反而不便于施工,且室内顶棚不平整,呈倾斜状,需做吊顶。

单坡跨度大于9m的屋面宜做结构找坡,坡度不应小于3%。

结构找坡与材料找坡相比,坡度均匀,排水效果好,受力合理,自重较轻;但屋顶结构层施工较材料找坡复杂,所以民用建筑中多选择材料找坡。

结构找坡的承重结构一般为桁架结构、梁架结构和空间结构。

2. 屋顶排水方式

排水是利用水向下流的特性,不在防水层上积滞,尽快排除。屋顶排水方式由屋顶形式、使用功能、气候条件等因素确定,可分为无组织排水和有组织排水2类。

(1) 无组织排水。

无组织排水又称自由落水,是指屋面伸出外墙,雨水自由地从檐口落到室外地面。自由落水构造简单,造价低,施工方便,缺点是雨水落下时会溅湿墙面。一般用于不邻街的低层建筑或降雨量小于900mm的少雨地区建筑、檐高小于10m的屋面,标准较高的低层建筑或临街建筑都不宜采用。常见无组织排水如图10-4所示。

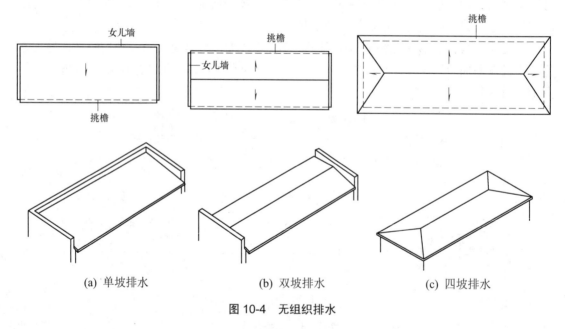

图 10-4　无组织排水

(2) 有组织排水。

有组织排水是将屋面积水通过排水系统(排水坡度、排水分区、水落口的分布)有组织地排到地面或雨水收集系统,即将屋面划分成若干个排水分区,使雨水沿一定路线进入雨水口或排水天沟,经水落管排到室外地面,到达城市地下排水管网系统。有组织排水的檐沟或天沟、雨水口部位极易渗漏,施工难度大,构造复杂,造价较高,且易堵塞,但不易溅湿墙体,广泛应用于多层及高层建筑、年降雨量大于900mm地区的建筑或临街建筑、严寒及寒冷地区建筑、高标准低层建筑。

有组织排水又分为内排水和外排水 2 种方式。内排水的水落管设在室内，会影响室内空间布置，而且由于其排水系统较复杂，构造节点多，极易渗漏，维修也不便，常用于多跨或高层建筑。外排水的水落管设在室外，避免了水落管对室内空间的影响。外排水包括檐沟外排水、女儿墙外排水、檐沟女儿墙外排水，如图 10-5 所示。檐沟外排水是将屋面雨水雪水直接流入挑檐沟内，再由沟内纵坡流入水落口，经水落斗入水落管；女儿墙外排水是将女儿墙与屋面交接处做纵坡，让雨水沿纵坡流向水落口，再流入墙外的水落斗及水落管；檐沟女儿墙外排水综合了檐沟外排水与女儿墙外排水方式，即在女儿墙上设排水孔，屋面雨水雪水经排水孔流入挑檐沟内，再沿沟内纵坡流向水落口；内排水与外排水坡度方向相反，屋面雨水雪水流向中间天沟，再沿沟内纵坡流向水落口，排入室内水落管，经室内地沟排到室外。

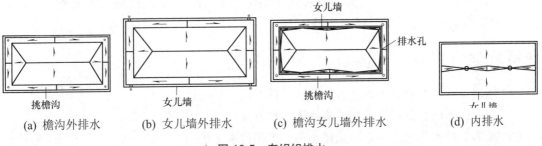

| (a) 檐沟外排水 | (b) 女儿墙外排水 | (c) 檐沟女儿墙外排水 | (d) 内排水 |

图 10-5　有组织排水

平屋顶女儿墙外排水建筑体型简洁，施工简便，经济性好，是常用的有组织排水形式；平屋顶挑檐沟外排水施工较麻烦，但排水通畅，也是一种常用的排水形式。

高层建筑宜采用内排水，多层建筑宜采用有组织外排水；严寒地区应采用内排水，寒冷地区宜采用内排水。

屋顶排水方式的选择应综合考虑结构形式、气候条件、使用特点等因素，优先选用有组织外排水。

采用有组织排水方式时，屋面流水路线要简洁，檐沟或天沟排水通畅，雨水口布置均匀且负荷适当。每个水落口负荷 150～200m² 屋面集水面积的雨水量，水落口间距宜为 18～24m；檐沟净宽不小于 200mm，分水线处最小深度大于 120mm；水落管的管径有 75mm、100mm、125mm 等几种，常用 100mm，管材有塑料、铸铁等，水落管安装时离墙面距离不小于 20mm，用管箍卡牢，管箍竖向间距不大于 1.2m。

二、屋顶防水

防水是利用防水材料的致密性、憎水性构成一道封闭的防线，隔绝水的渗透。屋顶防水是在排水基础上，经过合理的构造设计和严格施工来保证。屋面防水性能与防水材料质量、构造做法、施工质量有直接关系，应结合屋面防水等级和设防要求合理选择性能优良的防水材料及构造设计。屋顶防水根据防水材料性能不同有卷材防水、涂膜防水和刚性防水，可以采取 1 道设防或多道设防措施。

《屋面工程技术规范》(GB 50345—2012)中规定，屋面工程应根据建筑物的类别、重要程度、使用功能要求确定防水等级，并按相应等级进行防水设防；对防水有特殊要求的屋面，应有专项防水设计。屋面防水等级和设防要求如表 10-1 所示。

表 10-1　屋面防水等级和设防要求

防水等级	一　级	二　级
建筑物类别	重要建筑和高层建筑	一般建筑
设防要求	二道防水设防	一道防水设防
防水做法	卷材防水层和卷材防水层、卷材防水层和涂膜防水层、复合防水层	卷材防水层、涂膜防水层、复合防水层

一道防水设防是指具有单独防水能力的一道防水层次。一、二级屋面防水设防，如仅作一道金属板材时，应符合有关技术规定。

归纳总结

1. 屋顶排水坡度的表示方法有角度法、斜率法、百分比法。
2. 坡度的形成有材料找坡和结构找坡 2 种方式。
3. 屋顶的排水方式分为无组织排水和有组织排水 2 类。
4. 屋面工程根据建筑物类别、重要程度、使用功能要求确定防水等级，并进行相应防水设防。

实　训

一、填空题

1. 平屋顶根据防水材料性能不同，有( )、( )和( ) 3 种。
2. 根据建筑物的类别、重要程度、使用功能要求，将屋面防水分为( )级。
3. 平屋顶排水坡度形成有( )或( ) 2 种方法。
4. 屋顶坡度的表示方法有( )、( )和( ) 3 种。
5. 平屋顶材料找坡的坡度宜为( )，最薄处不小于( )厚。

二、选择题

1. 影响屋面坡度的因素有( )。
　　A. 防水材料性质和尺寸　　　　B. 排水方式
　　C. 地区降雨量　　　　　　　　D. 屋顶面积
2. 平屋顶排水坡度常采用( )。
　　A. 2%～5%　　　B. 20%　　　C. 1：5　　　D. 20
3. 屋顶坡度形成中，材料找坡是指( )。
　　A. 选用轻质材料　　　　　　　B. 利用卷材厚度
　　C. 利用结构层　　　　　　　　D. 利用预制板搁置

4. 平屋顶采用材料找坡时，垫坡材料不宜用(　　)。

  A. 水泥炉渣   B. 石灰炉渣

  C. 细石混凝土   D. 膨胀珍珠岩

5. 屋顶结构找坡的优点是(　　)。

①经济性好　②减轻荷载　③室内顶棚平整　④排水坡度较大

  A. ①②   B. ①②④   C. ②④   D. ①②③④

三、实地考察校内某建筑屋顶的排水方式，并简要绘制屋顶平面图。

任务三　卷材防水屋面构造

  由于防水卷材具有一定柔韧性、延伸性和适应基层变形的能力，所以卷材防水屋面能够在温度变化、振动、不均匀沉降等因素作用下，承受一定的水压，保持防水层的整体性，不易渗漏。卷材防水屋面适用于各防水等级的屋面防水。

一、防水卷材及胶粘剂

  防水卷材有沥青类防水卷材、高聚物改性沥青类防水卷材、合成高分子类防水卷材 3 种类型，如图 10-6 所示。可按合成高分子类防水卷材、高聚物改性沥青类防水卷材选用。

(a) APP 改性沥青防水卷材   (b) SBS 改性沥青防水卷材

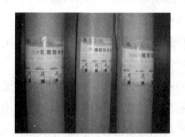

(c) 聚氯乙烯(PVC)防水卷材   (d) 三元乙丙橡胶防水卷材

图 10-6　防水卷材示例

  沥青类防水卷材是以原纸、纤维织物、纤维毡等胎体材料浸涂沥青，表面撒布粉状、颗粒或片状材料制成可卷曲片状防水材料，如玻纤布胎防水卷材、铝箔面沥青防水卷材、麻布胎防水卷材等。

高聚物改性沥青类防水卷材是以聚酯毡、玻纤毡、聚乙烯、自粘聚酯、自粘无胎体，以氧化改性沥青、丁苯橡胶改性沥青或高聚物改性沥青为涂盖层，表面覆盖粉状、粒状、片状或薄膜材料制成的可卷曲片状防水材料，如《弹性体改性沥青防水卷材》(GB 18242—2008，简称 SBS)、《塑性体改性沥青防水卷材》(GB 18243—2008，简称 APP)、《再生胶改性沥青聚酯油毡》、《铝箔塑胶聚酯油毡》、《丁苯橡胶改性沥青油毡》等。

合成高分子防水卷材是以合成橡胶、合成树脂或它们的混合体为主要原料，加入适量化学助剂、填充剂等加工制成的可卷曲片状防水材料，如《三元乙丙橡胶防水卷材》(GB 18173.1—2000)、《氯化聚乙烯防水卷材》(GB 12953—2003)、《氯丁橡胶防水卷材》、《聚乙烯橡胶防水卷材》、《再生胶防水卷材》、《聚氯乙烯(PVC)防水卷材》等。

高聚物改性沥青防水卷材和高分子防水卷材的胶粘剂分别与其卷材配套使用，是溶剂型胶粘剂。如三元乙丙橡胶防水卷材配套材料有基层处理剂(聚氨酯底胶)、基层黏结剂(氯丁橡胶为主体的 CX-404 胶)、卷材接缝黏结剂、增强密封膏等。氯丁橡胶防水卷材配套材料有氯丁橡胶沥青胶粘剂，橡胶沥青乳液，橡胶沥青嵌缝膏。氯化聚乙烯橡胶防水卷材的胶粘剂有 LYX-603、CX-404 胶等。几种常用防水卷材规格如表 10-2 所示。

表 10-2 几种常用防水卷材的规格

名　称	厚度/mm	宽度/mm	长度/m
三元乙丙橡胶防水卷材	1.0、1.2、1.4、1.6、1.8、2.0	≥1000	20
氯化聚乙烯橡胶防水卷材	1.0、1.2、1.5、1.8、2.0	900	20
氯丁橡胶防水卷材	1.4	1000	20
高聚物改性沥青油毡防水卷材	2.0/3.0、4.0、5.0	≥1000	20/10

选择防水卷材品种，应根据当地历年最高气温、最低气温、屋面坡度和使用条件等因素，选择耐热度、柔性相适应的卷材；根据地基变形程度、结构形式、当地年温差、日温差和振动等因素，选择拉伸性能相适应的卷材；根据屋面防水卷材的暴露程度，选择耐紫外线、耐穿刺、热老化保持率或耐霉烂性能相适应的卷材。

自粘橡胶沥青防水卷材和自粘聚酯胎改性沥青防水卷材(铝箔覆面者除外)，不得用于外露的防水层；外露使用的不上人屋面，应选用与基层黏结力强和耐紫外线、热老化保持率、耐酸雨、耐穿刺性能优良的防水材料；上人屋面，应选用耐穿刺、耐霉烂性能好和拉伸强度高的防水材料；蓄水屋面、种植屋面，应选用耐腐蚀、耐霉烂、耐穿刺性能优良的防水材料；薄壳、装配式结构、钢结构等大跨度建筑屋面，应选用自重轻和耐热性、适应变形能力优良的防水材料；倒置式屋面，应选用适应变形能力优良、接缝密封保证率高的防水材料；斜坡屋面，应选用与基层黏结力强、感温性小的防水材料；屋面接缝密封防水，应选用与基层黏结力强、耐低温性能优良，并有一定适应位移能力的密封材料；考虑施工环境条件和工艺的可操作性。

在下列情况下所使用的材料应具相容性：防水材料与基层处理剂、胶粘剂、密封材料、保护层的涂料；两种防水材料复合使用；基层处理剂与密封材料。

进场的防水卷材物理性能应检验下列项目：沥青防水卷材——纵向拉力、耐热度、柔度、不透水性；高聚物改性沥青防水卷材——可溶物含量、拉力、最大拉力时延伸率、耐热度、低温柔度、不透水性；合成高分子防水卷材——断裂拉伸强度、扯断伸长率、低温弯折、不透水性。

卷材的铺贴方法有满粘法、空铺法、点粘法、条粘法、冷粘法、热粘法、热熔法、焊接法、自粘法等。

二、卷材防水屋面构造组成

为使卷材有良好的防水效果和耐用性，卷材防水屋面通常由多个层次叠合而成。按照各层的作用不同有结构层、找坡层、找平层、结合层、防水层和保护层，如图 10-7 所示。

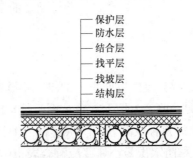

图 10-7 平屋顶卷材防水屋面的构造组成

由于各地区气候差异及建筑功能要求不同，各地平屋顶的构造层次也有所不同，除了结构层、找坡层、防水层及保护层以外，寒冷地区设保温层，炎热地区设隔热层，室内湿度较大时应设隔蒸汽层。

1. 找坡层

找坡层是材料找坡屋面为排水而设置的。

2. 找平层

卷材防水层应该铺设在坚固平整的基层上，防止卷材凹陷和断裂，因此在松散材料上和不平整的屋面板(预制)上均应设找平层。平层表面应压实平整，排水坡度应符合设计要求。采用水泥砂浆找平层时，水泥砂浆抹平收水后应二次压光和充分养护，不得有酥松、起砂、起皮现象。卷材防水屋面基层与突出屋面结构(女儿墙、立墙、天窗壁、变形缝等)的交接处以及基层的转角处(水落口、檐口、天沟、檐沟、屋脊等)，均应做成圆弧。铺设屋面隔汽层或防水层前，基层必须干净、干燥。内部排水的水落口周围应做成略低的凹坑。

找平层圆弧半径与卷材种类有关，沥青防水卷材圆弧半径为 100～150mm，高聚物改性沥青防水卷材为 50mm，合成高分子防水卷材为 20mm。

找平层一般采用 20mm 厚 1:3 水泥砂浆。为减少水泥砂浆产生不规则温度裂缝，应留设分格缝，缝宽宜为 5～20mm，纵横缝的间距不宜大于 6m，分格缝内宜嵌填密封材料，缝上应附加 200～300mm 宽的卷材，用胶粘剂单边点贴覆盖。

找平层的厚度和技术要求应符合表 10-3 规定。

表 10-3　找平层的厚度和技术要求

类　别	基层种类	厚度/mm	技术要求
水泥砂浆找平层	整体现浇混凝土	15～20	1:2.5～1:3 体积比,宜掺抗裂纤维
	整体或板状材料保温层	20～25	
	装配式混凝土板	20～30	
细石混凝土找平层	板状材料保温层	30～35	混凝土强度等级 C20
混凝土随浇随抹	整体现浇混凝土	—	原浆表面抹平、压光

3. 结合层

卷材铺设前基层必须干净、干燥,并涂刷与卷材配套的基层处理剂即结合层,保证防水层与基层黏结牢固。

4. 防水层

卷材铺贴方向应符合下列规定:屋面坡度小于3%时,卷材宜平行屋脊铺贴;坡度在3%～15%时,可平行或垂直屋脊铺贴;坡度大于15%或屋面受振动时,沥青防水卷材应垂直屋脊铺贴,高聚物改性沥青防水卷材和合成高分子防水卷材可平行或垂直屋脊铺贴;上下层卷材不得相互垂直铺贴。每道卷材防水层最小厚度应符合表 10-4 规定。

表 10-4　每道卷材防水层最小厚度(mm)

防水等级	合成高分子防水卷材	(聚酯胎、玻纤胎、聚乙烯胎)改性沥青防水卷材	自粘聚酯胎改性沥青防水卷材	自粘无胎改性沥青防水卷材
Ⅰ 级	1.2	3.0	2.0	1.5
Ⅱ 级	1.5	4.0	3.0	2.0

屋面防水层施工应由屋面最低处向上进行。铺贴卷材应采用搭接法,平行于屋脊的搭接缝应顺流水方向搭接,垂直于屋脊的搭接缝应顺年最大频率风向搭接。上下层及相邻 2 幅卷材的搭接缝应错开。卷材搭接宽度应符合表 10-5 的规定。

表 10-5　卷材搭接宽度

卷材类别		搭接宽度/mm
高聚物改性沥青防水卷材	胶粘剂	100
	自粘	80
合成高分子防水卷材	胶粘剂	80
	胶粘带	50
	单缝焊	60, 有效焊接宽度不小于 25
	双缝焊	80, 有效焊接宽度 10×2+空腔宽

5. 保护层

保护层是用来保护防水层，防止防水层在阳光辐射和大气等作用下过快老化，减少暴雨冲刷，尽量避免人为破坏。保护层的构造做法视上人屋面和不上人屋面而定：不上人屋面保护层常用矿物粒料、铝箔、浅色涂料、水泥砂浆等，上人屋面采用块体材料(如地砖、30 厚 C20 细石混凝土预制块)、细石混凝土现浇层(如 40 厚 C20 细石混凝土或 50 厚 C20 细石混凝土内配Φ4@100 双向钢筋网片)。

水泥砂浆、块体材料或细石混凝土保护层与防水层之间应设置隔离层，与女儿墙之间应预留宽度为 30mm 的缝隙，并用密封材料嵌填严密。隔离层材料可选用塑料膜、土工布、沥青卷材、低强度等级石灰砂浆等。

三、卷材防水屋面细部构造

卷材防水层应是一个封闭整体，但如果屋顶开洞、管道出屋面或卷材边缘封闭不牢，都会破坏卷材防水层的整体性，形成防水薄弱环节而造成渗漏。加强这些细部的防水处理是提高屋面防水效果的关键。

1. 檐口构造

檐口排水方式有无组织排水和檐沟外排水 2 种，如图 10-8 所示。天沟、檐沟应增铺附加层：当采用沥青防水卷材时，应增铺一层卷材；当采用高聚物改性沥青防水卷材或合成高分子防水卷材时，宜设置防水涂膜附加层。天沟、檐沟卷材收头应固定密封，与屋面交接处的附加层宜空铺，空铺宽度不应小于 200mm。

无组织排水檐口 800mm 范围内的卷材应采用满粘法，卷材收头收在凹槽内，用钢压条、水泥钉将卷材压住，再用油膏密封嵌实，避免雨水渗入；同时檐口下部做滴水处理，使雨水迅速垂直下落。

挑檐沟防水构造除了上述要点外，还需将檐沟内的阴角用水泥砂浆抹成圆弧形，防止卷材出现皱褶；檐沟内应空铺附加层，提高沟内防水能力。

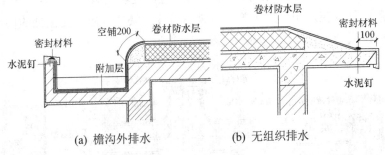

(a) 檐沟外排水　　　　　(b) 无组织排水

图 10-8　檐口构造

2. 泛水

泛水是指屋面与凸出屋面的墙交接部位的防水构造处理。凸出屋面的墙有女儿墙、变形缝、出屋面的管道、高低屋面之间的墙等。泛水处的卷材应采用满粘法；泛水收头应根据泛水高度(自屋面保护层算起)及墙体材料确定其密封形式，一般可直接铺至女儿墙压顶下，也可压入凹槽内，或者用金属压条钉压，并用密封材料封固，如图 10-9 所示。

泛水的构造要点：墙与屋面阴角处用水泥砂浆抹成圆弧形或 45°斜面，防止卷材因直角转弯不能铺实；为了增强泛水处的防水能力，应设置附加卷材防水层一道，附加层的平面和立面宽度均不小于 250mm；卷材应延伸铺到垂直墙面上，并具有足够的高度，一般不小于 250mm；为防止卷材沿垂直墙面下滑，收口处用防水压条固定，再用密封材料嵌实，同时其上部墙体也应做防水处理，并做滴水。

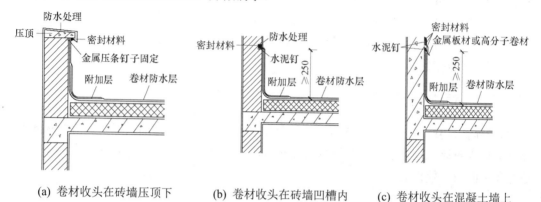

(a) 卷材收头在砖墙压顶下　　　(b) 卷材收头在砖墙凹槽内　　　(c) 卷材收头在混凝土墙上

图 10-9　屋面泛水构造

3. 屋面变形缝构造

屋面变形缝的构造应能保证屋顶自由变形,同时防止雨水由变形缝渗入室内,影响正常使用。

屋面变形缝一般设在等高屋面上，也可设在高低屋面的交接处。等高屋面的变形缝在缝的两边屋面板上砌筑矮墙，高度应大于 180mm，厚度为 120mm，顶部可用镀锌薄钢板盖缝，如图 10-10(a)所示，也可干铺一层油毡后用混凝土板压顶，如图 10-10(b)所示。高低屋面的变形缝是在低侧屋面板上砌筑矮墙，盖缝可用镀锌薄钢板，如图 10-10(c)所示，并固定在高侧墙上，或从高侧墙上悬挑钢筋混凝土板。缝内宜填充泡沫塑料，上部填放衬垫材料，并用卷材封盖，顶部应加扣混凝土盖板或金属盖板。矮墙与屋面交接处的构造同泛水；缝内填充泡沫塑料或沥青麻丝。

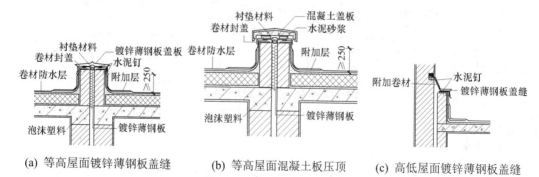

(a) 等高屋面镀锌薄钢板盖缝　　　(b) 等高屋面混凝土板压顶　　　(c) 高低屋面镀锌薄钢板盖缝

图 10-10　屋面变形缝防水构造

4. 水落口构造

为了将屋面雨水排至水落管而在檐口或檐沟、女儿墙上开设的洞口，并安装金属或塑料制品连接管，形成水落口，如图 10-11 所示。有组织外排水常用的有檐沟及女儿墙水落口两种构造形式。有组织内排水的水落口设在天沟上。

水落口的标高与坡度应合理确定，水落口周围直径 500mm 范围内排水坡度不应小于 5%，应用防水涂料涂封，形成无接缝的整体涂膜，其厚度不应小于 2mm，并铺设附加层和防水层。水落口与基层接触处，应留宽 20mm、深 20mm 凹槽，嵌填密封材料。水落口埋设标高，应考虑水落口设防时增加的附加层和柔性密封层的厚度及排水坡度加大的尺寸。水落口处防水卷材应铺入水落口内 50mm，周围用油膏嵌缝，水落口上安装铁箅或用铁丝球盖住，防止杂物落入。

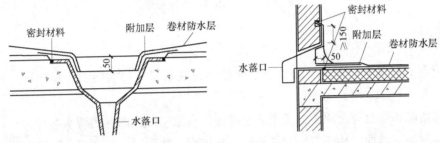

图 10-11　水落口构造

5. 屋面出入口构造

屋面出入口有垂直式及水平式出入口。不上人屋面常设垂直式出入口，作为屋面检修用。出入口四周的孔壁可用砖砌，也可将现浇屋面板上翻而成，高度一般为 300mm。防水卷材收头应压在混凝土压顶圈下，如图 10-12 所示。

出屋面的楼梯间一般设开门的水平式出入口。楼梯间室内地坪一般应高出屋面，以便防水，否则需设门槛挡水。防水卷材收头，应压在混凝土踏步下，防水层的泛水应设护墙，如图 10-13 所示。

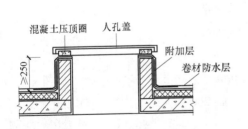

图 10-12　屋面垂直出入口构造

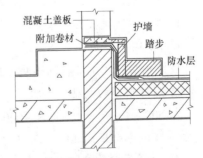

图 10-13　屋面水平出入口构造

6. 伸出屋面管道构造

伸出屋面管道周围的找平层应做成圆锥台，管道与找平层间应留凹槽，并嵌填密封材料；防水层收头处应用金属箍箍紧，并用密封材料填严，如图 10-14 所示。

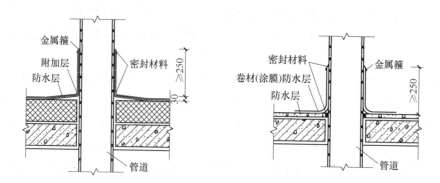

图 10-14　伸出屋面管道构造

归纳总结

1. 防水卷材具有一定的柔韧性、延伸性和适应基层变形的能力，是广泛应用的防水材料。

2. 常用防水卷材有合成高分子类防水卷材、高聚物改性沥青类防水卷材。

3. 卷材防水屋面的构造组成有结构层、找坡层、找平层、结合层、防水层和保护层。

4. 保护层有上人屋面保护层和不上人屋面保护层 2 种。

5. 卷材防水屋面细部构造有檐口、泛水、变形缝、水落口、上人孔等。

6. 泛水是指屋面与凸出屋面的墙交接部位的防水构造处理。

实　训

一、选择题

1. 卷材防水屋面的基本构造为(　　)。

　　A 结构层、找平层、结合层、防水层、保护层

　　B 结构层、找坡层、结合层、保温层、保护层

　　C 结构层、找坡层、保温层、防水层、保护层

　　D 结构层、找平层、隔热层、防水层

2. 泛水应有足够的高度，一般不少于(　　)mm。

　　A. 500　　　　　　　　B. 1000　　　　　　　C. 200　　　　　　　　D. 250

3. 屋面防水卷材应优选(　　)。

　　A. 合成高分子类防水卷材

　　B. 高聚物改性沥青类防水卷材

　　C. 沥青类防水卷材

二、绘图说明泛水的构造要点。

三、实地考察了解卷材防水屋面渗漏情况，并提出处理意见及改进措施。

任务四　涂膜防水屋面构造

涂膜防水屋面是以涂刷在基层的防水涂料干燥或固化后形成的不透水性薄膜进行防水的屋面。涂膜防水具有防水性能好、黏结力强、耐腐蚀、耐老化、整体性好、冷作业、施工方便等优点，但价格较贵。

一、材料及构造要求

常用防水涂料有合成高分子类防水涂料、聚合物水泥防水涂料和高聚物改性沥青类防水涂料。

选择防水涂料品种应根据当地历年最高气温、最低气温、屋面坡度和使用条件等因素，选择耐热性和低温柔性相适应的涂料；根据地基变形程度、结构形式、当地年温差、日温差和振动等因素，选择拉伸性能相适应的涂料；根据屋面防水涂膜的暴露程度，选择耐紫外线、热老化保持率相适应的涂料；屋面排水坡度大于 25%时，应选择成膜时间较短的涂料。

涂膜防水屋面的构造组成有找平层、防水层和保护层。找平层表面应压实平整，排水坡度应符合设计要求。采用水泥砂浆找平层时，水泥砂浆抹平收水后应二次压光和充分养护，不得有酥松、起砂、起皮现象。防水涂膜应分遍涂布，待先涂布的涂料干燥成膜后，方可涂布后 1 遍涂料，且前后 2 遍涂料的涂布方向应相互垂直。

涂膜防水层的收头，可用防水涂料多遍涂刷或用密封材料封严。

每道涂膜防水层最小厚度应符合表 10-6 规定；复合防水层最小厚度应符合表 10-7 规定。

表 10-6　每道涂膜防水层最小厚度　　　　　　　　　　　　　单位：mm

屋面防水等级	合成高分子防水涂膜	聚合物水泥防水涂膜	高聚物改性沥青防水涂膜
I 级	1.5	1.5	2.0
II 级	2.0	2.0	3.0

表 10-7　复合防水层最小厚度　　　　　　　　　　　　　　单位：mm

屋面防水等级	合成高分子(防水卷材+涂膜)	自粘聚合物改性沥青防水卷材(无胎)+合成高分子防水涂膜	高聚物改性沥青(防水卷材+涂膜)	聚乙烯丙纶卷材+聚合物水泥防水涂料
I 级	1.2+1.5	1.5+1.5	3.0+2.0	(0.7+1.3)×2
II 级	1.0+1.0	1.2+1.0	3.0+1.2	0.7+1.3

对易开裂、渗水部位,应留凹槽嵌填密封材料,并增设 1 层或多层带有胎体增强材料的附加层。

涂膜防水层应沿找平层分格缝增设带有胎体增强材料的空铺附加层,其空铺宽度宜为 100mm。附加层最小厚度应符合表 10-8 的规定。

表 10-8　附加层最小厚度　　　　　　　　　　　　　　　　单位:mm

附加层材料	最小厚度
合成高分子防水卷材	1.2
高聚物改性沥青防水卷材(聚酯胎)	3.0
合成高分子防水涂料、聚合物水泥防水涂料	1.5
高聚物改性沥青防水涂料	2.0

涂膜防水屋面应设置保护层。保护层材料可采用浅色涂料、铝箔、矿物粒料、水泥砂浆、块体材料或细石混凝土等。采用水泥砂浆、块体材料或细石混凝土时,应在涂膜与保护层之间设隔离层。水泥砂浆保护层厚度不宜小于 20mm。

二、细部构造

1. 屋面天沟、檐沟

天沟、檐沟与屋面交接处的附加层宜空铺,空铺宽度不应小于 200mm,如图 10-15 所示。

2. 无组织排水檐口

无组织排水檐口的涂膜防水层收头,应用防水涂料多遍涂刷或用密封材料封严。檐口下部应做滴水处理,如图 10-16 所示。

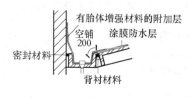

图 10-15　屋面天沟、檐沟

图 10-16　屋面檐口

3. 泛水

泛水处的涂膜防水层,宜直接涂刷至女儿墙压顶下,收头处理应用防水涂料多遍涂刷封严,压顶应做防水处理,如图 10-17 所示。

4. 变形缝

变形缝内应填充泡沫塑料,其上放衬垫材料,并用卷材封盖;顶部应加扣混凝土盖板或金属盖板,如图 10-18 所示。

水落口防水构造、伸出屋面管道、垂直和水平出入口等处防水构造同卷材防水屋面。

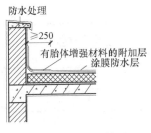

图 10-17　泛水构造

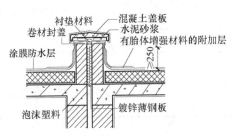

图 10-18　屋面变形缝涂膜防水构造

任务五　瓦屋面构造

　　瓦屋面是利用铺盖在屋面基层上的各种瓦材相互搭接防止雨水渗漏。有时出于屋面造型考虑而设盖瓦，利用瓦下的其他防水材料防水。瓦屋面色彩丰富，排水流畅，施工安装、维护管理方便，造价较低，寿命较长，目前较多应用在一些居住建筑或公共建筑坡屋顶以及平屋顶改为坡屋顶的多道防水层中的一道。

一、材料及构造要求

　　瓦屋面目前较多使用烧结瓦、混凝土瓦、沥青瓦和金属板材，如图 10-19 所示。

(a) 金属板材

(b) 瓦材

图 10-19　瓦

　　瓦材常与防水卷材或防水涂膜复合使用，用于防水等级为Ⅰ级(瓦+防水层)、Ⅱ级(瓦+防水垫层)的屋面防水；金属板材应根据屋面防水等级选择性能相适应的板材，金属板材屋面适用于防水等级为Ⅰ级(压型金属板+防水垫层)、Ⅱ级的屋面防水。

　　瓦材屋面由基层和防水层组成，防水层即各种瓦材或其内衬卷材垫毡，基层为现浇或预制钢筋混凝土屋面板、木望板、檩条等。平瓦、油毡瓦可铺设在钢筋混凝土或木基层上，金属板材可直接铺设在檩条上。

　　金属板屋面是由金属面板与支承结构组成。目前较常用的面板材料为彩色涂层钢板、镀层钢板、不锈钢板、铝合金板、钛合金板、铜合金板。屋面压型钢板厚度不宜小于 0.5mm。

　　瓦屋面的排水坡度，应根据屋架形式、屋面基层类别、防水构造形式、材料性能以及当地气候条件等因素，经技术经济比较后确定，并符合表 10-9 规定。

表 10-9　瓦屋面的最小排水坡度　　　　　　　　　　　　　　单位：%

材料种类		排水坡度
瓦材		20
金属板材	紧固件连接	10
	咬口锁边连接	5

二、细部构造

1. 屋面檐口

瓦材屋面的瓦头挑出封檐的长度宜为 50～70mm，并宜设金属滴水板，如图 10-20(a)所示；金属板材屋面檐口挑出的长度不应小于 200mm，如图 10-20(b)所示。檐口瓦材与卷材之间应采用满粘法铺贴。

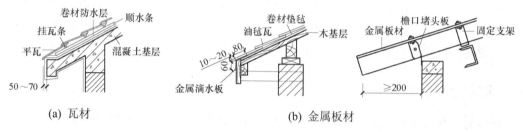

(a) 瓦材　　　　　　　　　　　　　　　　(b) 金属板材

图 10-20　瓦屋面檐口

2. 泛水

瓦屋面与山墙及突出屋面结构的交接处，均应做泛水处理。在大风或地震地区，应采取措施使瓦与屋面基层固定牢固。平瓦屋面的泛水，宜采用聚合物水泥砂浆或掺有纤维的混合砂浆分次抹成；烟囱与屋面的交接处，在迎水面中部应抹出分水线，并应高出两侧各 30mm，如图 10-21 所示。

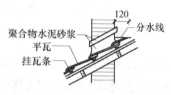

图 10-21　平瓦屋面烟囱泛水

瓦材屋面和金属板材屋面的泛水板，与突出屋面的墙体搭接高度不应小于 250mm，如图 10-22 所示。

3. 檐沟

平瓦伸入天沟、檐沟的长度宜为 50～70mm，天沟、檐沟的防水层，可采用防水卷材或防水涂膜，也可采用金属板材，如图 10-23 所示。

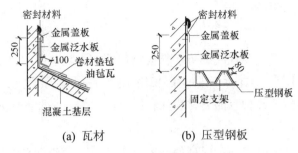

图 10-22 瓦屋面泛水

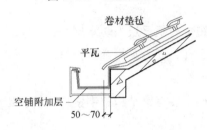

图 10-23 平瓦屋面檐沟

4. 金属板材屋脊

屋面脊背应用金属屋脊盖板，并在屋面板端头设置泛水挡水板和堵头板，如图 10-24 所示。

瓦屋面与屋顶窗交接处，应采用金属排水板、窗框固定铁角、窗口防水卷材、支瓦条等连接。

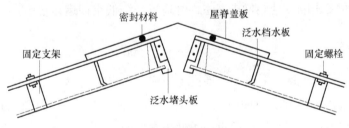

图 10-24 金属板材屋脊

三、玻璃采光顶

玻璃采光顶是指由直接承受屋面荷载作用的玻璃透光面板与支承体系所组成的围护结构，与水平面的夹角小于 75°的围护结构和装饰性结构；其造型是建筑设计的重要内容。玻璃采光顶的支承结构主要有钢结构、钢索杆结构、铝合金结构等；支承形式包括桁架、网架、拱壳、圆穹等，属于结构找坡。型材设置有集水槽，并相互连通，汇集玻璃下的露水排到室外或室内水落管。玻璃面板采用安全玻璃，如夹层玻璃、中空夹层玻璃等。

归纳总结

1. 防水层的使用年限主要取决于防水材料物理性能、防水层的厚度、环境因素和使用条件4个方面；而防水层厚度是影响防水层使用年限的主要因素之一。

2. 复合防水层是指彼此相容的卷材和涂料组合而成的，是屋面防水工程中积极推广的一种防水技术。

3. 常用防水涂料优选顺序为合成高分子类防水涂料、聚合物水泥防水涂料和高聚物改性沥青类防水涂料。

4. 涂膜防水屋面的构造组成有找平层、防水层和保护层。

5. 瓦屋面较多使用混凝土瓦、沥青瓦、金属板材。

6. 瓦屋面由基层和防水层组成。

7. 玻璃采光顶的支承结构主要有钢结构、钢索杆结构、铝合金结构等。

实　训

实地考察了解瓦屋面、玻璃采光顶渗漏情况，并提出处理意见及改进措施。

任务六　屋顶的保温和隔热措施

屋顶同外墙及其上的门窗一样都是房屋建筑的围护结构，要求不仅能够挡风遮雨，还应具有冬季保温和夏季隔热功能，提高室内舒适度，降低空调运转费用。

一、屋顶保温

在严寒地区、寒冷地区、夏热冬冷地区冬季需室内供暖的建筑或装有空调设备的建筑，屋顶应设计成保温屋面。保温屋面按稳定传热原理考虑热工计算，通常采取的措施是提高屋面热阻，增设保温层。保温层通常设在柔性防水屋面，如卷材防水屋面和涂膜防水屋面，因为刚性防水屋面的防水层易开裂渗漏，致使保温层受潮而失去保温作用，所以刚性防水屋面不宜做保温层。

1. 保温层

保温层是根据屋面所需传热系数或热阻选择轻质、高效(吸水率低、密度和导热系数小、有一定强度)的保温材料。保温材料按其化学成分分为有机保温材料(如泡沫塑料制品等)和无机保温材料(如矿物纤维制品、泡沫玻璃制品等)；按材料的状态分为板状保温材料、纤维保温材料和整体保温材料。保温层及其保温材料应符合表10-10要求。

表 10-10　保温层及其保温材料

保温层	保温材料
板状材料保温层	聚苯乙烯泡沫塑料，硬质聚氨酯泡沫塑料，加气混凝土砌块，泡沫混凝土砌块，膨胀珍珠岩制品，泡沫玻璃制品
纤维材料保温层	玻璃棉制品，岩棉、矿渣棉制品
整体材料保温层	喷涂硬泡聚氨酯，现浇泡沫混凝土

大部分保温材料强度较低，容易损坏，同时怕雨淋受潮，应做好材料的储运和保管。

2. 保温构造

根据屋顶保温层与防水层位置不同，有保温层在防水层之上的倒置式保温屋面和保温层在防水层之下的正置式保温屋面 2 种处理方式。保温屋面的类型和构造设计，应根据建筑物的使用要求、屋面的结构形式、环境气候条件、防水处理方法和施工条件等因素，经技术经济比较确定。保温层厚度设计应根据所在地区按现行建筑节能设计标准计算确定。

保温层的构造应符合下列规定：保温层设置在防水层上部时，保温层的上面应做保护层；保温层设置在防水层下部时，保温层上面应做找平层；屋面坡度较大时，保温层应采取防滑措施；吸湿性保温材料不宜用于封闭式保温层。

(1) 正置式保温屋面。

正置式保温屋面的保温层，设在结构层之上、防水层之下，形成上下全部覆盖的封闭式构造层，也称内置式保温。考虑到冬季需采暖的建筑屋顶和湿度较大的房间(如公共浴室、开水房、厨房操作间等)，室内蒸汽可能渗透在保温层中并出现冷凝水，致使保温材料受潮，影响保温效果，同时夏季冷凝水又受高温作用体积膨胀导致卷材起鼓甚至破坏。因此，正置式保温屋面应在结构层之上、保温层之下设置隔汽层。隔汽层是一道很弱的防水层，具有较好的蒸汽渗透阻，大多采用气密性、水密性好的防水卷材或涂料。隔汽层是隔绝室内湿气通过结构层进入保温层的构造层。

隔汽层虽然阻止了外界水蒸气渗入保温层，但也产生了一些负面作用。因为保温层上下均被不透水的材料封住，保温层或找平层施工中残留的水汽无法散发出去，时间久了，防水层起鼓。通常做法是在保温层中设置排汽道，道内填塞大粒径炉渣，水蒸气既可以在其中流动，又可保证防水层牢固可靠。找平层设置的分格缝可兼做排汽道，铺贴卷材时宜采用空铺法、点粘法、条粘法；排汽道应纵横贯通，并同与大气连通的排汽管相通，排汽管可设在檐口下或屋面排汽道交叉处；排汽道宜纵横设置，间距宜为 6m，屋面面积每 $36m^2$ 宜设置一个排汽孔，排汽孔应做防水处理；在保温层下也可铺设带支点的塑料板，通过空腔层排水、排汽。屋面的排汽出口应埋设排汽管，排汽管宜设置在结构层上，穿过保温层。排汽道的管壁四周应打排汽孔，排汽管应做防水处理，如图 10-25 所示。

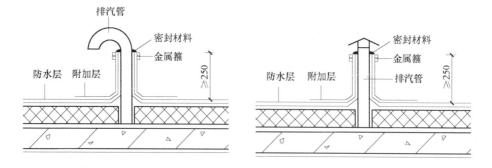

图 10-25　屋面排汽口

某电教综合楼正置式平屋顶保温构造做法示例如图 10-26 所示。保温构造与非保温构造屋面不同的是增加了保温层和其上下的找平层及隔汽层。防水层、隔汽层均需铺设在平整的基层上(找平层)，并与基层结合牢固(结合层)。

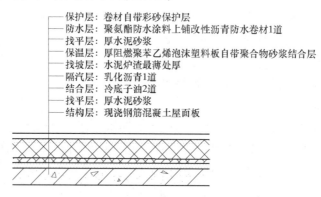

保护层：卷材自带彩砂保护层
防水层：聚氨酯防水涂料上铺改性沥青防水卷材1道
找平层：厚水泥砂浆
保温层：厚阻燃聚苯乙烯泡沫塑料板自带聚合物砂浆结合层
找坡层：水泥炉渣最薄处厚
隔汽层：乳化沥青1道
结合层：冷底子油2道
找平层：厚水泥砂浆
结构层：现浇钢筋混凝土屋面板

图 10-26　正置式平屋顶保温构造示例

(2) 倒置式保温屋面。

倒置式保温屋面的保温层设在防水层之上，形成裸露的构造层。保温层还可以起到屏蔽和防护防水层的作用。保温层应采用吸水率低且长期浸水不腐烂的保温材料，如聚苯乙烯泡沫塑料板、聚氨酯泡沫塑料板等有机材料，不宜采用加气混凝土或泡沫混凝土类无机材料。保温层上应铺设保护层，防止保温层表面破损和延缓老化。保护层应选择有一定重量、下雨时保温层不致漂浮的材料，如混凝土板等块体材料、水泥砂浆或大粒径卵石，卵石保护层与保温层之间应设隔离层，常铺设聚酯纤维无纺布或纤维织物进行隔离保护。

倒置式屋面坡度不宜大于 3%；保温层可采用干铺或粘贴板状保温材料，也可采用现喷硬质聚氨酯泡沫塑料；檐沟、水落口等部位，应采用现浇混凝土或砖砌堵头，并做好排水处理。

倒置式平屋顶保温构造示例如图 10-27 所示。保温层与防水层之间设置找平层，主要是保护防水层，避免保温层施工过程中对防水层的破坏。

倒置式保温屋面由于保温材料价格较高，一般适用于高标准的防水保温建筑屋面。

坡屋顶的保温层通常设置在瓦材下面或吊顶棚上面、檩条之间。在平瓦、油毡瓦屋面中，可将保温层填塞在檩条之间；设有吊顶的坡屋顶，常将保温层铺设在顶棚上。

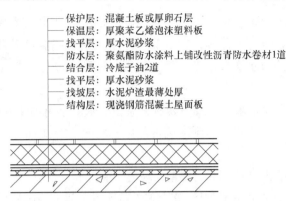

图 10-27 倒置式平屋顶保温构造示例

二、屋顶隔热

夏热地区，在太阳辐射和室外气温的综合作用下，从屋顶传入室内的热量要远比从墙体传入的热量多，因此建筑屋顶隔热问题显得尤为重要，应采取适当的构造措施增大屋顶的热阻和热惰性指标，减少直接作用在屋顶表面的太阳辐射热量。屋面隔热通常是设置隔热层，主要做法有架空隔热层、蓄水隔热层、种植隔热层等。

1. 架空隔热层

架空隔热层是在屋面防水层上采用薄型制品架设一定高度空间，利用薄型制品遮挡直射阳光，同时架空层内空气流通可将热量排走，起到隔热作用；不宜在寒冷地区采用，宜用在通风较好的建筑物上。

架空隔热层由支座、架空板组成。支座可以做成砖垄墙，也可做成砖墩。砖墩支承架空板与风向无关，但不如砖垄墙架空板正对主导风向通风散热效果好。

架空隔热层的设计应符合下列规定：坡度不宜大于 5%；当屋面宽度大于 10m 时，应设置通风屋脊；架空隔热层的进风口，宜设置在当地炎热季节最大频率风向的正压区，出风口宜设置在负压区。

架空隔热层高度宜为 180～300mm，架空板与女儿墙的距离不宜小于 250mm，如图 10-28 所示。架空屋面的柔性防水层上可不做保护层。

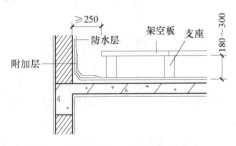

图 10-28 架空屋面

2. 蓄水隔热层

蓄水隔热层是在平屋顶防水层上蓄积一定高度的水层,利用水热容量大的特点吸收大量的热量,大大减少热量传递到屋顶,起到隔热作用。水层还能够反射阳光,减少阳光辐射对屋面的热作用,此外防水层长期在水的养护下,开裂、碳化、老化现象减少,耐用年限延长。

蓄水隔热层应采用刚性防水层,或在卷材、涂膜防水层上再做刚性复合防水层;卷材、涂膜防水层应采用耐腐蚀、耐霉烂、耐穿刺性能好的材料。当屋面防水等级为Ⅰ级、Ⅱ级时,不宜采用蓄水屋面。

蓄水隔热层的构造设计应符合下列规定:坡度不宜大于0.5%,保证蓄水深度均匀,比较适宜的蓄水深度为150~200mm;应划分为若干蓄水区,便于分区检修和避免水层产生过大的风浪,每区的边长不宜大于10m,在变形缝的两侧应分成2个互不连通的蓄水区;长度超过40m的蓄水屋面应设分仓缝,分仓隔墙可采用混凝土,也可用M10水泥砂浆砌筑砖墙,顶部设置直径6mm或8mm的钢筋砖带,分仓缝内应嵌填泡沫塑料,上部用卷材封盖,然后加扣混凝土盖板,如图10-29所示;蓄水隔热层应设排水管、溢水口和给水管,设置排水管便于检修时排除蓄水,溢水口是在水深较大时将多余的水溢出屋面,给水管用于保证水源稳定,排水管应与水落管或其他排水出口连通;蓄水屋面泛水的防水层高度,应高出溢水口100mm;蓄水屋面应设置人行通道。蓄水屋面的溢水口应距分仓墙顶面100mm,如图10-30所示;过水孔应设在分仓墙底部,排水管应与水落管连通,如图10-31所示。

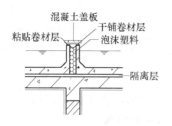

图10-29 蓄水屋面分仓缝

图10-30 蓄水屋面溢水口

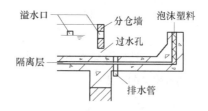

图10-31 蓄水屋面排水管、过水孔

3. 种植隔热层

种植隔热层是在平屋顶防水层上种植植物,借助种植介质及植物吸收阳光、遮挡阳光起到隔热作用的屋面。

种植介质应尽量选用轻质材料,如谷壳、陶粒、泥炭、聚苯乙烯、尿甲醛、聚甲基甲酸酯等合成材料泡沫或岩棉、聚丙烯腈絮状纤维等,也就是所谓的无土栽培,厚度不宜超过 300mm。

种植介质四周应设挡墙，可用砖或加气混凝土砌筑在承重结构上，内外用 1∶3 水泥砂浆抹面，高度宜大于种植层 60mm 左右。挡墙下部应设泄水孔，防止积水过多造成植物烂根，如图 10-32 所示。

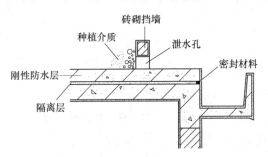

图 10-32　种植屋面

为避免介质流失，泄水孔处需设滤水网，可用塑料网或塑料多孔板、环氧树脂涂覆的铁丝网制作。

种植屋面应有一定的排水坡度，以便排除积水，一般为 1%～3%。利用挡墙与女儿墙间留出 300～400mm 的距离所形成的天沟组织排水或利用挑檐沟组织排水。种植层的深度一般为草皮 150～300mm、小灌木 300～450mm、大灌木 450～600mm、浅根乔木 600～900mm、深根乔木 900～1500mm。

种植屋面的防水层应采用耐腐蚀、耐霉烂、防植物根系穿刺、耐水性好的防水材料；卷材、涂膜防水层上部应设置刚性保护层。

种植屋面的设计应符合下列规定：在寒冷地区应根据种植屋面的类型，确定是否设置保温层；种植屋面可用于平屋面或坡屋面，屋面坡度较大时，其排水层、种植介质应采取防滑措施。

种植屋面是上人屋面，需经常进行人工管理和维护，所以四周应设女儿墙等作为护栏。护栏净高不宜小于 1m。

归纳总结

1. 严寒地区、寒冷地区、夏热冬冷地区冬季需室内供暖建筑或装有空调设备的建筑，屋顶应设柔性防水层和保温层。

2. 屋面工程设计应"保证功能、构造合理、防排结合、优选用材、美观耐用"原则。

3. 纤维材料保温层施工应采取安全防护措施，避免矿物纤维刺伤皮肤和眼睛或吸入肺部。

4. 屋顶保温构造分为正置式和倒置式保温屋面 2 种。

5. 严寒和寒冷地区的屋面热桥部位，应按设计要求采取节能保温隔断热桥等措施。

6. 隔汽层是一道很弱的防水层，大多采用水密性、气密性好的防水卷材或涂料。

7. 热桥是指在室内外温差作用下，形成热流密集、内表面温度较低的部位。屋面热桥部位主要在屋顶和外墙交接处，需做保温处理。

8. 坡屋顶的保温层通常设置在瓦材下面或吊顶棚上面、檩条之间。

9. 屋顶隔热措施主要有架空隔热层、蓄水隔热层、种植隔热层等。

实 训

一、选择题

1. 保温屋顶宜采用( )防水层。

    A. 刚性防水层   B. 柔性防水层

2. ( )地区应设计成保温屋面。

    A. 寒冷地区   B. 严寒地区

    C. 夏热冬冷地区   D. 夏热冬暖地区 E 温和地区

3. 保温材料应具有( )特点。

    A. 吸水率低   B. 轻质   C. 导热系数小   D. 强度高

4. 保温层在结构层和防水层之间的保温构造，为( )。

    A. 正置式保温屋面   B. 倒置式保温屋面

5. 正置式保温屋面宜选用( )保温材料。

    A. 刚性防水层   B. 柔性防水层

6. 屋顶隔热的措施主要有( )。

    A. 蓄水隔热层   B. 种植隔热层

    C. 架空隔热层   D. 反射阳光隔热层

二、结合施工图建筑设计说明及屋顶节点详图，介绍该工程防水保温屋面构造做法。

项目十一　施工图审核与会审

教学目标

知识目标：掌握不同施工图的审核。

能力目标：在熟练识读建筑施工图与结构施工图基础上，审核施工图适用、经济、美观、安全等性能；培养辩证思维能力，严谨工作作风。

教学重点：施工图审核要点。

教学难点：判断施工可行性。

教学建议及其他说明：收集图纸会审的照片及影像资料；聘请具有丰富实践经验的高级技术人员讲解施工图审核方面的经典案例。

　　识读施工图的目的是为了指导实际施工，有效地从事现场经营和管理。不同工作岗位阅读施工图都是从本岗位施工生产、经营管理实际需要入手，读懂意图，监督和指导操作。对于各高级工种、技术管理人员不仅要看懂各工种的复杂施工图，还要求能审核图纸。识读施工图的关键是要领会设计者意图，从学图中审核图纸，发现问题、提出问题并向设计部门建议，确保按图施工的质量，降低工程造价。

　　本章重点是在前面学会看建筑施工图的基础上，介绍如何理解设计者意图和如何审核图纸，提高看图水平，并介绍图纸会审的作用、过程和内容，以及会审资料的填写。

任务一　施工图审核

一、施工图审核的目的和作用

　　建筑施工图是具有一定职业资质的设计团队经过一系列构思、创意的作品。尽管如此，完成设计任务的时间紧迫或缺乏施工经验，施工图中难免有一些不足，如经常出现的是设计和施工有出入或不方便施工的情况。识图和审图的过程意在建筑产品的建造实施更趋合理、可行，创造优质建筑产品。

　　建筑产品是一个系统工程，不仅与设计质量密切相关，而且与施工质量、监理工作不可分割，所以施工及监理人员识图和审图首先要尊重设计者的意见，当出现问题时由设计部门、建设单位、施工单位、监理单位统一意见后由设计人员作出修改、补充、完善。如设计是否满足环境实际、施工条件实际、施工水平实际，在现有条件下能否实现施工等，这些都是施工技术人员和管理人员在识读与审核图纸过程中经常提出的问题。

施工人员如果对设计图纸不理解，不能发现图纸中存在的问题，就会在施工过程中遇到重重阻碍，返工乃至影响施工进度，因此识读与审核施工图是施工人员正常组织施工的基本前提。

二、建筑施工图中各专业间协调的基准

一整套建筑施工图不仅包括建筑设计的施工图、结构设计的施工图，而且包括水、暖、电等设计的安装工程施工图。这些不同图纸由不同专业设计人员设计，但它们都是以建筑设计图纸为基础进行的，即建筑设计施工图是其他各项专业设计的"基准"。

从设计过程看，建筑的设计往往先由建筑师构思，立足于建筑的使用功能、环境要求、建筑形象，进而确定该建筑的造型、立面艺术、平面大小、高度和结构形式。当然，作为一名建筑师也必须具备一定的结构常识和其他专业的知识，才能与其他专业工程师默契配合。

在识图和审图时发现了矛盾和问题，要按"基准"进行统一，以"基准"为依据进行识图和审图。

三、总平面图审核

(1) 总平面图上建筑物的间距是否符合规划设计的规定，如前后距离应为前面房屋高度的 1.10～1.50 倍，否则会影响邻近房屋的安全、采光和通风，尤其是在原有建筑群中布置新建房屋,更应重视这一点。

(2) 房屋横向间距是否符合交通、防火、通风、视线和开挖地下管沟所需距离，如一、二级耐火等级的一般民用建筑之间的防火间距不应小于 6m，高层建筑主体之间不应小于13m，主体与裙房之间不应小于9m，裙房与裙房之间不应小于 6m。

(3) 根据总平面图结合施工现场勘察布置是否合理，地上地下有没有障碍，能否保证正常施工。

(4) 查看新建房屋室内地坪标高零点相当于绝对标高是多少，引进标高的水准基点在何处。核对新建房屋地坪与附近自然地面、城市主要道路路面标高是否协调。

(5) 总平面图上新建房屋总尺寸、室内外地坪高差，与一层平面图上是否一致。

(6) 总平面图上已给定位点的坐标是否正确。

(7) 新建房屋管线走向及距离是否合理，可以从节约材料、能耗、降低造价等角度提出合理化建议。

四、建筑施工图审核

核对标题栏信息是否完整，是否无证设计或越级设计，图纸是否经设计单位正式签署；

核对图纸目录中的设计图纸及说明是否齐全,有无分期供图时间表;所列标准图集,施工单位是否具备;从建筑设计总说明中了解拟建项目功能是什么,是民用建筑或工业建筑,有哪些特殊要求,如粮库项目,应重点在防潮、通风处理上;了解其设计基础资料是什么,地质勘探资料是否齐全,地震烈度是否符合当地规定要求,是否与施工方了解的情况吻合;总平面图与施工图的几何尺寸、平面布置、标高是否一致;防火、消防是否满足;材料来源有无保证,能否替换;新材料、新技术、新工艺的应用有无问题;地基处理的方法是否合理;建筑与结构构造是否存在不能施工、不便施工的技术问题,或导致质量、安全、工期、工程费用增加;施工安全、环境卫生有无保证等。

1. 建筑平面图

建筑平面图和立面图是确定一座房屋建筑的"基准"。建筑平面布置是依据房屋的使用要求、工艺流程经过多方案比较确定的,因此学习和审核图纸必须先了解建设单位的使用目的和设计人员的设计意图,并掌握一定的建筑设计规范和房屋构造要求,一般主要从以下几个方面学习和审核:

(1) 了解建筑平面图的尺寸应符合建筑设计规范规定的建筑统一模数;

(2) 查看平面图上的尺寸注写是否齐全,分尺寸总和与总尺寸是否相等,发现缺少尺寸又无法计算求得或尺寸间互相矛盾又无法统一,都要作为问题提出来。

(3) 建筑平面内的布置是否合理,使用上是否方便。比如门窗开设是否符合通风采光要求,空气能否对流,开启会不会冲突;大房间门的数量能否满足人流疏散要求;走廊宽度是否适宜,是否方便使用等。

(4) 楼梯的数量和宽度是否符合人流疏散要求和防火规范规定;平台标高及宽度是否符合通行要求;封闭楼梯间防火门的宽度及开启方式是否符合要求。

(5) 平面图中的卫生间、厨房等地面标高,要查看一下比其他房间低多少,以便施工时在构造上采取措施;坡度大小及坡向是否注明,如果没有,在其他图上又无找寻依据,就要作为问题提出。

(6) 屋顶平面图,尤其是平屋顶,应查看屋面坡度、檐沟坡度大小及分区;雨水管的数量是否满足汇水面积、当地降雨量的要求;出屋面构造,如通风道、上人孔尺寸及位置是否详细;上人屋面构造做法及通行关系是否符合使用要求等。

有女儿墙的屋顶,女儿墙上部是否有压顶,女儿墙高度是否符合上人屋面的要求;泛水高度及构造做法是否符合要求。

除上述几点外,看平面图时还要看有关说明、标注及详图有无矛盾,以免影响施工,造成返工等不必要的麻烦。

2. 建筑立面图

(1) 了解立面上的标高和竖向尺寸,并审核二者之间有无矛盾;室外地坪标高是否与平面图上的一致;相同构造的标高是否一致;建筑高度是否符合高层建筑规定;出屋面楼梯间、电梯机房等屋顶形式及标高是否合适。

(2) 立面装饰做法是否符合墙体构造要求,如外保温层饰面适于涂料,砌体墙饰面可

以选择外墙面砖;装饰材料色彩是否满足视觉效果等。

3. 建筑剖面图

(1) 了解剖面图的剖切位置,根据经验和想象审查剖切是否准确;剖面图上的标高与竖向尺寸是否符合,与立面图上所注的尺寸、标高有无矛盾。

(2) 屋顶坡度是否标注,坡度大小是否合适;平屋顶的坡度形成是结构找坡还是构造找坡,如果构造找坡,是否有做法说明;还可对屋面保温及防水材料和做法提出建议,如多雨地区屋面保温采用水泥珍珠岩不太适应,防水材料质量不过关等。

(3) 楼梯间的剖面图是必须要认真审阅的。底层楼梯平台下通行时净空高度至少满足2m要求,否则容易碰头,搬运家具时更困难;平台标高与梯段踏步数是否一致;转角处扶手形式等。

(4) 门窗及窗台高度、洞口处过梁和窗台构造是否符合要求。

(5) 层高是否满足规范要求。

4. 建筑详图

节点或局部构造详图同样要仔细审查,并结合索引部位进行;选用的标准图集是否合适,也就是该标准图与设计图能否结合上,标准图上的零件、配件是否已经淘汰或不再生产;详图上的尺寸、细部做法是否明确,能否满足施工需要。

五、结构施工图审核

1. 基础施工图

基础施工图包括基础平面布置图和基础详图两部分。

(1) 基础平面布置图。

审核基础平面布置图时,应与一层建筑平面图的墙柱布置进行核对;轴线位置是居中还是偏中,偏中多少;基础编号有多少个,编号多容易出现差错,不利于施工放线和定位,设计中尽量减少基础的编号。

此外,要对总尺寸、定位尺寸、细部尺寸进行核对,保证施工放线时准确无误。

(2) 基础详图。

基础详图应与基础平面图一一对应,如基础宽度与基础平面图上是否一致、轴线位置是居中还是偏中、基础的埋置深度是否符合要求、基础顶面标高是否与设计说明一致等。

如果新建建筑物与原有建筑物毗邻,还要考虑新建建筑物基础埋置深度对原有建筑物基础的影响,是否做到新建建筑物基础埋深小于原有建筑基础的埋深。

基础中是否有管道通过,基础的构造及配筋是否合理,图上的尺寸标注是否明确等。

查看基础所用材料是否说明清楚,有关材料要求和强度等级、施工措施是否明确,例如基础混凝土强度等级为C20,而上部柱及基础梁混凝土采用C30,看图时如果不认真,不注意,施工时不采取措施,就可能造成质量事故。有时为了施工方便,审图时也可以提出建议要求基础混凝土强度等级也采用C30,修改一下配筋构造。

2. 主体结构施工图

主体结构施工图随建筑结构类型不同而不同，审核的内容也有差异。

(1) 砖混结构。

审核砖混结构施工图，主要掌握砌体的尺寸、材料要求、受力情况，比如砖墙外部的附墙柱，与墙共同受力还是装饰需要，这在施工时是要区别对待的。

楼盖结构的楼板采用预制空心板还是现浇板；预制空心板选用什么型号，与设计荷载是否符合，这一点很重要。图上如果疏忽而又不去核查，那工程将会出大问题。

审核结构详图，如住宅阳台、雨篷、女儿墙等，看图时要查看平衡悬挑板外倾的内部压重结构是否足够，悬臂挑梁伸入墙内的长度是否比挑出的长度长些，梁根部的高度是否足以保证阳台的刚度等。

(2) 钢筋混凝土框架结构。

审核钢筋混凝土框架结构施工图，主要掌握柱网的布置和配筋、主次梁的分布及轴线位置，梁的编号、断面尺寸和配筋，板的厚度、钢筋配置，材料强度等级。

审核结构平面布置图和建筑平面图相应位置处的尺寸、标高、构造有无矛盾；楼层的结构标高与建筑标高及楼地面厚度是否相符；构件尺寸与其上部构造厚度是否匹配，比如楼面厚度为 40mm，而卫生间楼面厚度为 80mm，并未在结构上采取其他措施，使得卫生间地面比楼层地面高是不合适的；基础梁的宽度 200mm，与其上墙体厚度 240mm 不匹配。

结构构件图上钢筋形状、根数、规格、长度、锚固要求更应仔细；局部发现钢筋来回穿插，造成配筋过密无法施工，看图时应记下来统一解决；是否有违反施工规范要求等。

(3) 排架结构。

审核排架结构施工图，主要是掌握柱距、跨度、高度、屋盖类型，对构件的尺寸、长度、配筋应仔细核对，预埋件位置是否准确。采用标准图进行施工的，应查看设计说明与标准图构件是否一致；有牛腿的吊车柱，有时需通过计算核对尺寸，核对构件图上该柱子从根部到牛腿面的尺寸，与结构剖面图上牛腿面标高是否一致。因为剖面图上一般标志的是吊车梁面的标高，假设该标高为 10.50m，查得吊车梁高度为 800mm，那么牛腿面的标高为 10.50m-0.800m=9.70m，如果该柱子插入的杯型基础底标高为-1.50m，则吊车柱的牛腿面到柱根的长度为 9.70m-(-1.50m)=11.20m，与柱子构件图上标注的尺寸相同，准确无误，可以保证施工，如图 11-1 所示。

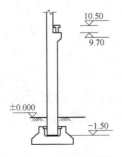

图 11-1　牛腿柱尺寸

以上只是对施工图如何查看、审核的简单介绍。事实上，审核施工图，需要更多的理论知识、经验积累，才能保证房屋设计质量和工程质量；尤其对结构施工图的学习和审核应持慎重态度，无论材料种类、强度等级、使用数量、构造要求等都应记牢。

任务二　施工图会审

施工图会审，又称图纸会审，是指以会议的形式集中解决施工图中存在的使用功能和技术经济等疑难问题。其目的有两方面：一是使施工单位和各参建单位熟悉设计图纸，了解工程特点和设计意图，找出需要解决的技术难题，并制定解决方案；二是解决图纸中存在的一般性问题，如图纸设计深度能否满足施工需要，材料说明及必要的尺寸标注是否详尽具体，构件之间尺寸或标高是否出现矛盾；构造是否合理；技术上是否可行并便于施工等，减少图纸差错，完善图纸的设计质量，提高建造速度和管理水平，达到功能实用、技术先进、经济合理。

施工图是工程施工和竣工验收的主要资料。施工图设计质量是业主或建设单位十分关心和关注的，是参与建设各方的共同责任。图纸会审通常由承担施工阶段监理的监理单位组织施工单位、建设单位及材料、设备供货等相关单位，在收到审查合格的施工图设计文件后，进行的全面细致熟悉和审查施工图纸的活动。

施工图会审是施工准备阶段的重要内容之一，未经图纸会审的工程项目不得开工。

一、图纸会审的步骤

图纸会审包括初审、内部会审、综合会审。

1. 初审

初审是指某专业的有关人员在熟悉图纸的基础上就施工图的详细细节进行审核。审查前，应根据设计图的内容，收集的技术资料、标准、规范、规程等，做好技术保障工作。一般由施工员、预算员、放线员、木工和钢筋翻样人员等自行学习图纸，对不理解的地方，有矛盾的地方记录在本上，作为工种间交流的基础材料。

2. 内部会审

内部会审是指各参建单位组织本单位各专业如测量、试验、材料、土建、结构、机械、预算、合同、财务等，对施工图进行会审，其任务是各专业间的交叉部分，如设计标高、尺寸，构筑物设置，施工程序配合、交接等是否合理、有无矛盾，施工中协作配合等作仔细会审，自行把分散的问题集中起来，须由设计部门解决的要由主持人集中记录，并根据专业不同、图纸编号先后顺序将问题汇总。内部会审由各级技术负责人从底层到高层，从专业到综合按顺序逐步进行，将发现的问题归纳汇总待综合会审解决。

3. 综合会审

综合会审是指在内部会审的基础上，由土建施工单位与各分包施工单位、设计单位、监理单位、质监站、地质勘查单位等有关单位共同对施工图进行全面审查。

在图纸会审纪要形成后，学图、审图基本告一段落，即使以后发现问题也是少量的了。

二、施工图会审的主要内容

1. 熟悉图纸的功能及概况

核对标题栏信息是否完整，是否无证设计或越级设计，图纸是否经设计单位正式签署；核对图纸目录中的设计图纸及说明是否齐全，有无分期供图时间表；所列标准图集，施工单位是否具备；从建筑设计总说明中了解拟建项目功能是什么，是民用建筑或工业建筑，有哪些特殊要求，如粮库项目应重点在防潮、通风处理上；了解其设计基础资料是什么，地质勘探资料是否齐全，地震烈度是否符合当地规定要求，是否与施工方了解的情况吻合；总平面图与施工图的几何尺寸、平面布置、标高是否一致；防火、消防是否满足；材料来源有无保证，能否替换；新材料、新技术、新工艺的应用有无问题；地基处理的方法是否合理；建筑与结构构造是否存在不能施工、不便施工的技术问题，或导致质量、安全、工期、工程费用增加；施工安全、环境卫生有无保证等。

2. 土方工程

应有原场地实测地形图，包括测量成果，并附有工程地质、水文气象资料；原地下隐蔽工程或障碍物的位置和标高；对原场地土需要特殊处理的地方，需加保护或清除的隐蔽工程或障碍物，图纸应有明确说明和要求；场地平整设计图纸应有明确的边界坐标、标高及表面排水坡度，与总图核对有无矛盾或疏漏；土方平衡调配是否合理；土方施工对沿线道路、桥梁、生产、安全、环境等会不会产生不利影响；场地内及附近有无影响施工的建筑物基础或地下管线等，在图中是否标明，至少应予说明；上下水、电气、通风、电视、煤气、道路等走向、交叉点坐标和标高应标注清楚，并与相关专业图纸核对有无出入；道路、场地、排水等结构及坡度应明确；对周边高差较大的挖填边坡，应有可靠的防护措施。

3. 基础工程

在详细了解地质勘探资料的基础上，结合上部荷载、结构形式、安全要求、施工条件、环境条件、经济条件等因素，综合考虑所采用的地基处理办法是否安全可靠、经济合理、切实可行；设计图纸应明确地基处理过程中或处理后必须达到的质量要求、检测手段、检验标准或执行的规范、规程、标准，对特殊的地基处理应指出必要的施工工艺；对工程地质复杂的地区或沉降敏感的建筑物是否有必要增加相关的勘探试验；地基及基础施工时对场地内或附近建筑物、地下管线、正常生产、生活、交通、安全有无不利影响；对有腐蚀介质渗透区域的地基或基础有没有采取一定的防腐措施；对地下室工程施工缝、后浇带等的防渗措施有没有作重点说明；结合上部荷载传递，检查桩位图有无错误或遗漏。

4. 砌筑工程

建筑施工图中的平面尺寸共有 3 道：第一道为细部尺寸，第二道为轴线尺寸，第三道

为总尺寸。检查第一道是否和第二道吻合,第二道应和第三道吻合,特别要留意第三道尺寸的尺寸界限。检查边轴线是不是偏心轴线,然后把建筑图、结构图轴线编号、墙厚度、尺寸大小对比检查是否一致。下一层平面与上一层平面是否一致,检查各平面的尺寸能否满足房屋使用要求和强制性标准等。

在各立面图、剖面图及详图中提供了不同位置的标高尺寸:立面图一般明确房屋总高尺寸,每楼层高度尺寸及室外地面与楼地面标高;剖面图明确门窗洞口尺寸、标高及楼地面标高;详图中明确了雨篷、楼梯等细部标高和尺寸;楼梯可计算踏步数与平台部位标高是否吻合;在审核时要注意建筑图、结构图尺寸是否吻合,而结构图的标高尺寸一般应与建筑图标高尺寸低2~5cm;门窗洞口顶标高与梁底标高是否一致;对地下室防渗漏要求较高的建筑物,设计所采用的防渗漏措施是否合理。

5. 混凝土工程

审核结构是否合理,如采用新型的结构构件有无充分的理论与实践依据,能否保证安全可靠;预埋件详图是否具备;有腐蚀介质区域的建筑物是否需要采取一定的防腐蚀措施;钢筋混凝土结构构件应有详细、完整的配筋图,包括必要的剖面、节点配筋详图,洞口或其他需局部加强区的配筋、钢筋接头形式、保护层厚度等。

6. 屋面及楼地面工程

屋面防水、隔热材料的选用是否合理,如选用新型的防水、隔热材料必须有法定检验部门的许可,且在本地区使用有充分的依据;屋面防水、隔热层在檐口、檐沟、天沟、雨水口、变形缝、女儿墙等处节点处理的大样应予明确,且结合所选用的防水、隔热材料认真研究其是否合理、施工能否做到;所采用的屋面防水做法及防水材料对由于地基不均匀沉降或温度应力而造成的屋面微小裂缝有无适应能力。

楼梯间梯段净高能否满足2.2m,平台净高是否满足2.0m;阳台、卫生间、厨房要低于室内2cm,审核有无结构或构造防水措施等。

7. 审核施工图易出差错的地方

梁下是否需要梁垫;预埋件的位置是否标出;计算楼梯踏步数及梯段水平投影长度、梯段高度与楼梯尺寸是否吻合;楼梯踏步的第一步起步高是否用楼梯梁高代替;各梁平面是否全部注明配筋情况;主梁的高度有无低于次梁情况;梁、板、柱跨度相近时,有无配筋相差较大的地方,若有,需验算;房屋总长超50m时是否设伸缩缝、沉降缝;检查一些特殊部位有没有施工详图,如泛水处理;当梁与剪力墙在同一直线布置时,有没有墙的宽度超过梁的厚度等。

工程结构与安装之间有无重大矛盾;能否满足生产运行安全经济的要求和检修作业的合理需要;设计能否满足设备与系统启动调试要求。

8. 审核原施工图有无可改进的地方

如当结构造型复杂,某一部位结构施工难以一次完成时,请设计单位指出施工缝的留置位置；结构平面上连续框架梁中间支座负弯矩筋分开锚固时，会使梁、柱接头处钢筋太密，振捣混凝土困难，可向设计人员建议尽量使负筋连通等。

图纸会审中要做好有关消防、环保、卫生、人防、规划等政府行业管理部门批复单的落实。围绕工程质量目标，造价控制，针对工程的关键部位、关键工序等内容与工程现场管理人员沟通，对主要事项设计质量问题和技术措施取得协调一致。

三、施工图会审要求

下列人员必须参加图纸会审：建设方的现场负责人及其他技术人员；设计院总工程师、项目负责人及各专业设计负责人；监理单位项目总监、副总监及各个专业监理工程师；施工单位项目经理、项目副经理、项目总工程师及各个专业技术负责人；其他相关单位的技术负责人。

图纸会审应在单位工程开工前完成，以确保工程质量和工程进度，避免返工和浪费；当施工图由于客观原因不能满足工程进度时，可分阶段组织会审；图纸会审由主持单位作好详细记录，较重要的或有原则性的问题应经监理公司、建设单位会签后，由设计代表签署解决意见，并不再另办设计变更；委托外单位加工、订货用的图纸，应由委托单位的工程管理部门进行审核后交出；加工单位提出的设计问题由委托单位提交设计单位处理解决。

设计交底与图纸会审通常做法是，设计文件完成后，设计单位将设计图纸移交建设单位，报经有关部门批准后建设单位发给承担施工监理的监理单位和施工单位。由施工阶段监理单位组织参建各方进行图纸会审，并整理成会审问题清单，在设计交底前一周交设计单位。承担设计阶段监理的监理单位组织设计单位做交底准备，并对会审问题清单拟定解答。设计交底一般以会议形式进行，先进行设计交底，后转入图纸会审问题解答，通过设计、监理、施工三方或参建多方研究协商，确定存在的图纸和各种技术问题的解决方案。

设计交底应由设计单位整理会议纪要，图纸会审应由监理单位整理会议纪要，与会各方会签。设计交底与图纸会审中涉及设计变更的，尚应按监理程序办理设计变更手续。设计交底会议纪要、图纸会审会议纪要一经各方签认，即成为施工和监理的依据，作为监理文件由建设单位和监理单位长期保存。

设计交底记录如表11-1所示，图纸会审记录如表11-2所示，作为施工文件由建设单位、施工单位、设计单位长期保管，监理单位短期保管，城建档案馆保存。

施工图纸会审记录是施工文件的重要组成部分，和施工图纸具有同等效力，所以图纸会审记录的管理办法和发放范围同施工图管理、发放，并认真实施。填写一式五份。此表亦可用于施工单位的技术负责人组织单位内部的施工技术人员对施工图设计文件进行全面学习和审核。图纸会审记录由主持单位保留并发放，施工单位保留一份各专业图纸会审记录，以备后期施工时查阅。

在施工图设计文件交与建设单位投入使用前或使用后，均会出现由于建设单位要求，或现场施工条件的变化，或国家政策法规的改变原因而引起设计变更。设计变更必须征得建设单位同意并且办理书面变更手续，凡涉及施工图审查内容的设计变更还必须报请原审查机构审查后再批准实施。设计变更通知单如表11-3所示，由建设单位永久保存，施工单

位、设计单位长期保存，城建档案馆保存。

表 11-1　设计交底记录

工程名称		建设单位	
设计单位			
施工单位		监理单位	

交底内容：

交底人：

建设单位签章： 年　　月　　日	设计单位签章： 年　　月　　日
施工单位签章： 年　　月　　日	监理单位签章： 年　　月　　日

表 11-2　图纸会审记录

工程名称			
建设单位		设计单位	
施工单位		监理单位	

图纸名称及图号	主要内容	结论意见

建设单位签章	设计单位签章
项目负责人：　　　年　月　日	项目负责人：　　　年　月　日
施工单位签章	监理单位签章
技术负责人：　　　年　月　日	总监理工程师：　　　年　月　日

第　页(共　页)

表 11-3　设计变更通知单

工程名称		变更单编号	
建设单位		施工单位	
设计单位		相关图号	

变更内容及简图:

设计人:　　　　　　　　　　　年　月　日

归纳总结

1. 识读审核施工图是参建各方必须具备的最基本能力；是进行正常施工的基本前提。

2. 建筑施工图中各专业间协调的基准是建筑设计施工图，简称"建施"。

3. 不同工作岗位识读、审核施工图侧重点会有不同。充分发挥团队协作、精诚沟通，共同创造完美的建筑产品。

4. 施工图会审是施工图准备阶段的重要内容之一，未经图纸会审的工程项目不得开工。

5. 施工图会审是以会议的形式集中解决施工图中存在的使用功能、技术经济等疑难问题，并整理成图纸会审记录；图纸会审记录是施工文件的重要组成部分，和施工图纸具有同等效力。

实　训

模拟施工图会审工作情境。

要求：

(1)　分组实施：建设单位团队、监理单位团队、设计单位团队、施工单位团队、材料设备采购团队，每组不得超过 5 人。

(2)　监理单位牵头，组织会审工作程序。

(3)　提前一个星期通知到各参建单位会审时间和地点。

(4)　各团队先行组织预审，将问题归纳汇总。

(5)　上交材料：会议照片、会议记录及图纸会审记录。

附录一　常用建筑材料图例

图例是建筑施工图纸上的一种象征性符号。在国家标准中规定了常用建筑材料图例(房屋建筑制图统一标准)、总平面图例(总图制图标准)、建筑构造及配件图例(建筑制图标准)等。

下列情况可不加材料图例,但应加文字说明:一张图纸内的图样只用一种图例时;图形较小无法画出建筑材料图例时。

当选用国家标准中未包括的建筑材料时,可自编图例。并在图面中适当位置画出该材料图例,并加以说明。

附表　常用建筑材料图例

序　号	名　称	图　例	备　注
1	自然土壤		包括各种自然土壤
2	夯实土壤		
3	砂、灰土		靠近轮廓线绘较密的点
4	砂砾石、碎砖三合土		
5	石材		
6	毛石		
7	普通砖		包括实心砖、多孔砖、砌块等砌体。断面较窄不易绘出图例线时,可涂红
8	耐火砖		包括耐酸砖等砌体
9	空心砖		指非承重砖砌体

序　号	名　称	图　例	备　注
10	饰面砖	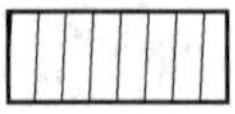	包括铺地砖、马赛克、陶瓷锦砖、人造大理石等
11	焦渣、矿渣	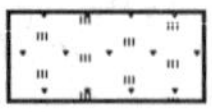	包括与水泥、石灰等混合而成的材料
12	混凝土	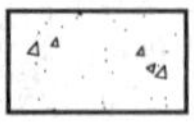	(1)本图例指能承重的混凝土及钢筋混凝土;
13	钢筋混凝土		(2)包括各种强度等级、骨料、添加剂的混凝土; (3)在剖面图上画出钢筋时,不画图例线; (4)断面图形小,不易画出图例线时,可涂黑
14	多孔材料	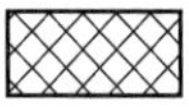	包括水泥珍珠岩、沥青珍珠岩、泡沫混凝土、非承重加气混凝土、软木、蛭石制品等
15	纤维材料		包括矿棉、岩棉、玻璃棉、麻丝、木丝板、纤维板等
16	泡沫塑料材料	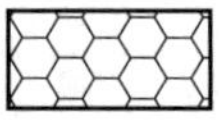	包括聚苯乙烯、聚乙烯、聚氨酯等多孔聚合物类材料
17	木材	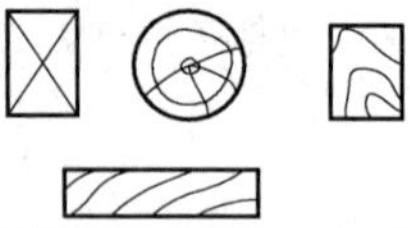	(1)上图为横断面,上左图为垫木、木砖或木龙骨; (2)下图为纵断面
18	胶合板	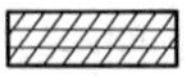	应注明为×层胶合板
19	石膏板	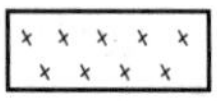	包括圆孔、方孔石膏板、防水石膏板等
20	金属	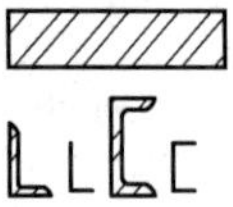	(1)包括各种金属; (2)图形小时,可涂黑
21	网状材料		(1)包括金属、塑料网状材料; (2)应注明具体材料名称
22	液体	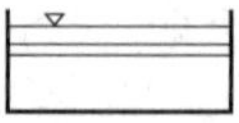	应注明具体液体名称
23	玻璃	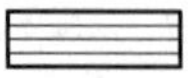	包括平板玻璃、磨砂玻璃、夹丝玻璃、钢化玻璃、中空玻璃、加层玻璃、镀膜玻璃等
24	橡胶		

续表

序　号	名　称	图　例	备　注
25	塑料		包括各种软、硬塑料及有机玻璃等
26	防水材料		构造层次多或比例大时，采用上面图例
27	粉刷		本图例采用较稀的点

注：序号 1、2、5、7、8、13、14、16、17、18、22、23 图例中的斜线、短斜线、交叉斜线等一律为 45°。

附录二 绘图的一般方法与步骤

一、《房屋建筑制图统一标准》简介

建筑工程图是表达建筑工程设计的重要技术资料，是建筑施工的依据。为统一工程图样的画法，便于交流技术和提高制图效率，国家制定了一系列标准，有《房屋建筑制图统一标准》(GB/T 50001—2010)、《总图制图标准》(GB/T 50103—2010)、《建筑制图标准》(GB/T 50104—2010)、《建筑结构制图标准》(GB/T 50105—2010)等，这些标准是工程设计人员在工作中必须严格执行的国家法令。我们要熟知这些标准中的每一项规定，为了解设计者的设计意图，并为进一步读懂图打下基础。

1. 图纸幅面规格

图幅是绘图时采用的图纸幅面。为了合理使用图纸，所有图纸幅面及图框尺寸应符合附表 1 的规定。图纸以短边作为垂直边称为横式，以短边作为水平边称为立式。一般 A0∽A3 图纸宜横式使用，见附图 1 所示。图框线用粗实线绘制。

附表 1　幅面及图框尺寸

单位：mm

尺寸代号 ＼ 幅面代号	A0	A1	A2	A3	A4
$b×l$	841×1189	594×841	420×594	297×420	210×297
c	10			5	
a	25				

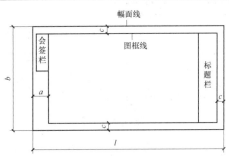

附图 1　A0∽A3 横式幅面

图纸的短边一般不应加长，长边可加长，但应符合附表 2 的规定。一个工程设计中，每个专业所使用的图纸一般不宜多于 2 种幅面，不含目录及表格所采用的 A4 幅面。

附表 2　图纸长边加长尺寸(mm)

单位：mm

幅面尺寸	长边尺寸	长边加长后尺寸
A0	1189	1486、1635、1783、1932、2080、2230、2378
A1	841	1051、1261、1471、1682、1892、2102
A2	594	743、891、1041、1189、1338、1486、1635、1783、1932、2080
A3	420	630、841、1051、1261、1471、1682、1892

注：有特殊需要的图纸，可采用 $b×l$ 为 841mm×891mm 与 1189mm×1261mm 的幅面。

2. 标题栏与会签栏

标题栏用于填写设计单位名称及地址、注册师执业印章、业主及项目名称、图名、图号、比例、日期等内容，大致可分为设计单位名称区、工程名称区、图名区、图号区、签字区 5 个区，具体内容各设计单位有一定的灵活性，应根据工程需要选择确定其尺寸、格式及分区。签字区应包含实名列和签名列。涉外工程的标题栏内，各项主要内容的中文下方应附有译文，设计单位的上方或左方应加"中华人民共和国"字样。

目前，由于标题栏内容较多，通常采用通栏，即沿图纸幅面的短边通长设置在图纸的右侧，见附图 1 所示。

有时根据需要，各专业图纸会签后将所代表的专业、姓名、日期签署在会签栏内。

3. 图线

图线包括线型和线宽。

线型有实线、虚线、点划线、折断线、波浪线，其中点划线又分为单点长划线和双点长划线。

线宽分为粗、中、细 3 种，分别为 b、$0.5b$、$0.25b$，即线宽比 4：2：1，其中线宽 b 宜从下列线宽系列中选取：2.0、1.4、1.0、0.7、0.5、0.35mm。

有关图线的线型、线宽及用途见附表 3。图框线、标题栏线，可采用附表 4 的宽度。

附表 3　图线

名　称	线　型	线　宽	一般用途
实线	——————	粗、中、细	(粗)主要可见轮廓线，包括断面轮廓线、建筑物外轮廓线、结构施工图中的钢筋立面、剖切符号、详图符号圆等； (中)可见轮廓线，包括剖面图中可见轮廓线、尺寸起止符、剖面图及立面图上门窗等构配件外轮廓线等； (细)可见轮廓线、图例线，包括尺寸线、尺寸界限、引出线、索引符号圆、标高符号等

名　称	线　型	线　宽	一般用途
虚线	— — — —		(粗)见各有关专业制图标准； (中)不可见轮廓线； (细)不可见轮廓线、图例线，如平面图上高窗的位置线
单点长划线	— · — · —		(粗、中)见各有关专业制图标准； (细)中心线、对称线、定位轴线
双点长划线	— ·· — ··		(粗、中)见各有关专业制图标准； (细)假想轮廓线、成型前原始轮廓线
折断线	～	细	假想构件断开界线，主要用于详图中
波浪线	～		局部剖面图中剖切面断开界线

附表4　图框线、标题栏线的宽度

单位：mm

幅面代号	图框线	标题栏外框线	标题栏分格线
A0、A1	1.4	0.7	0.35
A2、A3、A4	1.0	0.7	0.35

绘图时，每个图样应根据图面的复杂程度与比例，先确定基本线宽 b，中粗线 $0.5b$ 和细实线 $0.25b$ 的线宽也就随之确定。

在绘图时应注意：相互平行的图线，其间隙不宜小于其中的粗线宽度，且不宜小于 0.7mm；虚线、单点长划线或双点长划线的线段长度和间隔，宜各自相等；单点长划线或双点长划线，当在较小图形中绘制有困难时，可用实线代替；单点长划线或双点长划线的两端，不应是点，点划线与点划线交接或点划线与其他图线交接时，应是线段交接；虚线与虚线交接或虚线与其他图线交接时，应是线段交接，虚线为实线的延长线时，不得与实线连接；图线不得与文字、数字或符号重叠、混淆。不可避免时，应首先保证文字等的清晰。

4. 字体

图纸上所需书写的文字、数字或符号等，均应笔画清晰，字体端正，排列整齐；标点符号应清楚正确。字体的大小以字号来表示，字号就是字体的高度。图纸中文字的字高应依据图纸幅面、比例等情况从下列系列中选用：3.5、5、7、10、14、20mm。

图样及设计说明中的汉字宜采用长仿宋体，字高是字宽的 $\sqrt{2}$ 倍，字高应不小于 3.5mm，见附表5。一般地，图纸中文字说明采用 3.5 或 5 号字，标题采用 7 或 10 号字。

附表5　长仿宋体字高宽关系(mm)

字高	20	14	10	7	5	3.5
字宽	14	10	7	5	3.5	2.5

阿拉伯数字、拉丁字母、罗马数字,如需写成斜体字,其斜度应是从字的底线逆时针向上倾斜75°。斜体字的高度和宽度应与相应的直体字相等,字高应不小于2.5mm。

当拉丁字母单独用作代号时,不使用I、O及Z 3个字母,以免同阿拉伯数字的1、0、2 相混淆。

数量的数值注写应采用正体阿拉伯数字,单位符号应采用正体字母。

5. 比例

图样的比例应为图形与实物相对应的线性尺寸之比,用阿拉伯数字表示,如1:20,1:50,1:100等。

对于建筑工程图,多用缩小的比例绘制在图纸上,如1:20表示图线长度比实物长度缩小20倍。比例的大小是指比值的大小,如1:50大于1:100;无论工程图样比例大小如何,图中尺寸标注都必须是物体的实际尺寸。

比例宜注写在图名的右侧,字的基准线应取平;比例的字高比图名的字高小1 号或2号,如附图2所示。

平面图 1:100　　　　　⑥1:20

附图2　比例的注写

绘图所用的比例应根据图样的用途与被绘对象的复杂程度,优先选用附表6 中常用比例。

附表6　绘图所用的比例

常用比例	1:1、1:2、1:5、1:10、1:20、1:50、1:100、1:150、1:200、1:500、1:1000、1:2000、1:5000
可用比例	1:3、1:4、1:6、1:15、1:25、1:30、1:40、1:60、1:80、1:250、1:300、1:400、1:600

6. 符号

(1) 剖切符号。

剖视的剖切符号,如附图3所示,宜注在±0.000标高的平面图上。

断面的剖切符号,如附图4 所示。剖面图或断面图如与被剖切图样不在同一张图内,可在剖切位置线的另一侧注明其所在图纸的编号,也可以在图上集中说明。

(2) 索引符号。

图样中的某一局部或构件,如需另见详图,应以索引符号索引。索引符号是由直径为10mm 的细实线圆和水平直径组成,如附图5(a)所示。

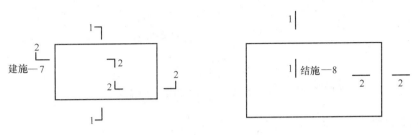

附图3 剖视的剖切符号　　　　附图4 断面的剖切符号

索引出的详图，如与被索引的图样同在一张图纸内，应在索引符号的上半圆中用阿拉伯数字注明该详图的编号，并在下半圆中间画一段水平细实线，如附图5(b)所示，索引出的详图在本页，编号为5。

索引出的详图，如与被索引的图样不在同一张图纸内，应在索引符号的上半圆中用阿拉伯数字注明该详图的编号，在索引符号的下半圆中用阿拉伯数字注明该详图所在图纸的编号，如附图5(c)所示，索引出的详图在图纸编号第2页，编号为5。

索引出的详图如采用标准图，应在索引符号水平直径的延长线上加注该标准图集编号，如附图5(d)所示，索引出的详图在标准图集02J401第2页，编号为5。

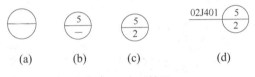

(a)　　　　(b)　　　　(c)　　　　(d)

附图5 索引符号

索引符号如用于索引剖视详图，应在被剖切的部位绘制剖切位置线，并以引出线引出索引符号，引出线所在的一侧应为投射方向，如附图6所示。

(a) 投射方向向左　　　　(b) 投射方向向下

附图6 用于索引剖面详图的索引符号

零件、钢筋、杆件等的编号，以直径为4~6mm的细实线圆表示，其编号应用阿拉伯数字按顺序编写。

(3) 详图符号。

详图符号的圆应以直径为14mm的粗实线绘制。

详图应按下列规定编号：详图与被索引的图样同在一张图纸内时，应在详图符号内用阿拉伯数字注明详图的编号；详图与被索引的图样不在同一张图纸内，应用细实线在详图符号内画一水平直径，在上半圆中注明详图编号，在下半圆中注明被索引的图纸编号，如附图7所示，该详图编号为5，被索引的图纸编号为2。

附图7 与被索引图样不在同一张图纸内的详图编号

(4) 其他符号。

对称符号由对称线和两端的 2 对平行线组成。对称线用细点划线绘制；平行线用细实线绘制，长度为 6~10mm，每对的间距为 2~3mm；对称线垂直平分于 2 对平行线，两端超出平行线为 2~3mm，如附图 8(a)所示。

连接符号应以折断线表示需连接的部位，如附图 8(b)所示。两部位相距过远时，折断线两端靠图样一侧应标注大写拉丁字母表示连接编号。2 个被连接的图样必须用相同的字母编号。

指北针的形状如附图 8(c)所示，其圆的直径宜为 24mm，用细实线绘制；指针尾部的宽度宜为 3mm，指针头部应注"北"或"N"字。

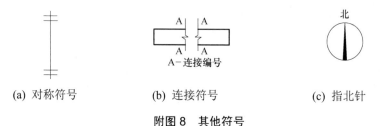

(a) 对称符号　　　　(b) 连接符号　　　　(c) 指北针

附图 8 其他符号

7. 引出线

引出线应以细实线绘制，宜采用水平方向的直线，与水平方向成 30°、45°、60°、90°的直线，或经上述角度再折为水平线，如附图 9 所示。文字说明宜注写在水平线的上方，也可注写在水平线的端部。索引详图的引出线应与水平直径线相连接。

同时引出几个相同部分的引出线宜互相平行，也可画成集中于一点的放射线，如附图 10 所示。

附图 9 引出线　　　　附图 10 共用引出线

多层构造共用引出线应通过被引出的各层。文字说明宜注写在水平线的上方或注写在水平线的端部，说明的顺序应由上至下，并应与被说明的层次相互一致；如层次为横向排列，则由上至下的说明顺序应与由左至右的层次相互一致，如附图 11 所示。

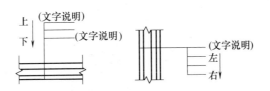

附图 11　多层构造引出线

8. 定位轴线

定位轴线是确定建筑构配件水平位置和竖向位置的基准线，是定位轴面在各施工图投影面上的积聚投影线。

定位轴线用细单点长划线绘制；一般应编号，编号注写在轴线端部的圆内。其圆为直径 8～10mm 的细实线，圆心应在定位轴线的延长线上或延长线的折线上。平面图上定位轴线的编号宜标注在图样的下方与左侧。横向编号应用阿拉伯数字从左至右顺序编写，竖向编号应用大写拉丁字母从下至上顺序编写，如附图 12 所示。

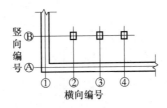

附图 12　定位轴线的编号顺序

拉丁字母中 I、O、Z 不得用做轴线编号。附加定位轴线的编号应以分数形式表示，如 ①/② 表示 2 号轴线之后附加的第一根轴线，③/○ 表示 C 号轴线之后附加的第三根轴线；①/○ 表示 1 号轴线之前附加的第一根轴线。

通用详图中的定位轴线应只画圆，不注写轴线编号。一个详图适用于几根轴线时应同时注明各有关轴线的编号。

圆形平面图中定位轴线的编号，其径向轴线宜用阿拉伯数字表示，从左下角开始按逆时针顺序编写；其圆周轴线宜用大写拉丁字母表示，从外向内顺序编写，如附图 13 所示。

折线形平面图定位轴线的编号如附图 14 所示。

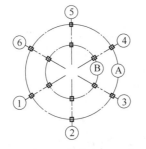

附图 13　圆形平面定位轴线的编号

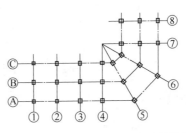

附图 14　折线形平面定位轴线的编号

9. 尺寸标注

图样上的尺寸应包括尺寸界线、尺寸线、尺寸起止符号和尺寸数字 4 个要素,如附图 15 所示。

尺寸界线用细实线绘制,一般应与被注长度垂直,其一端距图样轮廓线不小于 2mm,另一端宜超出尺寸线 2~3mm;必要时,图样轮廓线可用作尺寸界线。

尺寸线与被注长度平行,图样本身的任何图线均不得用作尺寸线。

尺寸起止符号一般用中粗斜短线绘制,其倾斜方向应与尺寸界线成顺时针 45°,长度宜为 2~3mm。

图样上的尺寸应以尺寸数字为准,不得直接从图上量取。尺寸单位除标高及总平面以米为单位外,其他必须以毫米为单位。

尺寸宜标注在图样轮廓以外,不宜与图线、文字及符号等相交;互相平行的尺寸线应从被注写的图样轮廓线由近向远整齐排列,较小尺寸应离轮廓线较近,较大尺寸应离轮廓线较远。总尺寸的尺寸界线应靠近所指部位,中间的分尺寸的尺寸界线可稍短,但其长度应相等。

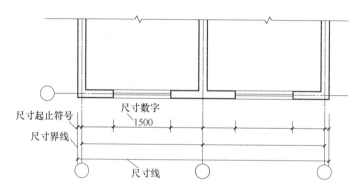

附图 15　尺寸的组成及排列

10. 坡度标注

标注坡度时,应加注坡度符号"　　　　",该符号为单面箭头,箭头应指向下坡方向。坡度也可用直角三角形形式标注,如附图 16 所示。

附图 16　坡度标注方法

11. 尺寸的简化标注

杆件的长度在单线图上可直接将尺寸数字沿杆件的一侧注写,如附图 17 所示;连续排列的等长尺寸,可用"个数×等长尺寸=总长"的形式标注,如附图 18 所示;数个构配件,如仅某些尺寸不同,这些有变化的尺寸数字可用拉丁字母注写在同一图样中,另列表格写

明其具体尺寸，如附图 19 所示。

5400

附图 17 单线图尺寸标注方法

附图 18 等长尺寸简化标注方法

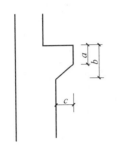

构件编号	a	b	c
Z—1	200	200	200
Z—2	250	450	200
Z—3	200	450	250

附图 19 相似构配件尺寸表格式标注方法

12. 标高

标高符号应以直角等腰三角形表示，如附图 20(a)所示，用细实线绘制。总平面图室外地坪标高符号宜用涂黑的三角形表示，如附图 20(b)所示。标高符号的尖端应指至被注高度的位置。尖端一般应向下，也可向上。标高数字应注写在标高符号的左侧或右侧。标高数字以米为单位，注写到小数点后第三位，总平面图中可注写到小数点后第二位。零点标高应注写成±0.000，正数标高不注"＋"，负数标高应注"－"。在图样的同一位置需表示几个不同标高时，标高数字可按附图 20(c)形式注写。

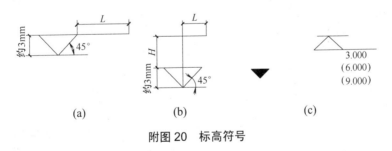

(a)   (b)   (c)

附图 20 标高符号

L—取适当长度注写标高数字；H—根据需要取适当高度

二、手工绘图

1. 绘图工具

绘图工具主要有绘图板、丁字尺、三角板、比例尺、圆规或分规、绘图笔等。

绘图板是用来铺放图纸的长方形案板，板面一般用平整光滑的胶合板制作，四边镶有木制边框。左边为工作边，必须平直。常用有 0 号(900mm×1200mm)、1 号(600mm×900mm)

和2号(450mm×600mm)3种规格，分别适用于绘制A0、A1、A2图纸。

丁字尺一般采用有机玻璃材料制成，由相互垂直的尺头和尺身组成，尺身带有刻度，如附图21所示。丁字尺长度与图板规格配套，常用的有600、800、1100、1200、1500mm等多种规格。丁字尺是画水平线的长尺，使用时尺头紧靠图板左侧的工作边，上下推动，即可从左向右画出一系列水平线。用后要挂起来，防止尺身变形；不能将尺头靠在图板的上边、下边、右边画线，也不能用尺身的下边画线。

三角板一般用有机玻璃或塑料制成，是由2块组成一副，其中一块30°×60°×90°，另一块30°×60°×90°，其规格有200、250、300mm等多种。

三角板与丁字尺配合使用可以画出竖直线及15°、30°、45°、60°、75°等倾斜直线及它们的平行线，如附图21所示。2块三角板互相配合，可以画出任意直线的平行线和垂直线，如附图22所示。

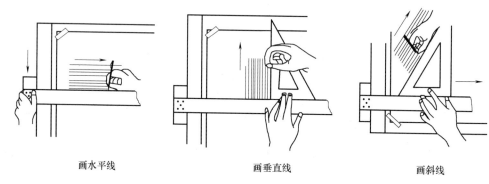

画水平线　　　　　　画垂直线　　　　　　画斜线

附图21　用丁字尺和三角板画线

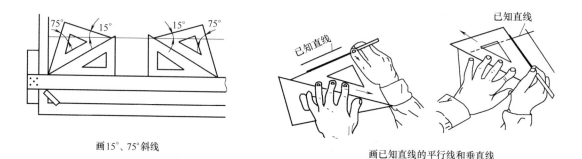

画15°、75°斜线　　　　　　画已知直线的平行线和垂直线

附图22　两块三角板配合画线

比例尺一般由木质或塑料制成，是用来按一定比例缩小线段的直尺，也可按比例度量线段长度，但不能用来画线。最常见的比例尺为三棱柱体，也称三棱尺，上面有6种比例，通常采用1∶100、1∶200、1∶250、1∶300、1∶400、1∶500。

圆规是用来画圆或圆弧的工具。分规是用来量取线段、度量尺寸和等分线段的工具，两腿端部均固定钢针。

绘图笔种类很多，常用的有铅笔、墨水笔等。铅笔，根据铅芯软硬程度有2个类型，标注"B"表示软铅笔，标注"H"表示硬铅笔，"HB"表示软硬适中。画底稿常用2H或

H，加粗线用"HB"或"B"，写字用"HB"或"H"。墨水笔，也称针管笔，笔尖是一根细针管，管径从 0.1～1.2mm 分成多种型号。不同型号的针管笔可以画出不同线宽的墨线。使用方法同钢笔一样，用后需冲洗干净，防止堵塞，以备再用。

曲线板是描绘各种曲线的专用工具，如附图 23(a)所示。

模板是为了提高制图的质量和速度，将常用的一些图形、符号、比例等刻在一块有机玻璃板上，方便使用。常用的有建筑模板、结构模板、轴测模板等，如附图 23(b)所示。

(a) 曲线板   (b) 建筑模板

附图 23 曲线板和建筑模板

2. 绘图的一般方法

绘图前应做好准备工作，准备好所用的绘图工具和仪器；固定图纸，使图纸平整。当图纸较小时，应将图纸布置在图板的左下方，但要使图板的底边与图纸下边的距离大于丁字尺的宽度。

(1) 确定绘制图样的数量。

根据房屋的外形、层数、平面布置和构造的复杂程度，以及施工的具体要求，确定图样的数量，做到表达内容既不重复也不遗漏。图样的数量在满足施工要求的条件下以少为好。

(2) 选择适当的比例。

(3) 进行合理的图面布置。

图面布置要主次分明，排列均匀紧凑，表达清楚，尽可能保持各图之间的投影关系。同类型的、内容关系密切的图样，集中在一张或图号连续的几张图纸上，以便对照查阅。

(4) 施工图的绘制方法。

绘制建筑施工图的顺序，一般是按平面图、立面图、剖面图、详图顺序来进行的。先用铅笔画底稿，经检查无误后，按制图标准中规定的线型加深图线。铅笔加深或描图上墨时，一般顺序是从上向下、从左向右、先水平线后垂直线或倾斜线、先曲线后直线等。

3. 绘图步骤

画底稿的一般步骤：先图框、标题栏，后图形。画图形时，先轴线或对称中心线，再主要轮廓，然后细部。图形完成后，进行必要的尺寸标注及文字说明。下面以建筑施工图为例说明绘图的具体步骤。

(1) 建筑平面图。

画所有定位轴线，然后画出墙、柱轮廓线；定门窗洞的位置，画细部，如楼梯、台阶、卫生间等;经检查无误后,擦去多余的图线,按规定线型加深;标注轴线编号、标高尺寸、内外部尺寸、门窗编号、索引符号以及其他文字说明;在底层平面图中,还应画剖切符号、指北针;在平面图下方写出图名及比例等。

(2) 建筑立面图。

建筑立面图一般应画在平面图的上方,侧立面图或剖面图可放在立面图的一侧。

画室外地坪、两端的定位轴线、外墙轮廓线、屋顶线等;根据层高、各标高和平面图门窗洞口尺寸,画出立面图中门窗洞、檐口、雨篷等细部的外形轮廓;画出门扇、墙面分格线、雨水管等细部;检查无误后加深图线,并注写标高、尺寸、图名、比例及有关文字说明。

(3) 剖面图。

画定位轴线、室内外地坪线、各层楼面线和屋面线,并画出墙身轮廓线;画出楼板、屋顶的构造厚度,再确定门窗位置及细部(如梁、板、楼梯段与休息平台等);经检查无误后,擦去多余线条。按施工图要求加深图线,画材料图例;注写标高、尺寸、图名、比例及有关文字说明。

三、计算机辅助绘图(AutoCAD)

计算机辅助绘图软件常用 AutoCAD、中望 CAD、天正 CAD 等。目前,利用计算机辅助手段绘制工程图已经成为国内设计行业的流行趋势,具有方便快捷、效率高、易修改等优点。但计算机辅助设计却不能完全代替手绘图,正如摄影不能代替绘画艺术一样。

下面以绘制建筑平面图为例说明计算机辅助绘图的方法和步骤。

(1) 知识准备:单点长划线(定位轴线)、多线(墙线)、圆(轴线编号)、圆弧(门开启线)、文本、标注;修剪、延伸、复制、偏移、镜像、分解、删除;图块等。

(2) 工作任务:绘制某一层建筑平面图。

(3) 要求:绘图比例 1:100,打印图纸图幅 594×420(绘图界限 59 400×42 000);定位轴线、墙柱、门窗、台阶与散水、文本、标注等内容齐全。

(4) 绘图步骤:

① 初始设置 菜单栏下格式:单位,绘图界限,文本样式及标注样式;创建图层(定位轴线、墙柱、门窗、楼梯、台阶散水、文本、标注);

② 将定位轴线图层置为当前层,绘制定位轴线:横向定位轴线 8 条,均偏移 3600,竖向定位轴线 4 条,分别偏移 7450、2400、7450;

③ 将墙柱图层置为当前层,绘制墙(多线 50+250+50,100+100,50+250)、柱(矩形 600×600);

④ 在墙柱图层下,绘制门窗洞口位置线(直线偏移、修剪等);门窗图层下绘制门窗图例线(直线偏移、圆弧等);

⑤ 将楼梯图层置为当前层,绘制楼梯;

⑥ 将台阶散水图层置为当前层,绘制台阶散水;

⑦ 认真检查修改图形;

⑧ 将文本图层置为当前层，文本(字高 500)标注：微机房、卫生间、门厅、办公室、值班室、一层平面图 1∶100 等；

⑨ 将标注图层置为当前层，标注轴线圆(直径 800)、尺寸、标高；

⑩ 将文件保存，图形文件名称：电教综合楼一层平面图.dwg。

推荐 AutoCAD 中文标准版教程，在线观看 http://v.ku6.com/playlist/index_3195595.html。

英汉译名对照表

房屋建筑制图统一标准 unified standard for building drawings

总图制图标准 standard for general layout drawings

建筑制图标准 standard for architectural drawings

建筑结构制图标准 standard for structural drawings

总平面图 site plan

建筑施工图 architectural working drawing

结构施工图 structural working drawing

建筑平面图 building plan

建筑立面图 building elevation

建筑剖面图 building profiles

建筑详图 building detail

高层建筑 high-rise building

裙房 skirt building

公共建筑 public building

民用建筑 civil building

居住建筑 residential building

综合建筑 building complex

钢筋混凝土结构 reinforced concrete structure

预应力混凝土结构 prestressed concrete structure

现浇混凝土结构 cast-in-situ concrete structure

装配式混凝土结构 precast concrete structure

装配整体式混凝土结构 assembled monolithic concrete structure

结构缝 structural joint

混凝土保护层 concrete cover

锚固长度 anchorage length

钢筋连接 splice of reinforcement

配筋率 ratio of reinforcement

层高 storey height

室内净高 interior net storey height

台阶 step

坡道 ramp

栏杆 reiling

楼梯 stair

幕墙 curtain wall

变形缝 deformation joint

吊顶 suspended ceiling

地下室 basement

半地下室 semi-basement

安全出口 safety exit

封闭楼梯间 enclosed staircase

敞开楼梯间 unclose staircase

防烟楼梯间 smoke-proof staircase

地基 subgrade,Foundation soils

基础 foundation

地基处理 ground treatment, ground improvement

扩展基础 spread foundation

无筋扩展基础 non-reinforced spread foundation

桩基础 pile foundation

屋顶 roof，housetop

平屋顶 flat roof

坡屋顶 sloping roof

有组织排水 organized drainage

无组织排水 unorganized drainage

门窗 door and window

楼地层 floor layer

墙柱 wall column